中村桂子コレクション
いのち愛づる生命誌

II 生命誌の世界

つながる

藤原書店

1990 年代、マレーシアの熱帯雨林を訪れる

1989 年 11 月、環境問題に関するシンポジウム

1995 年 8 月、大阪府高槻市の JT 生命誌研究館にて、岡田節人先生と来館者

1988 年 5 月、新しい研究施設の構想を「生命誌研究館」設立の参考にしたいと、米国フロリダのディズニーワールドを訪問

左から黒沼ユリ子さん（バイオリニスト）、今野由梨さん（ダイヤル・サービス社長）、著者、下河辺淳さん（総合研究開発機構（NIRA）理事長）

はじめに

「生命誌」という言葉が頭に浮かんでから三〇年ほどがたち、その間ずっとこの言葉の中で暮らしてきました。最初はだれにもわかってもらえなかったのを覚えています。先日、久しぶりに会った当時の同僚が、「ゲノムとか生命誌とか、何を言っているんだろうと思ってたよ」と言ったので、やはりそうだったんだと改めて思い出しました。その彼が、「ところで僕が主催する会で話してくれない？」と講演依頼です。少しずつわかってもらえるようになったことを実感しました。

私はどうしてここにいるのだろう。生きているってどういうことなのだろう。おそらく、子ども時代から思春期にかけてだれもが問うであろう問いに、奥手の私はおとなになって、出産を経験したときに向き合いました。そのときにはすでに、DNAを中心にして生命現象を理解しようとする生命科学の中にいましたので、おのずとそれを基本に置きながら、「生」や「私」

という問題を考えることになったのです。

私の場合たまたまそうなったのですが、現代社会では、科学を基盤に考えるのは悪くないのではないかと思うようになり、できるだけ多くの方にこの考え方をもっていただきたくなりました。そこで、皆さまの前でお話をしたり、本を書いたりするようになったのです。

「科学ってめんどうだよね」「科学の考え方って偏っていて全体を見ないから好きじゃない」。いろいろなお声が聞こえてきます。そのとおりです。でもそこから出発して日常につなげていくと、これからの社会を暮らしやすくする考え方が生まれてくると思っています。そこでこの巻は、生命誌の考え方、なぜ生命誌なのかについて語った講座を主にしました。考え方の流れをつかんでいただけることを願っています。

生命誌はバイオヒストリー、三八億年の生命の歴史の中で生きることを考える知です。実は、これを考える二〇年ほど前につくった「ライフステージ」という言葉にも目を向けていただきたいと思い、これもとりあげました。こちらは、人間の一生を考える視点です。当時「ライフサイクル」という言葉があり、誕生、入学、結婚、出産などを機に生活が変化するので、それに対応する必要性があると指摘されていました。主として保険会社が使っていた言葉です。しかし、社会的ことがらを基準にするのでなく、人間そのものに注目しよう。そう考えて提案したのがライフステージです。胎児期、乳児期、幼児期、学童期、思春期、青年期、壮年期、老年期と移る一生の中でそれぞれの時を思いきり生きることを考えました。今ではサイクルよりステージのほうがよく使われているようですが、人間そのものに注目するという重要なところは必ずしもわかっていただけていないように思います。バイオヒストリーとライフステージという二つの時間を関連させるのもこの巻の求めることです。

この二つの時間にとって重要な、生まれそして成る、つまり「生成」について、「水」と「情報」という切り口で書いた短い文が「ヒストリー」と「ステージ」のイメージをより強いものにしてくれるようにと願っています。

「つながる」。生きものは次へとつながっていくものであり、生きものすべての中でも、人間一人の一生の中でもこの言葉はいつも響いています。機械ではない、おのずと生まれ、つながっていく生きものたちの奏でる響きです。

二〇一九年十二月

中村桂子

中村桂子コレクション　いのち愛《め》づる生命誌　2

つながる　生命誌の世界　もくじ

Ⅱ　生命は自己創出する

III 生命誌を読み解く

第2章　ゲノムを読み解く——個体づくりに見る共通と多様　186

第3章　心を考える——ヒトから人間へ　215

Ⅳ　生命誌から未来を考える

V　生命誌からはじまる思想

中村桂子コレクション　いのち愛《め》づる生命誌　2

つながる　生命誌の世界

凡例

一　本コレクションは、中村桂子の全著作から精選し、テーマごとにまとめたものである。収録にあたり、著者自身が註の追加を含め、大幅に加筆修正を行なっている。

一　註は、該当する語の右横に＊で示し、稿末においた。

編集協力＝柏原怜子
甲野郁代
柏原瑞可
製作担当＝山﨑優子
装　丁＝作間順子

I　生命誌の考え方

「生命誌」の新しい〝世界観〟——はじめにかえて

人間とはおかしな生きもので、私とは何か、私はどこから来てどこへ行くのか、ということが気になります。別の表現をするなら、世界観がはっきりしていないと落ち着かないのです。三歳ぐらいの子どもはいつも、「ナゼ？ナゼ？」とおとなを質問攻めにします。自分をとりまくさまざまなものの意味や関係がわからないので、聞かずにはいられないのでしょう。しばらくすると自分なりに世界観ができてくるのでこれはおさまります。子どものころは、好奇心が強くてみな天才のように見えるのに、おとなになると平凡になってしまうといわれ、確かにそうですが、一方でだれもが共有できる平易な世界観がもてなければ困ります。

以前、テレビで高校生がなぜ人を殺してはいけないのかと聞き、おとなが答えられない場面があり話題になりました。これは、哲学・宗教などの問題としては、とてもむずかしい内容を含んだ問いです。でも日常としては、中学生、高校生になったらふつうはしない問いです。つ

図　生きものの歴史

生命誌を中心に宇宙から地球、生命、人間にいたる流れ。この中に描かれたさまざまな現象は、この歴史の中で重要なできごとである

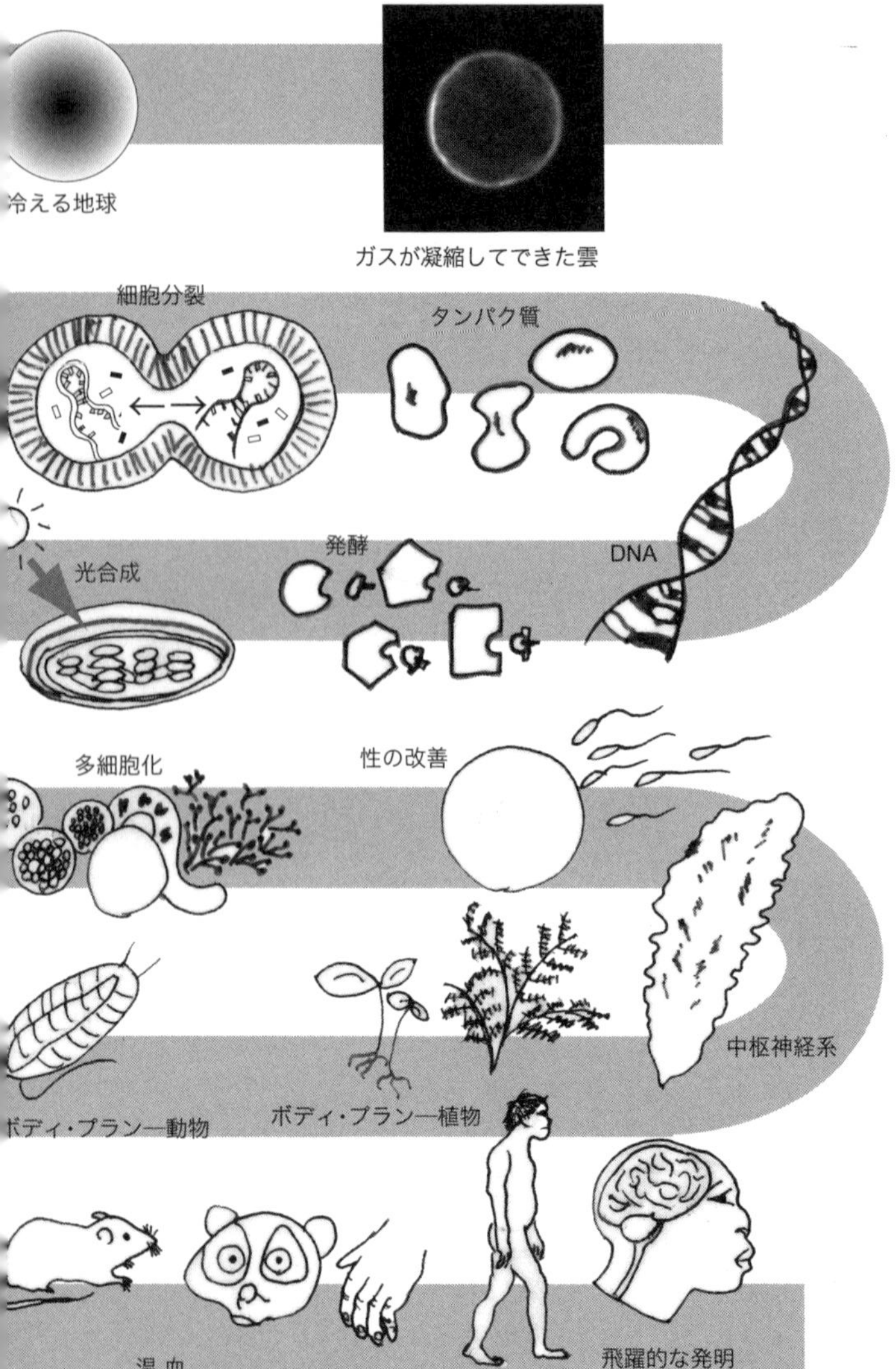

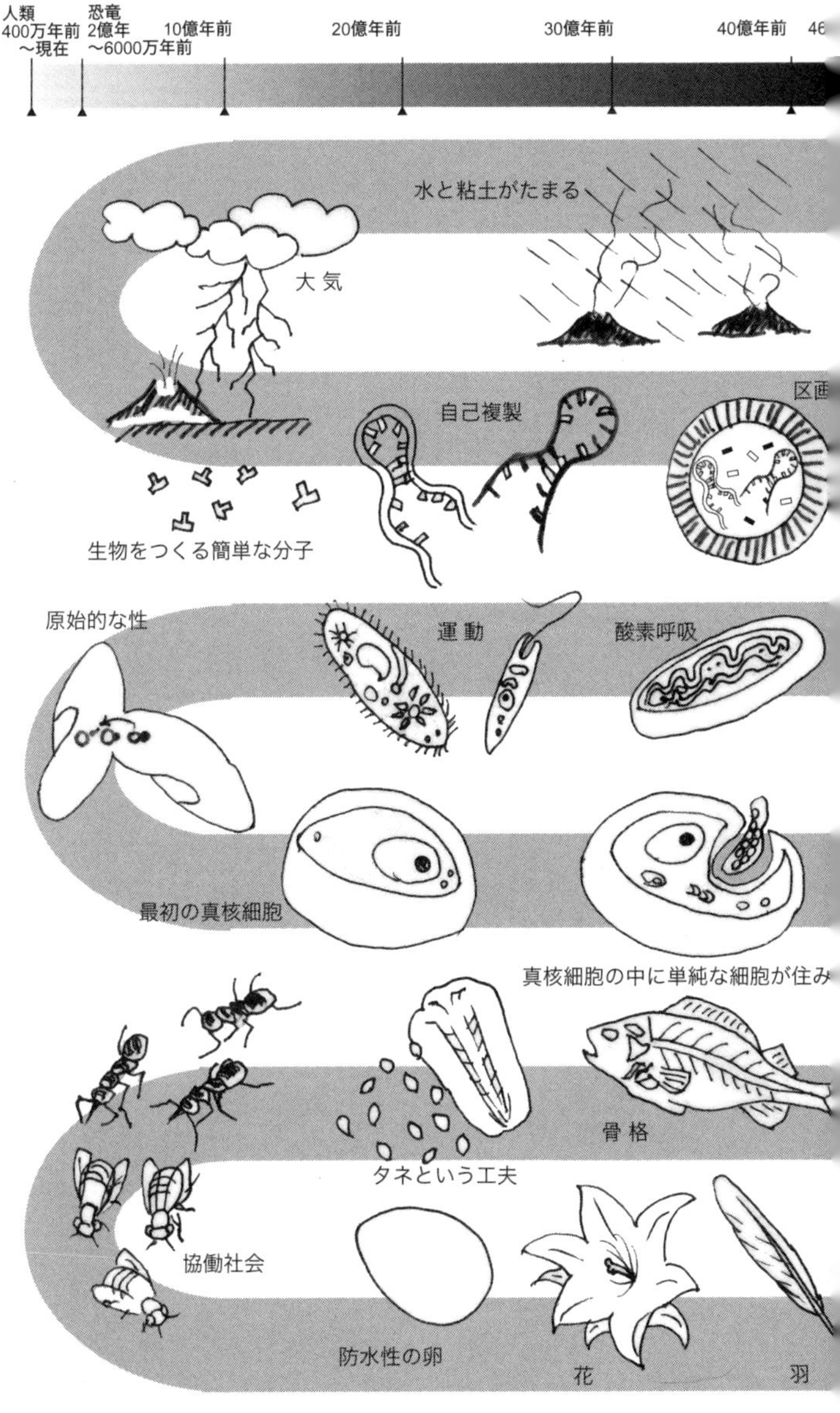
人類
400万年前
〜現在
恐竜
2億年
〜6000万年前
10億年前
20億年前
30億年前
40億年前
46
水と粘土がたまる
大気
区画
自己複製
生物をつくる簡単な分子
原始的な性
運動
酸素呼吸
最初の真核細胞
真核細胞の中に単純な細胞が住み
骨格
タネという工夫
協働社会
防水性の卵
花
羽

まりある世界観ができていれば、通常は自分なりの答えを出せるのではないでしょうか。それが急に問われたのでみながとまどったのです。世界観というとむずかしく聞こえますが、日常の生き方であり、この問いに対する私の答えは「いけないに決まってるでしょ」になります。ここで気になるのは、最近、本来自然や人間との関係の中で得られる小さなころの体験と、「ナゼ？ナゼ？」の質問によって当然できているはずの世界観がもてなくなっている人が増えているのではないかということです。現代はみなが共有できる世界観がもちにくい時代のように思います。

昔はたとえば神話や伝承などという形で、ある考え方が社会に共有されていました。おかしなことをするとバチがあたるのです。現代社会は論理の世界であり、科学が優先します。科学的に正しいかどうかが、多くの価値判断の基準になっています。けれども困ったことに、科学は神話のように私たちの日常を支える世界観を与えてはくれません。そこで二〇世紀が終わろうとする今、次の世紀、いや次の千年紀に向けてどんな歩みをすればよいのか悩むことになります。政治も経済も科学技術も……目の前の問題を解決しようとすると、どこかにほころびが見えてきます。長期の方向性がほしい、自分のよって立つところをはっきりしたい。そんな思いがわいてきます。

ここで、みなが共有できる世界観、あえていうなら新しい神話をつくる必要があると思うのです。といっても、科学や科学技術を捨てるというのではありません。これまでに獲得してきた新しい知識は充分に生かして、なお、生きる喜びを大切にするための世界観をつくりあげたいのです。そのためには、自然・人間・人工（都市・制度・政治・経済・科学技術など）の関係を明確にする必要があるのではないでしょうか。もちろん、すぐに答えは出ません。しかし、これを考えながら行動することが、新しい生き方への道になるはずです。経済も科学技術も、自然との関係はどうなっているか、人間にとって本当に望ましいものになっているかをつねに考えながら進めたいのです。

それを支える知としては、自然の一部である生きもの、さらに、生きものの一つとしてのヒトを知る「生命科学」が重要な役割を果たすはずです。「二一世紀は生命科学の時代だ」とよくいわれます。私も「生きもの」を知ることが基本であると思っています。しかし科学が、分析・還元・論理・客観を旗印にしているために、そこで行なわれた生命現象の解明が、まるのままの生きものや人間とは何かという、日常の問いへの答えにつながっていかないもどかしさを感じるのです。たとえば、たった一つの遺伝子で人間の行動が決まるかのように語り、人間を遺伝子のはたらきに還元したがる最近の風潮は、私たちの生き方を豊かにするものだとは思えません。科学の方法で得られる知識を大切にしながら、それで人間を説明するのではなく、そこから世界観をつくっていけないだろうか。そう思って考えたのが生命科学を包みこんでさらに広く展開する「生命誌」です。

生命誌についてはおいおい語っていきますが、基本を科学に置きながら生物の構造や機能を知るだけでなく、生きものすべての歴史と関係を知り、生命の歴史物語（Biohistory）を読みとる作業から始まる知です。〝科学〟から〝誌〟への移行にどんな意味があるのか、生命誌から生きものやヒトについてどんなことがわかるのかについてまず考えます。ついで、それが、自然・人間・人工の関係づくりにどうつながっていくのか、そこからどんな社会をつくるのかという課題にも考えを進めます。そしてなによりもそこからどんな世界観を組みたてられるのか。これが最も大事なテーマです。ヨチヨチ歩きを始めたところですので、スパッと答えは出せないかもしれませんが、一緒に考えていただくための素材を提供したいのです。

研究は、決して世間離れしたものではありません。社会の人々が生きものをどのように見るかということが研究の方向を決め、研究によってわかってきた生きもののありようが、私たちみなの生きものの見方、さらには生き方に反映するという行ったり来たりが大事です。

科学は、なぜか社会の中に文化として存在していません。科学も音楽、絵画、文学、スポーツなどと同じ文化です。科学を文化としてとらえ、他の文化活動とも結びつけて、生命誌を豊かなものにする努力もしていこうと思います。知る楽しみ、美しいものを感じる喜びを生命誌の中に見つけだし、日常の一部にしていただければ幸いです。

第1章　生命誌の基本──人間の中にあるヒト

人間はどこから来てどこへ行くのか？

私たちは、人工物に囲まれて暮らしています。そのほとんどが科学技術の産みだしたものです。テレビ、ジェット機、コンピューター、携帯電話など科学技術の産物は次々と新しくなり、人びとはそれをどんどん取り入れていきます。けれども生きものに関する技術、たとえば農業はそれほど急速には変わりません。生きものは、人類がこの世に登場したときに、すでに身の回りに存在しており、私たちは長い間、衣・食・住、すべての中で生きものを活用し、仲間としても付きあってきました。そこで、生きものは急速に変わるものではないことを知ったのです。農業にはその中で培われた「知恵」があります。現代では、科学技術がつくりだす急速に変わる世界と、古来の経験で支えられる日常感覚との間のずれが大きくなってしまったために、多くの人が不安を感じているのではないでしょうか。

しかも、このずれをどうしたらなくせるかについての答えは出されていません。その中で、近年、生物を対象にした技術が科学技術として大きく展開しはじめました。すでに生活の中に入っているさまざまな生物関係の技術——たとえば臓器移植、体外受精などの生殖技術、クローン技術や遺伝子組換え技術——は、どのように使ったらよいのかという判断が、的確になされないままに使われているのが現状です。その解決のために一つひとつの技術を取りあげて、社会的・法的・倫理的な検討をしようとしても、進歩をよしとする価値観に流されて混乱するばかりです。

実は、ここにあげた遺伝子組換えやクローン技術は、それ自体新しい生物研究に有効な——不可欠なといったほうがよいかもしれません——技術であり、生物学ではそれを駆使した研究から生きものの新しい姿を探り、新しい価値観を探りつつあります。その現場にいると、生きものってこういうものなんだということが毎日感じとれるといっても過言ではありません。つまりこの技術は決して否定的に見るものではありません。問題は対象が生きものであるのにあたかも機械であるかのように扱ってしまうところにあるのです。機械と生きものの違いを意識すること。今大事なのはこれです。

人工物は、論理で組みたてられたものです。コンピューターのむずかしい理屈も、それを考えだした人には隅から隅までわかっているはずです。機械の中ではある原因があれば、必ずそれに見合った結果が出ます。そこで人工物に囲まれる現代社会では大きな誤解が生まれてしまいました。すべてはわかる、あらゆるものには答えがある、とくに科学はすべてをわからせるものだという誤解です。

実は、生物を含む自然はそうではありません。ですから生物技術を開発したり、使ったりするときにも、機械の場合と同じようにわかっているという感覚をもっていたら過ちを犯す危険性があります。最近は、人工物も非常に大型化・複雑化・高度化しているので、思いもよらない事故という言葉をよく聞くようになりました。さらには、大きな地震が原子力発電所を壊す危険性や廃棄物が環境に影響を及ぼすなど、人工物は人工物だけで独立しているわけではなく、自然と関わりあっていることから起きる問題も目立つようになりました。そこで、自然はもちろん自然との関わりまで含めると人工物にもわからないことがあるのだという感覚を基本にして考えることが大事になってきました。

「二一世紀は生命科学の時代」と言われますが、この言葉には、生命についてもすべてを明らかにして、人間が思うように動かせる世界を広げるという意識が感じられます。しかし、科学で生命のすべてがわかるはずがありません。生命は複雑です。「生命誌」はむしろ、これまでに述べてきたようなわからないところがあるおもしろさを基本にしたいと思っています。これまでも、わからないながらもそれなりに生活の場を広げて生きてきたその方法を「知恵」とよぶならば、古来の知恵に支えられた価値観を大事にしながら、新しい知識を積極的に取りいれて、より納得のできる新しい価値観を探したいのです。

一人でできる毎日の研究は小さなことです。私は生命誌研究館を創り、何人もの仲間と研究をしていますが、それでも、小さな虫や水の中の藻のＤＮＡを調べているだけのことといえばそうなのです。けれどもそこで、虫や藻のことだけにのめり込んでしまわずに、そこから生きものの本質を読みとり、自然と人工（ここではとくに科学技術）の関係を考え、人間を見つめ直しています。

生きものの研究をしていると、つねに「神は細部に宿る」という言葉が浮かんできます。小さな生きものの研究を通して、自然とは何か、人間とは何か、人間はどこから来てどこへ行くのかと問うてみたいのです。人間だれしもが心の奥にもっているこの問いが、文学や芸術を産み、哲学などの学問をつくりあげてきたわけですが、科学も同じです。ここでは科学という切り口からこの問題に入っていきたいと思います。とてもおもしろい試みになることを期待しながら。

「地球観」の誕生

人間の好奇心が、物の見方、つまり「観」という形で知として体系化されていった対象は、まず宇宙と人間でした。どこの世界にも古代から、特有の宇宙観、人間観がありました。そこにはなんらかの秩序があるとされ、宇宙はマクロコスモス、人間はミクロコスモスとしてとらえられてきたのです。天体については、紀元前六世紀にすでにピタゴラスが世界は球形であるとしています。惑星は回転する透明の球体にはりついて太陽の周囲をまわっており、その外側にある透明の球体に多くの星がついているとして、宇宙を体系化しています。それに対応する体系が人体にもあるとした例として、レオナルド・ダ・ヴィンチの表現が有名です。

ところで、今、私たちが宇宙と人間の関係を考えるときに必ずその間に入り、しかも近年では地球環境問題などで毎日のように話題になる地球は、最近まで、踏みしめている大地として実感されはしても、一つのまとまりとしてとらえられることはなかったように思います。しかし、一九六一年にソ連が人工衛星ヴォストークを打ち上げ、ガガーリンの「地球は青かった」の名言とともに宇宙にポッカリ浮かぶ星としての地球を見たとき、私たちは明確な地球観をもったのです。

地球が球体の星であることは知っており、地球儀は身近にあっても、本物を見るのはやはり違います。これは知っているとはどういうことか、ということを考えさせるたいへんおもしろいテーマですが、ここでは深入りを避けます。その後、アメリカのアポロ計画で地球を見た宇宙船の乗員が口をそろえて、「生きていることを感じさせる球体」と表現しました。この地球観を、私たちも言葉と映像を通じて共有できるようになったのです。

一方、これはあまりうれしいことではないのですが、地球環境問題も地球を意識させました。先進各国で使われた化学物質が、開発途上国の大気や海はもちろんのこと極地でも検出され、熱帯雨林の消失が地球全体を覆う大気の二酸化炭素量に影響するなど、地球を一つとして考えざるを得ない現象がつきつけられています。

さらに、人間が地球上に暮らす多様な生物の一つであることもDNAの研究からはっきりしてきました。こうして今では、自然を宇宙・地球・生物・人間というつながりとしてとらえ、そこから私たちの「観」――物の見方、考え方――をつくりあげていくことになりました。この新しい総合的な見方は、二〇世紀になってはっきりともてるようになったものです。そして二一世紀はこれを生かした世界観を日常に生かしていく時代になるはずです。

「誌」とは何か？――自然の総合的なとらえ方

そこで登場するのが科学です。古代ギリシャ以来体系化に努めてきた宇宙や人間について、そしてもちろん地球についても、科学が多くの情報を提供しています。

まず、地球上には多様な生命体が存在し生態系をつくっていることが明らかになり、これ抜きで地球は考えられなくなりました。地球の大気の組成は、生物が存在するからこそ今のような状態になっているのですし、炭素やチッ素などの物質循環も生物と山や海などとをつないでいます。しかも今のところ、私たちが知る限りでは地球は生命体の存在するただ一つの星です。現代生物学は地球の生態系をつくる多様な生物はすべて共通の祖先から生まれ、ヒトもその一つであることを示しました。原始の地球で生まれた最初の生命体をつくった物質は、宇宙空間に存在する物質とつながっていることも明らかになりました。つまり、「宇宙、地球、生物、人間は実体としてつながっている」という現実が自然観の基本となったのです。

ところで、今、宇宙はピタゴラスの描いたような固定化したものとしてとらえられてはいません。一三八億年前に、ビッグバン（大爆発）が起こり、その直後のインフレーション（膨張）を経て、物質とエネルギーに満ちた超高密度、超高温の宇宙ができて以来、その中で数千個といわれる銀河が生まれました。その銀河系（一二〇億年ほど前に誕生）の一つに太陽系が生まれた（四六億年前）のです。

これが今、科学が描きだす宇宙の歴史、つまり宇宙史の一端です。このような壮大な歴史を知るには、相対性理論はもちろんですが、量子論が不可欠だったというのは興味深いことです。物質の本質を求めてミクロの世界をつきつめていったら、その先にマクロの世界である宇宙が見えてきた。そこに、自然のおもしろさがあり、深さを感じます。

四六億年前に生まれた地球上で、三八億年ほど前に生命体が誕生し、そこから多様な生きものが生じ、その中でヒトが生まれ、今ここに私たちがいるのです。ヒトは生物の一種ですが、その特徴として、文化や文明をもちます。そのような存在になったときに人間とよぶようになり、またそこにも歴史が生まれます。ここでは、文献に表れた歴史ではなく、残された化石や

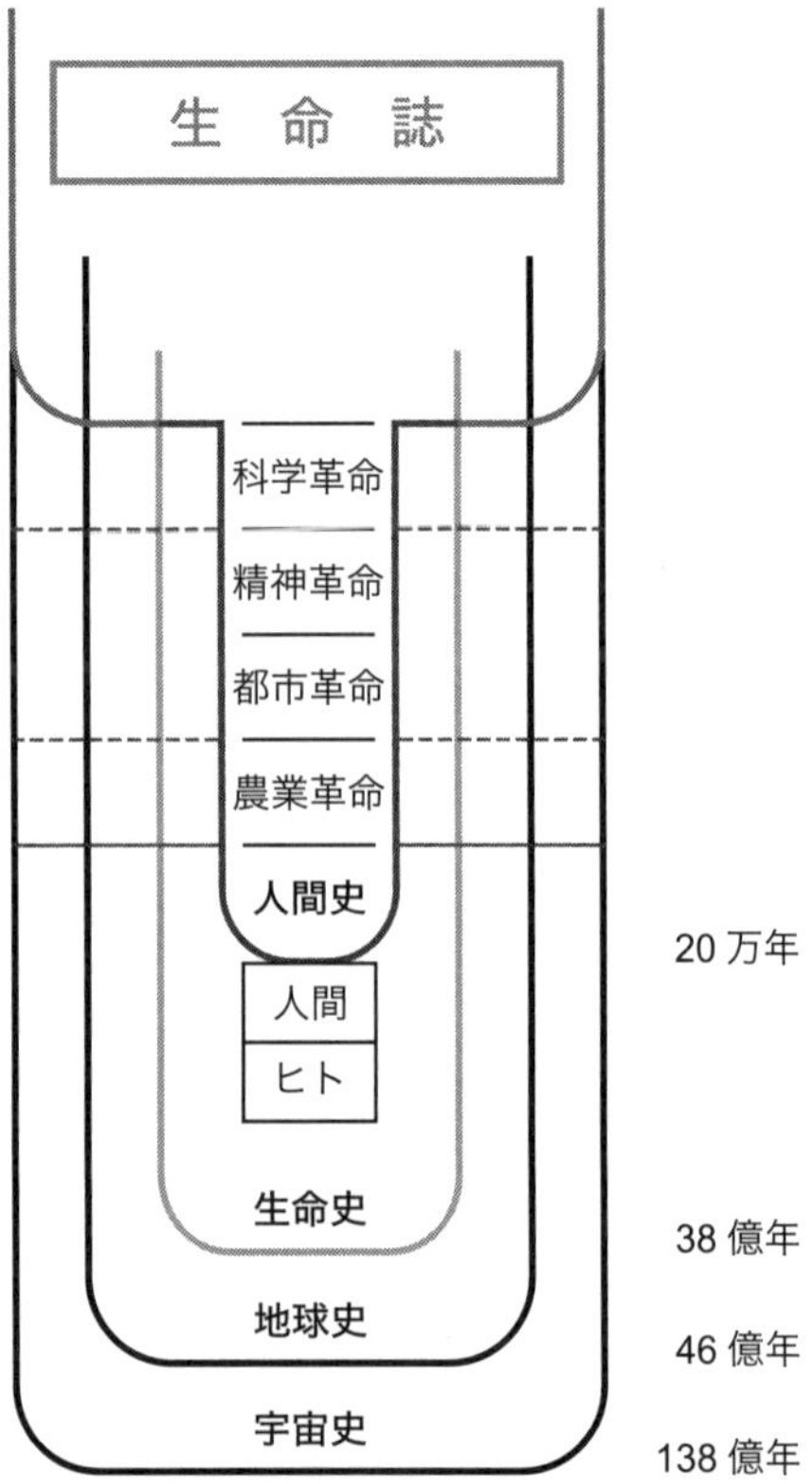

図1　生命誌——私のいるところ、そしてこれから

遺跡、人体そのものなどから人間の歴史が読みとけるようになってきたことも含め、宇宙からの流れで人間をとらえるという意味で人間誌と仮称しておきます。

ここで図1を見てください。宇宙史の中に地球史があり、その中に生命史があります。そこにヒトがいる。ここまでは自然です。一方、ヒトが文化・文明をもち、人間としての生活を始めて以来、そこには人工の世界ができました。この世界は今どんどん新しいものをつくりだしていることは先に述べたとおりです。それがだれもが共有できる世界観をつくりにくくしていることにも触れました。世界観をつくるには人工の世界とともに生命・地球・宇宙という世界があることを認識し、それとの対応を考えながら新しい世界をつくっていく必要があるのです。なぜなら人間は、自然の一部であるヒトでもあるからです。

ところが、これまでの私たちは、そのような意識なしに勝手に人工世界をつくってしまったので、人工と自然の間に葛藤があり、それが環境問題や人間関係のきしみとして現れているのです。人工と自然の葛藤といいましたが、実は人工の世界をつくったのは、脳とそれに従って動く手という、ヒトという自然の一部に属する器官だと考えると、この葛藤はとても複雑な問題を含んでいます。また別の見方をするなら、ここからヒトであり人間である私たちの本質が見えてくるはずです。

だからこそ、今起きている多くの問題を個別に制度や技術で解決しようとせずに、自然を総合的に理解し、それを基本に生きるという方向へもっていくことを提案するのです。そこで、すべてを含めた〝誌〟という見方が重要になります。宇宙誌、地球誌も重要ですが、私は、人間が生きものであるという事実から生きものを基本に置いた「生命誌」が、今とても大事な知であると思っています。

ナノ秒から一三八億年――複数の時間と空間を組みこむ〝誌〟

私たちは日常、時計を見ながら、時間の単位、ときには分や秒の単位で生活しています。手帳に一年単位の予定は書いてありますが、それ以上先のことはあまり考えずに暮らしています。もちろんときには一生を考え、子どもや孫の将来を心配することもありますが、それはめったにありません。近年、地球環境問題が厳しく問われるようになり、今の暮らし方は未来に大きな借りをつくっているといわれますが、遠い先を考えるのはなかなかむずかしいことです。

エネルギーについての論文に、「石油の可採分の残存量はこれまであと三〇年分といわれてきたけれど、二二〇〇年分あることは確かなので大丈夫」と書かれていました。この数字がどこ

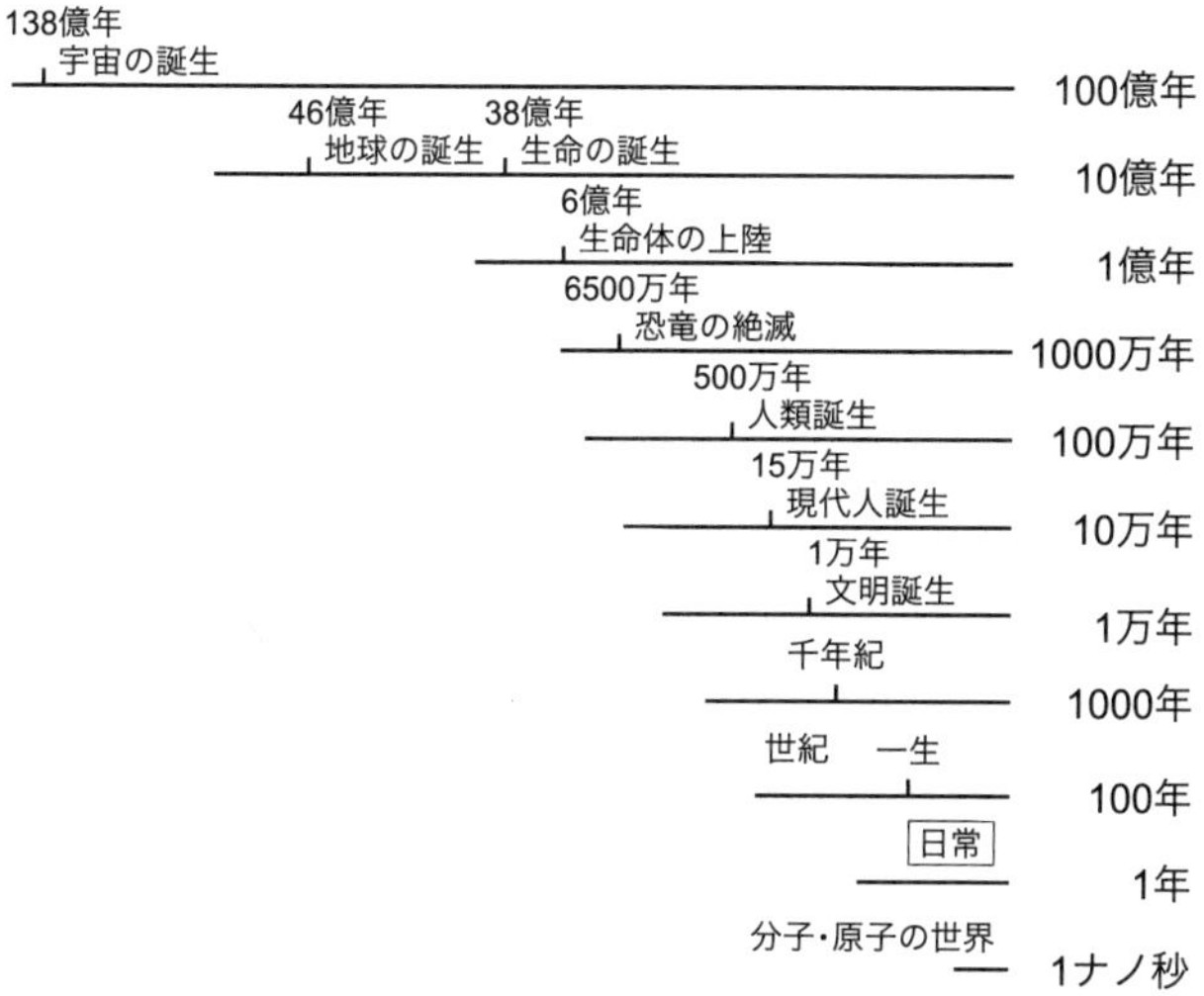

図２　複数の時間の中で考える

まで正確なのか専門家でない私にはわかりませんが、三〇年ならたいへんだけれど、二三〇年なら安心という認識はおかしくはないでしょうか。四六億年という長い地球の歴史の中で生じた化石資源を、たかだか二、三〇〇年で使いきってしまうことの異常さは、宇宙・地球・生命という流れの中に人間を置いてみれば、だれもが気づくはずです。

宇宙・地球・生命に関する時間の流れを図2に、大きなくくりでまとめてみました。人類の誕生は一〇〇万年、現代人は一〇万年の単位で考えるべきことがらであり、文明は一万年の単位になります。そして今、二〇世紀の終りを迎えて文明について考えるには千年紀や一世紀という長さが浮かびます。一〇〇年は人間の一生に匹敵します。そして、身体は、一年、一月、一日というリズムを刻んでいます。一方、科学は今や、ナノ秒（一〇億分の一秒）という短い時間の現象までもとらえ、事実、私たちの体は、そのような時間で動く物理現象や化学反応で支えられています。

それぞれの時間は、空間にも対応しています。広大な宇宙。今も膨張しつつある宇宙の果てを見ようという壮大な計画は、今、ハワイのマウナケア山に建設された直径八・二メートルのレンズをもつ光学赤外線望遠鏡「すばる」を始めとする新しい機器で現実になっています。百数十億光年離れたところからの光が見られるということは、一三八億年前、つまり宇宙の始まりを見ることになります。わくわくします。とんでもなく大きな時間と空間が実感できるのですから。地球の大きさも実感できるようになってきました。今や小さな世界の研究も進んでいます。生きものが生きているという現象は、細胞の中のＤＮＡ・タンパク質・糖などの分子のはたらきで解明されています。生きものを扱っていると大きさや時間が複雑に組み合わさっていることが実感されます。

このような複数の時間、さまざまな大きさの空間を実感させてくれるのが、現代科学です。多くの人がそれを実感できるようになることが自然・人間・人工（科学技術）の関係を考えるとき、とても大切です。私は今、科学が果たすべき最も大事な役割は、あらゆる人がこの感覚をもてるようにすることだと思います。現代の社会問題を解く鍵はここにあるとさえ思っています。こうして科学自体が複数の時間や空間を組みこむとおのずと〝誌〟になっていくのです。

生きものの「進化」は「進歩」ではなく「展開」

時間は生命について考えるときの大切な切り口なので、これからもしばしば問題にします。というのも、現代社会における自然と人工のずれは、もっぱら時間のもつ意味の違いにあると思うからです。一九世紀以降の社会は、進歩に価値を置いてきました。そこでは、一つのものさしで測ってどちらが優位かを比べるのですが、そのとき、主として問題になるのは量と効率です。科学技術が産みだした工業社会では、いかに効率よく均一なものを大量に生産するかが競われます。効率とは、時間を切ることです。物にとって大切なのはその構造と機能であって、それがどのような経緯で生まれ、どんな過程を経てきたかなどはどうでもよいのです。

科学は生物さえ、機械とみなしてその構造と機能を解明することに専念してきました。そこで明らかになったこと、たとえば、現代生物学が基本に据えるＤＮＡの二重らせん構造の発見などは、それが行なわれた時代に居合わせたのは幸運と思うほどすばらしいことです。そうは

進　歩	進　化（展開）
効率 量 均一	過程 質 多様
構造・機能	歴史・関係
機械	生命体

表1　進歩と進化

いってもDNAは単なる物質です。物質そのものに、生命のすべてを帰するわけにはいきません。DNAを基本にしながらも、たとえば、ヒトはどのようにしてヒトになってきたのかという「過程」を知ってこそ、生きものとしての本質に近づけるのです。

そもそも進歩という概念が生物には合いません。アリとフクロウとサクラを一列に並べてどちらが進歩しているか、優れているかと順位をつけようとしても無理です。それぞれに特徴がある。「多様さ」こそ生きものの真髄です。表1に生物のありようと、進歩を旨とする現代社会のありようがいかに違うかをまとめました。生物は止まることがありません。つねに動いています。そのダイナミズムたるやみごとなものです。しかも、一方向へ向かって進んでいくのではなく、さまざまな試みをして多様化していくのです。そのありようは「展開」または「発展」とよぶのがふさわしい状況です。近年、sustainable developmentという言葉が使われますが、ここでのdevelopmentはまさにこれなのです。

よく日本語で持続的開発と訳されますが、適切ではありません。展開や発展は自らの内にもつものを顕在化させていくことです。生きものが卵から生まれ、形をつくっていく過程を「発生」と言いますが、これが development です。進化という言葉にも触れなければなりません。進化は英語で evolution です。evolve は巻物を開いていくときなどに使われる言葉ですから、これも展開でしょう。どうも進化というと進歩とまぎらわしく、一定方向に進んでいくようなイメージを与えるので、展開と訳したほうがよかったとさえ思います。おそらく進化という訳は、進歩をよしとする時代だからこそなされたのでしょう。

生きものとしてのヒトと人間の関係

こうして、長い時間とともに起きた多様化の中で自然・人間・人工（科学技術）について考えていくときの中心になるのは、ヒトと人間の関係です。まず、生きものを知り、その中のヒト、そしてヒトと人間の関係を知ることです。生物としてのヒトが誕生し、それが文化・文明をもつ人間になったという直線的な見方ではなく、現代人の中にも生きものとしてのヒトの部分が確実に存在していることに気づかなければなりません。

環境中のさまざまな化学物質がホルモン様物質として作用して、生殖作用に影響するのも、がんにかかるのも、アレルギーを起こすのも、みな、ヒトという生物の体のしくみが外来物質に反応したり、内部で変化した結果です。どんな文明社会になろうとも、私たち人間はヒトという部分——他の生きものたちと共通の四〇億年近い生命の歴史をもつ部分を背負っているのだという認識が重要です。

話はかなり大げさになりましたが、これまでに述べたような考え方で始めた生きものの研究が生命誌です。実際の研究は、DNAを中心にした研究であり、生命科学とつながったものですが、視点が違います。実は生命誌を考えはじめてからの私の関心は、「生きていること」にあるのだと思うようになりました。

生物という物でも生命という抽象概念でもなく、生きているという現象です。この「こと」というとらえ方はおもしろいと思っています。現代科学が生物を機械のように見てDNAに還元するのはけしからん、生物は全体的な存在だといって、東洋思想をもち出して批判しても建設的ではありません。科学の特徴である積みあげ方式に従い、生命現象についての先人の成果を一〇〇%活用しながらそれを乗り越えていくのが、最もおもしろく大切な作業だと思っています。

文化としての「生命誌」――〝統合の知〟

大げさついでに、生命誌のねらい――というより願い――をもう一つあげておきます。学問と日常、つまり知識と体験の一体化です（図3）。なにより人間自身が生きものであり、他の生物は人類誕生以来付きあってきた仲間ですから、日常の体験の中で知ったことがたくさんあります。直観でわかることもありますし、他の生きものの生き方から学ぶことも多い。それとDNAを基本にした生命システムの学問的理解とは矛盾せず、むしろ補いあい、重なりあうはずです。こうして生まれるのが知恵でしょう。生命誌は、専門家としろうと、研究者と生活者などの区別なしに、だれもが当事者です。あなたも生命誌の当事者であると自覚していただきたいのです。

それは、生命誌が文化として社会に存在するということでもあります。音楽や美術・文学が、もちろん専門家はいるけれど、それをだれもが楽しみ、自らもそれに参加するものとして存在するのと同じように。科学がこれまでそうではなかったのは悲しいことです。科学そのものが文化として存在できるようにしたい。それも〝科学〟から〝誌〟への移行にこめた気持ちです。

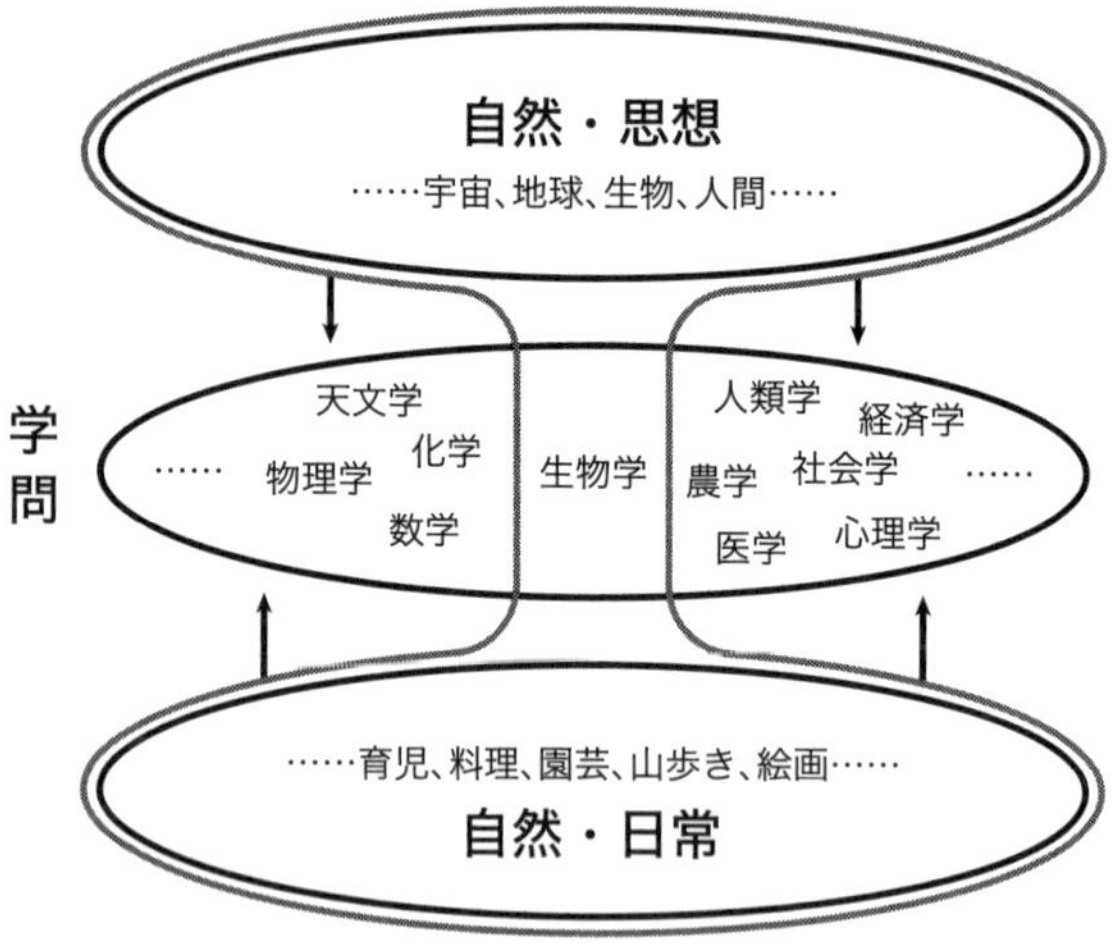

私は生物学を真ん中に置いていますが、それぞれの方が最も関心の高いものを真ん中に置いてください。

図3　知の統合

生命誌の問いは、最初に述べたように、私たちはどこから来たのか、私たちは何者か、私たちはどこへ行くのかです。これはおそらく人間の文化を産みだす基本でしょう。その意味でも生命誌は文化として、他のあらゆる活動――学問や芸術など――と関心を共有し、ともに活動できる「知」です。学問と日常が一体化するということは、平たくいえば、生活者としての私と研究者としての私が乖離せずに仕事ができるということです。生命誌を始めた理由は、実はここにありました。

たとえば、DNAについて考えるとき、私はどうしても私の体の中ではたらいているもの、あなたの中でもはたらいているものとして考えてしまいます。いくらそれを分析するときでも、試験管の中の物質としてだけ見ることができません。ところが今の科学は、ときに生物をまったく知らずにＤＮＡだけを扱っている人をつくってしまう方向に動いています。科学の成果を一刻も早く産業につなげることを求める動きは、生きものの本質を考えようなどという話には耳を貸してくれません。

その結果登場した技術や製品は、生活者からの拒否反応に遭ったり、うさんくさい目で見られています。なんだかおかしい。居心地が悪いのです。生命に関しては、断片的な知識への関心だけをもったり、科学という限られた方法でのアプローチだけではいけないのではないか、そう考えて一〇年近く悩んだ結果、「知」は大切にしよう、しかし「統合の知」もしくは「知恵」にしようと思ったのです。もちろんこれは挑戦であって完成ではありませんが、生命誌を少しずつこの方向に組みたてていきたいと考えています。

第2章　生命観の変遷をたどる――共通性と多様性への関心

生命を探る「知」のはじまり

ヒトが地球上に登場したときには、私たちの目に見える現存生物はすべて存在しており、自然は多彩な姿を見せていました（ここで目に見えると書いたのは、最近のゲノム研究によってバクテリアの間ではDNAが大きく動きまわっていることがわかってきて、そのダイナミズムに驚いているところなので、今でも目には見えない新しい生命体が生まれているかもしれないと思うからです）。これらは、動くもの、美しいものとして私たちの祖先の気を引いただけでなく、衣・食・住、さらには医

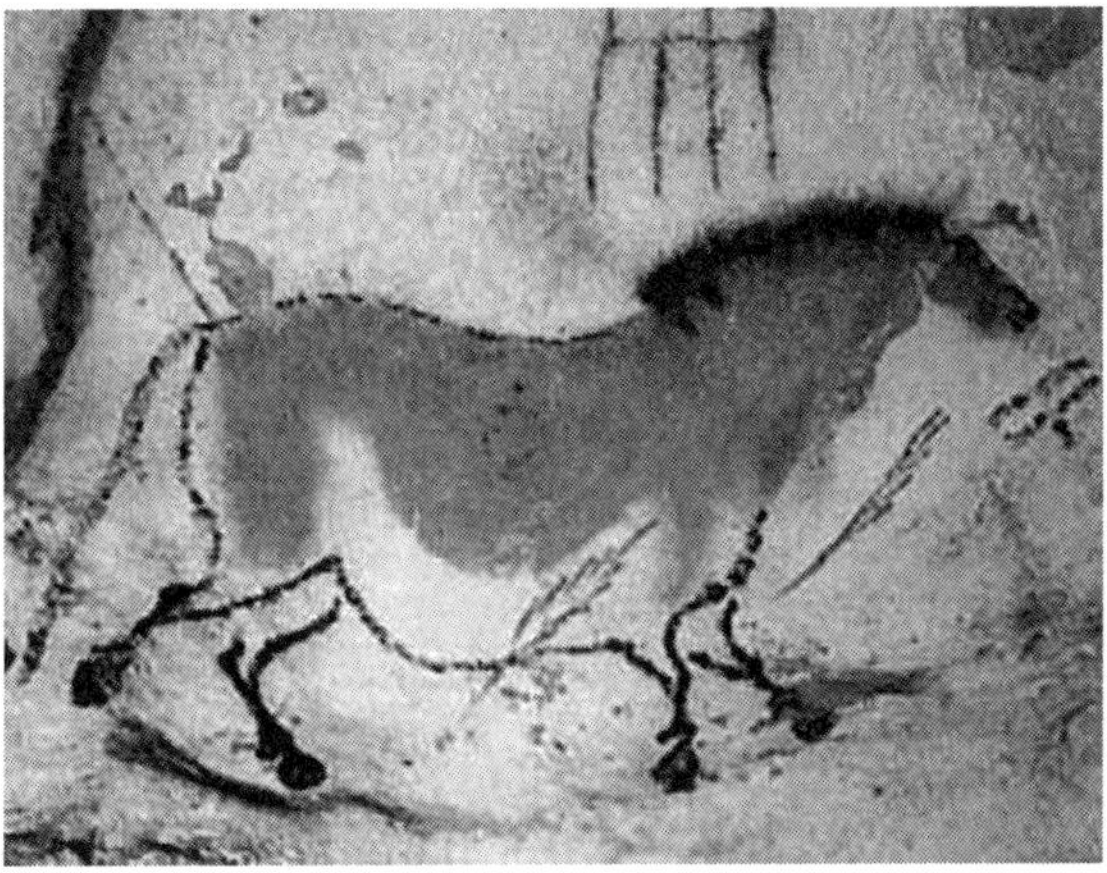

図4　ラスコーの洞窟壁画

療に用いるために、つまり実用上その性質を充分知る必要がありました。なかには毒をもつものや危害を加えるものもあり、詳細かつ正確な情報が重要でした。

それだけではありません。六万年ほど前に、ネアンデルタール人が死者を悼《たむ》んで花を手向けたのではないかと思わせる跡がイラク北部のシャニダールの洞窟内で見出されたということですから、すでにそのときには死について考えるようになっていたはずです。狩猟採集時代の終わりごろ（今から三万〜四万年前）には呪術的な意味を込めたみごとな動物像がフランス西南部のラスコーの洞窟壁画に描かれています（図4）。つまり、今ここで考えようとしている、私とは何か、私はどこから来てどこへ行くのかという問いにつながる精神

図5　プラトン（中央左）とアリストテレス（中央右）
（ラファエロ「アテナイの学堂」ヴァティカン宮殿、部分）

的な活動や他の生物のもつ生命の意味を考える知的活動がすでにそこに見られるわけで、まさに彼らは生物的なヒトであるだけでなく「人間」でもあったといえます。

このようにして私たちの祖先は、現代風にいうなら、生物の多様性に関する知識、生物がもつ生命という共通性の認識、そしてその先にある「私」という存在への関心を抱いていたのです。つねに生物への関心の通奏低音として流れ続けているのはこの共通性と多様性、そしてその先にある〝私〟への関心であり、それがまた生命誌のテーマでもあります。このような関心は、もちろん世界中いたるところに暮らす人々すべてにあったと思いますが、それを体系化し、現代科学につながる学問をつくったのはギリシャ時代の思索家たちです。ここではプラトンとアリストテレスに目を向けます。図5はラファエロの「アテナイの学堂」に描かれているプラトンとアリストテレスです。

ギリシャの賢人たちの中でもとくに後世に大きな影響を与えた二人の手に注目してください。プラトンは天を指差し、アリストテレスは腕を前に差し出し掌を地に向けています。プラトンはイデアで自然界を説明しました。物とは独立に存在する不変のもの、イデア（目には見えない）によって性質が決まるというのです。つまり不変で唯一のものこそ重要だという考え方です。天を指している所以《ゆえん》です。それに対して弟子のアリストテレスは事実と観察を大切にしました。生物についても多くの観察記録を残し、動物学の始祖とか古代・中世を通じて最高の生物学者といわれていかます。とにかく地上にいるさまざまなものを観察することが知の始まりという気持ちの表現がアリストテレスの手に表れています。

もちろんアリストテレスは、多様性だけに関心をもったのではありません。生きものを生きものたらしめている「プシュケー」（「息」「蝶」の意から、生命または霊魂とされる）があり、それが植物と動物と人間では違っていて、簡単にいえば後のほうほど高等だというような整理をしています。自然の階梯という見方も示しています。そしてアリストテレスは、変わることに関心をもちました。共通と多様への関心は、別の切り口で見ると変わらないものと変わるものへの関心といえます。こうしてみると、やはりアリストテレスは生物学者の祖というにふさわしいことがわかります。目の前にある多様なものを正確に観察し、そこから共通性を見出そうとするとともに、生物の変わるところに目をつけているのですから（現代生物学から見ると正しい考えばかりではありませんが、それは脇に置きます）。

そこで、生きものを見るための二つの基本、多様性と共通性を鍵に、生物研究とそれに伴う生命観の変遷を簡単に追っていきましょう。

博物誌から分類学へ

ヨーロッパの中世は、いわゆるスコラ哲学の時代であり、アリストテレスの示した観察の精神は忘れ去られ、もっぱら神学上の解釈、先達の著作の解釈などに目が向けられていました。〝生物研究〟の立場から見ると実りのない時代でした。一四、五世紀になると、十字軍や東方貿易によって外の世界を知った人々が、単なる思弁のための思弁を止め、目を外に向けはじめます。それがルネサンスです（ラファエロの絵もこの時代に描かれました）。

一六世紀から一七世紀、航海術の発達でヨーロッパ列強諸国が世界へと出かけて行き、生物に関する情報や標本が持ちこまれるようになり、研究書もたくさん出版されました。頂点は一八世紀、それまでは貴族のものであった博物誌の情報が庶民層にも伝わり、他国の標本など買えない普通の人々が身近な生物の観察をするようになって、生物の種類だけでなく習性なども調べられました。今もこの伝統はアマチュア博物学として引き継がれています。こうして、世界中から集められたさまざまな標本や身近な生きものが分類され整理されていったなかで、一八世紀にスウェーデンの博物学者C・リンネが現在も使われている二名法とよばれる分類法を考えだしました。多様な生物にある程度の普遍性を見つけ整理していく方法、分類学の確立です。

解剖学から生理学へ

多様性への関心が具体的な生きものに向けられたのに対して、共通性への関心は、生命とは何かという問いにつながります。きっかけは生命が失われること、つまり死への恐れとふしぎであり、したがって最大の関心はほかならぬ人間に向けられました。多様性が人間以外の生きものたちの生き方を示すのとは対照的であるのが興味深いことです。しかし、本来生きものの理解に必要なコインの両面であるはずの多様性と共通性への関心のもたれ方が違う形で始まったために両方が別々に考えられ、両者の間に接点ができなかったのは少し残念です。

事実を追っていきましょう。死と人間という切り口で生命の実態に迫ろうとして行なわれたのは解剖です。人体解剖は禁止されていましたから、他の動物を調べてそこから類推しました。この流れで名前があがるのが、ローマで活躍した医学者ガレノスとその後継者であるアラビアのアヴィケンナ（アラブ名は、イブン・シーナー）です。当時は、ギリシャ以来の生気論が主であり、ガレノスはプネウマ（「風」「空気」という意味）が身体のあちこちを出入りすると考えました。プネウマは空気中に充ちており、呼吸で体内に運びこまれ血液で各部へ送られ体中で活躍します。たとえば、肝臓の中のプネウマは成長と栄養を司ります。プネウマが霊魂のはたらきをする場所は、脳、心臓、血液などとされ、そこに注目が集まりました。

一三世紀になると、少しずつ人体解剖がなされるようになりましたが、ガレノスの影響が強く、誤りがそのまま踏襲されていました。それを打ち破ったのが、イタリア、パドヴァ大学の解剖学者A・ヴェサリウスです。それまで教授自らが執刀することはなかったのですが、彼はそれを行ないました。解剖といいながら、先達の書を鵜呑みにしていたそれまでと違い、まさに科学です。なぜ彼にそれができたのか。当時のパドヴァが自由で、研究用死体が手に入ったこと、ティツィアーノという画壇の巨匠が図版の作成に協力し、出版の技術と熱意も一流だったなど多くのことが重なったからです。

新しいことは、決して一人の人、一つの分野の力で生まれるものではありません。まさに高レベルの文化があったのです。これは現在にも通じることです。二一世紀の日本でもこのような形で新しい文化が生まれ、独自の展開があるとよいのですが。それはともかく、こうして生まれたのが、歴史的書物であるヴェサリウスの『人体の構造について』(一五四三年)です。

人体そのものの構造が具体的に見えてきたので、そのはたらき方への関心が生まれ、人体を機械とみなすようになっていきます。そして一〇〇年後、まずW・ハーヴェイが『動物における心臓の運動と血液に関する解剖学的研究』(一六二八年)を著し、その後しばらくしてデカルトが人間機械論を展開するわけです。ハーヴェイは、観察を重ねたうえで仮説を立て、それを定量的な検証で実証していくという近代科学の方法を生物研究に取り入れた人としても歴史に残ります。ハーヴェイ、デカルトによって、共通性を探るミクロの旅に拍車がかかりました。多様性を探る旅が、実際に海を渡るマクロの航海であったのに対して、こちらは実験室の中でミクロへ、ミクロへと入っていく航海です。

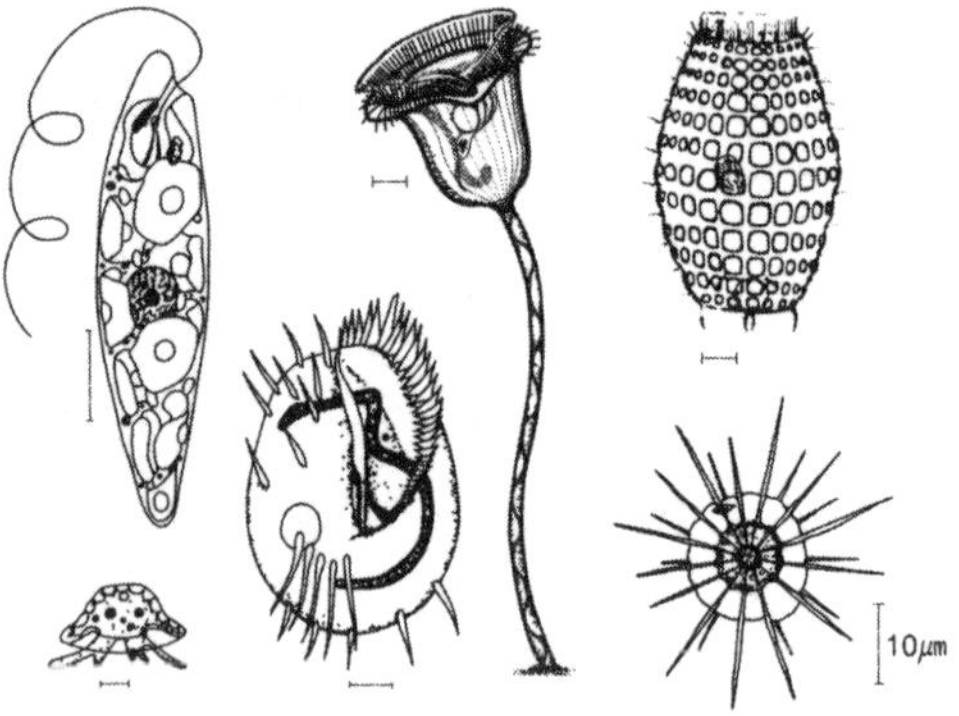

図6　顕微鏡下の生きもの
（B．アルバーツ他著、中村他訳『細胞の分子生物学　第3版』ニュートンプレス）
（M.A.Sleigh, The Biology of Protozoa, London, Edward Arnold <1973>）

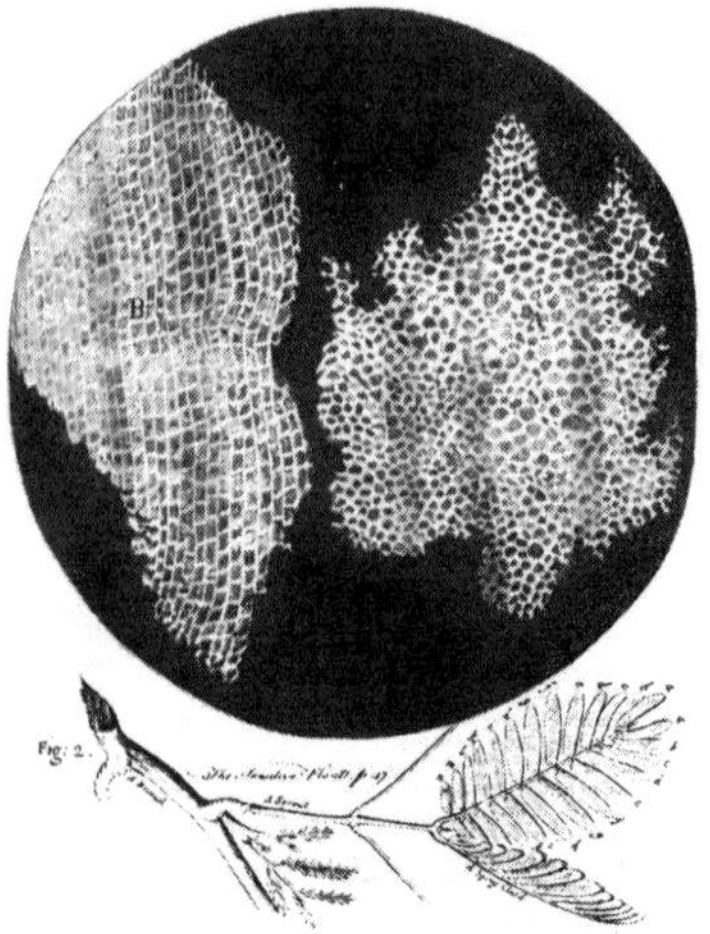

図7　フックのコルクの図
1665年の『ミクログラフィア』に描かれた図

ミクロの航海を豊かなものにしたのが顕微鏡でした。肉眼では何も見えない池の水を顕微鏡の下に置くと、なんとも奇妙な形の生きものたちが見えてくるというので、多くの人がわれもわれもとのぞくようになり、一種のファッションにまでなったようです（図6）。今では顕微鏡をのぞくのは白衣を着た科学者というイメージに変わってしまいました。もう一度よび戻したい流行です。

ところで、ミクロの旅でアマチュアが多様性を楽しんでいるなか、M・マルピーギ、R・フック、A・レーウェンフックなどの研究者が小さな世界に存在する微細な構造を調べ、次々と新しい発見をします。フックは、コルク切片を見ると小さな袋の集まりに見えることを見つけ、小さな袋をcell（小さな個室）と名づけました。細胞の発見です（今では、細胞は生命の単位と知られていますが、当時はまだその重要性に気づいていません。図7）。

生物学の誕生

一九世紀初めに大きなことが起きました。ギリシャ以来二つの道を歩いてきた多様性と共通性への関心を一つにまとめようという動きが出たのです。多様性への興味から生まれた博物学は、分類学へと進み、顕微鏡によってミクロの世界に目を向けるようになりました。一方、解剖学・生理学など医学と関連し、主として人間を中心に研究が進められてきた共通性への研究もまたミクロの世界の細胞へとたどりついてみると、それは人間に限らず他の生きものの生き方にもつながることがわかってきたのです。

この流れのなか、一八〇二年に二人の学者がほぼ同時に、そして独立に同じ言葉を提案しました。「生物学」です。ふだんは深く考えずにこの言葉を使っていますが、生命研究の歴史のなかではとても大事な意味をもっています。この言葉をつくったのは、フランスのJ・ラマルクとされていますが、ドイツのG・トレヴィラヌスも同じ年に同じ提案をしていました。ラマルクは博物学者、トレヴィラヌスは医学者です。多様な生物を対象にしてきた博物学と人間を扱いながら生命の基本を問うてきた医学生理学の両方から同時に同じ言葉が出てきたのは偶然ではありません。

多様と共通を別々に見ていたのでは生命の本質には迫れない、両者の関係を知ることこそ重要だという意識が出てきたのでしょう。生物学の始まりについては、動物学と植物学が統一されたという見方や、物質と精神の分離に対してそのいずれでもない生命という概念がこの時代に現れたことを反映しているという解釈も出されています。いずれにしても、総合的な見方が必要だという考え方が出てきたことに違いはありません。生物学という言葉に重要な意味がこめられていることを心にとどめてください。

しかし、その後生物学は、総合的なものにはならずにむしろ細分化されていきました。動物学、植物学、微生物学というように研究対象で分かれただけでなく、分類学、生理学のように研究方法でも分かれていったのです。生命誌は、生物学の誕生から二〇〇年ほど経過したところで、細分化を見直し、再び共通と多様を結びつけることをめざして考えだした言葉です。生命の本質をみる総合的視点の必要性は言うまでもありませんが、その実現には具体的な方法が必要です。これまではその方法に不足がありましたが、今は充分にあるのではないか、だから今度こそ統合できるという確信があります。研究の歴史を追いながら、それをこれから述べていきます。

細胞説の登場

生命誌という統合の知へとつながる研究を見ていくと、まず重要なものとして「細胞説」が浮かびあがります。すでに述べたフックによるコルクでの細胞の発見以来、多くの人がさまざまな生物を顕微鏡観察し、一八三〇年代、ドイツのM・シュライデンが植物について、T・シュワンが動物について、細胞が生物の基本単位であるという論文を出しました。これが細胞説です。

すべての生物に共通なものが見つかったのですから大発見です。顕微鏡下で細胞を根気よく観察することによって、細胞は分裂すること、その中にはいつも黒い構造体（核）があることなどもわかりました。一八五五年、病理学者R・ウィルヒョウは「すべての細胞は細胞から」という名言によって、細胞は次々と新しい細胞を産みだし連続するものであることを示すと同時に、そのころまでなんとなく信じられていた自然発生の考え方を否定しました。こうして、生きものの基本を知るには細胞を調べていけばよいということがわかってきました。

これは大きな発展ですが、「生物学」という言葉は多様と共通を結ぶ方向を出そうとして提案されたものだったのに、研究室での研究は共通性の方向へ大きく傾くことになりました。

進化論の発表

顕微鏡の下から生まれた細胞説に対して博物学、つまり自然の観察からも生きものの共通性を示す重要な概念が出ます。「進化論」です。進化論の提唱者とされるダーウィンとA・ウォーレスの論文には、自然選択により「生物は長い時間をかけて世代を重ねる間に形質が変化し、構造も複雑になり、それとともに多くの種に分かれた」とあります。実は、進化という概念はこのとき初めて出されたものではありません。プラトンとアリストテレスのところでも述べたように、ギリシャ時代から、生物は〝不変である〟という考えのほかに〝変わる〟という考えも存在していました。

生物学の提唱者であるラマルクは、進化論を明確に唱えた最初の人でもあります。彼の考えは、生物は本来、より大きく複雑になるよう決められていて、使った部分は進化し、使わない器官は消えていくという「用不用説」でした。変化の原因が何かということは、これからだんだん考えていくとして（生命誌の研究はこの問題を扱いますので後に細かく触れます）、生物が変化するものであるという考えは、自然を観察していればおのずと出てくるものだったのでしょう。ただ問題は、キリスト教が教える「神の創りたもうた秩序ある世界」と「進化」という考え方をどうすり合わせるかであり、それにだれもが悩んだのです。

そのような流れの中でダーウィンの『種の起源』が出版されたのが一八五九年でした。ダーウィンは、若いころビーグル号に乗ってマクロな航海に出かけ、多様な生物を観察していまし

図8　ビーグル号（中央）
イギリスの軍艦で、各地の測量を目的に航海したが、船長の話し相手として乗ったダーウィンは自然観察を行なった　(Owen Stanley, 1841)

た（図8）。また、イギリスでさかんな家畜や栽培植物の育種の観察体験も豊富であったダーウィンは、進化を考えざるを得なかったのです。そのころのイギリスは、産業革命の結果、社会変化が激しくなり、それへの適応が重要という考えが出はじめ、社会に進化論を求める気運があったという事情もあります。

もちろんキリスト教からの批判が厳しかったことに変わりはなく、ダーウィンは『種の起源』の発表をかなり慎重に行なっています。一方、積極的に進化論を社会に適用しようとするH・スペンサーのような人も出て、生物学の範囲を越えて社会に影響を及ぼします。生物科学も社会と関係して動いていくことを実感させられる例です。

遺伝の法則の発見

もう一つ、共通性への道をつくった大きな仕事は遺伝の法則の発見です。オーストリアの僧メンデルがエンドウマメのかけ合わせの実験から、生物の性質を決める「因子」があることを発見しました。親の性質が子どもに伝わることは昔から気づかれており、家畜の改良などと関連して、とくにヨーロッパでは実用上遺伝への関心は高かったといえます。けれど、生物には無数ともいえる性質があり、親子でも似ているところもあれば似ていないところもあるというように複雑なので学問として体系化されてはいませんでした。

そこへメンデルが、性質を決める「因子」があり、有限個の因子の組み合わせで生物の性質が決まるということを示したわけですから、すぐに遺伝学が始まってもよさそうです。しかしこの実験結果の重要性が認められるのは二〇世紀に入ってからです。メンデルはすでに亡くなっていました。研究にもタイミングがあるのです。メンデルが示した因子は、後に(一九〇九年)遺伝情報をもつ因子という意味で「遺伝子」と名づけられます。生物学で法則とよべるものが出された最初という意味でも、この研究には大きな意味があります。

生化学への道

生物の共通性へ向けての研究の流れとして重要なのはもう一つ、生化学です。細胞を観察すると中に何かが詰まっているように見えたので、生物をつくりあげている物質を追う作業が始まります。ここで大きな役割を果たしたのはパスツールです。ワイン業者から樽によってワインの品質が違うのはなぜか調べてほしいと言われ、調査したところ、発酵には生きた酵母が必要だということがわかりました。

「発酵は、微生物が物質を取りこみながら増殖していく生理過程の中で起きる生命現象である」。アルコールができるのは純粋な化学反応で生物など関係ないという反論もありましたが、その後(一八九七年)E・ブフナーが生きた酵母ではなく酵母の抽出液でも発酵が起きること、つまり酵母内のある種のタンパク質＝酵素がはたらいて糖がアルコールに変わる反応を進めていることを示しました。こうして生体内で起きている現象を化学反応で解明していく生化学が生まれます。

実は、パスツールと同じころ、一八六九年にJ・ミーシャーが白血球(外科患者の膿汁)から

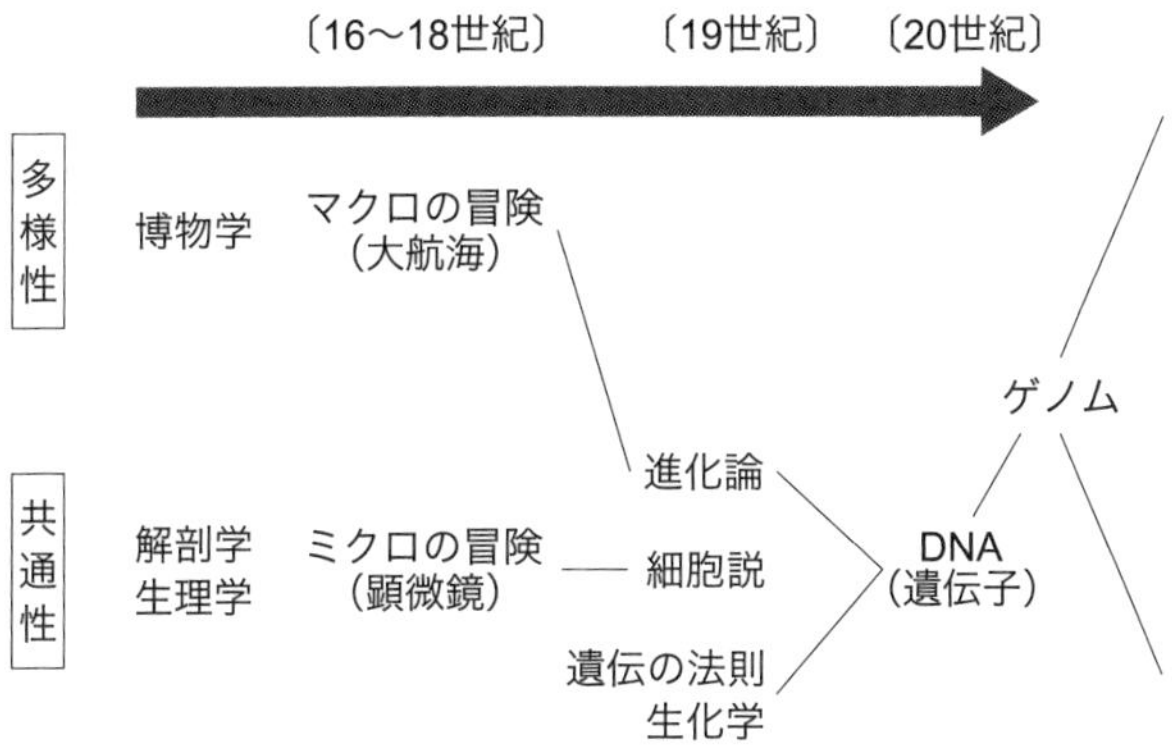

図9　共通性へと向かっていく研究の流れ

一〇%もリンを含む酸性の物質を見出し、機能はまったくわからないままヌクレイン(核からとれた物質)と名づけていました。後にDNAとわかる物質です。タンパク質(酵素)とDNAという生物にとっての二大基本物質が取りだされたわけです。生きものを物質でできた機械としてとらえる考え方の始まりです。

パスツールはまた、生物の自然発生を実験によって決定的に否定しました。まず、完全滅菌したスープの中に空気やチリが入ると微生物が増えて腐ることを示した後、同じスープをS字形の首をもつフラスコに入れて外から微生物が入らないようにすると腐らないことを示したのです。一八六〇年のことです。

細胞説、進化論、遺伝の法則、生化学……、生物は共通の構造や物質から成っていること、生きものは生きものから生まれ、その性質を子孫に伝えていくものであることがわかってきました。しかもそれがほとんど同じころ、さまざまな分野から独立に生まれてきたのは興味深いことです。歴史とはおもしろいものです（図9）。この図には、独自に生まれてきた動きが二〇世紀に入って遺伝子（DNA）の研究へと収斂《しゅうれん》していくこと、二一世紀にはそれがさらにゲノム研究になり、ここで最初からのテーマであった共通性と多様性をつなぐ研究へ展開していく方向が具体的に見えてきたというところまで書きこんであります。この部分が、実は、この本の中心テーマであり、これから語っていくところです。ちょっと先走って書いていますが、心にとどめておいてください。

生殖と個体発生

共通性と多様性という切り口で生命理解の歴史を見てきましたが、実は、このどちらとも関連しながら、日常的な生きものの観察とつながり、しかも「性」や「個」という、生命にとって本質的な問題を含んでいる現象を扱ってきたもう一つの生物研究の歴史があります。発生学です。この学問は生物が誕生するところのふしぎに惹かれて始まったものですが、今では個体が生まれ、成長、老化、死と経ていく過程はすべてつながっていることがわかってきたので、生物の一生を追う学問になっています。

発生も、始まりにはアリストテレスが関わります。彼は「女性（メス）の月経血、ニワトリの場合は黄身に男性（オス）から生命力、つまり精液が注入されると赤ちゃんの素ができる」と考えました。さらにそこに霊魂が入って人間ができていくというのです。その後のキリスト教社会では観察から離れ、自然発生説に傾きますが、一七世紀になって顕微鏡観察が始まると精子が発見されます。精子は動きまわるので、その中に子どもの素が入っているのではないかと考える人が出てきました。

しかし卵《らん》のほうが大きいので、これを観察するとこちらに小さな人の形が見えると言う人もいて、どちらに生物の素が入っているかという論争が起こりました。精子、卵のいずれであるかはともかく、それらの中にあらかじめ小型の動物が存在しているという考え方ですから、これを「前成説」といいます。これには生物は神様の力で創られたもので、それが精子や卵に宿っているという気持ちも影響していたのでしょう。

もっとも、いくら観察してもそのような形はどこにも見えないと主張し、生物は受精後に新しく生まれるという「後成説」を唱える人もいました。

一九世紀に入り、発生でも現代生物学への曙の時代が始まります。C・ベーアが、一八二七

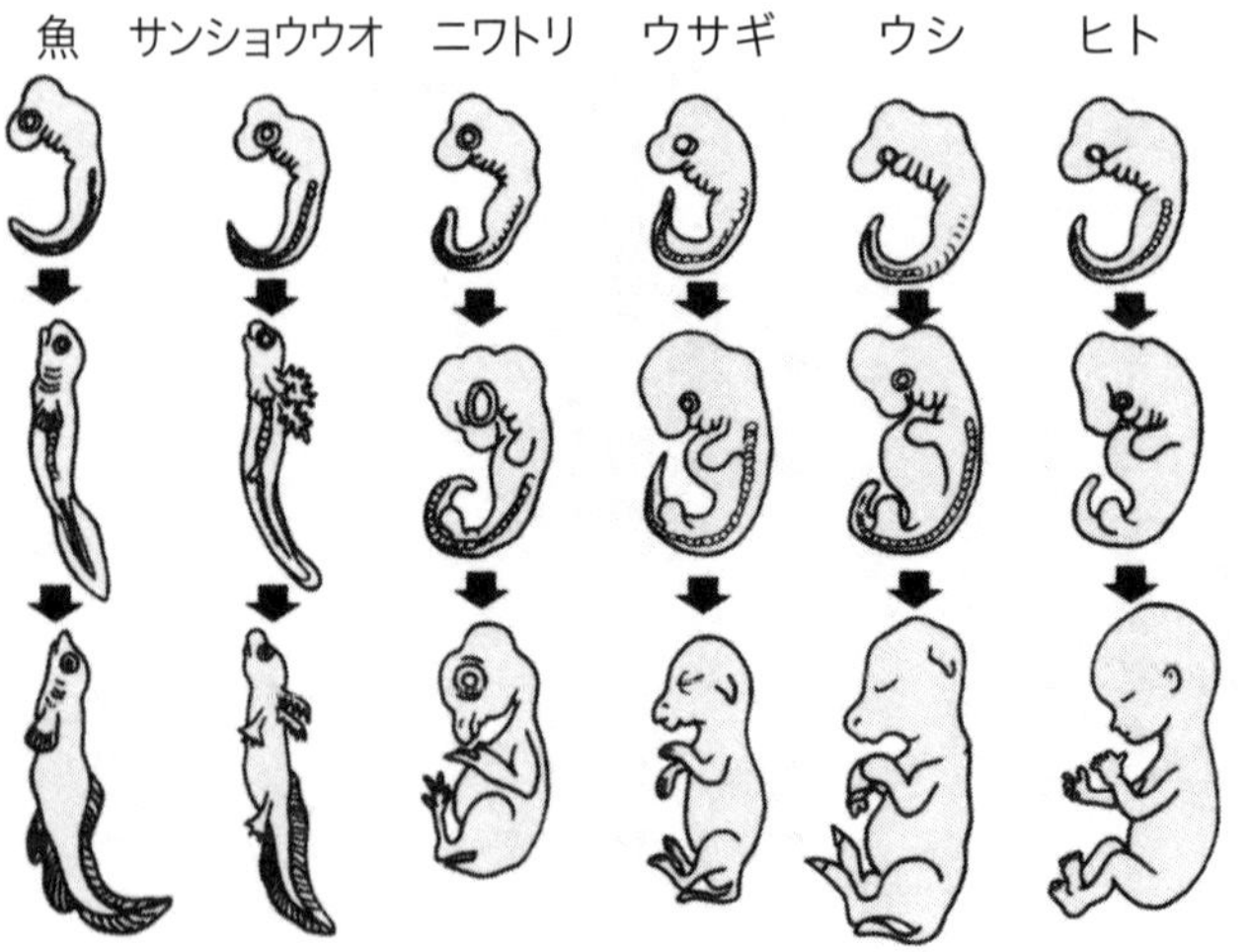

図10　胚はみな似ている

発生の初期には脊椎動物の胚は区別がつかない

（M. ホーグランド・B. ドッドソン著、中村桂子・中村友子訳『Oh！生きもの』三田出版会）

年に初めて哺乳類の卵を観察し、一八七五年にはウニで卵と精子の融合、つまり受精が観察されました。受精卵は分割を始め、胚になります。ベーアは、このようにしてできた胚がある時期、哺乳類でもトリでもトカゲでも区別のつかない姿になることを見つけました。ここでも共通性が浮かびあがってきたわけです（図10）。

発生研究ではもう一つ大事な仕事がなされました。一八九一年、H・ドリーシュが、ウニの受精卵が二つに割れたところで、二つを分離して飼ったところ、どちらからも小さいながら完全なウニができたのです。

これは、生物における部分と全体を考えさせるおもしろい実験であり、ドリーシュはここから哲学的思考に入っていきます。

このように、発生は、生きものそのものを見ていく最も日常感覚に近い分野です。また個体を見るという点でも興味深い分野ですが、形づくりというむずかしい現象を対象にしており、それぞれの生物に特徴がありますので、共通性を探すのはむずかしく、共通性への道は最近始まったばかりです。生命誌ではもちろん発生も取りこんでいきますが、その流れが出てくるまで、しばらくの間、本稿では発生は脇へ置いておきます。

大急ぎで見てきた研究の流れの二〇世紀に入る前の状態をまとめてみますと、（1）多様性よりも共通性、（2）生命から物質へ（機械論）、（3）観察より実験、という方向が明確に見えます。これがあったからこそ科学としての生物研究が急速に進展したのです。そしてこれは、産業革命を経て進歩をめざす社会の動きとも重なっていることに気づかれたと思います。ただこれが生命の本質を忘れた機械優先の社会につながり、それを取り戻すために、私は生命誌を考えることになるのです。そのあたりにも注意しながら、この流れを追っていきます。

第3章　DNA（遺伝子）が中心に——共通性への強力な傾斜

大腸菌もゾウも基本は同じ

前章でまとめた方向に拍車がかかった形で二〇世紀は始まります。

これまでの歴史と違い、二〇世紀に入ると、数年の単位で注目すべき成果が出るというペースで研究が進み、今や毎日追いかけていても間に合わないほどの速さになっています。このような動きの中心になるのは、ちょうど二〇世紀のほぼ真ん中、一九五三年になされたDNAの二重らせん構造の発見です。そこで、地球上のあらゆる生物はDNAという物質を基本に生き

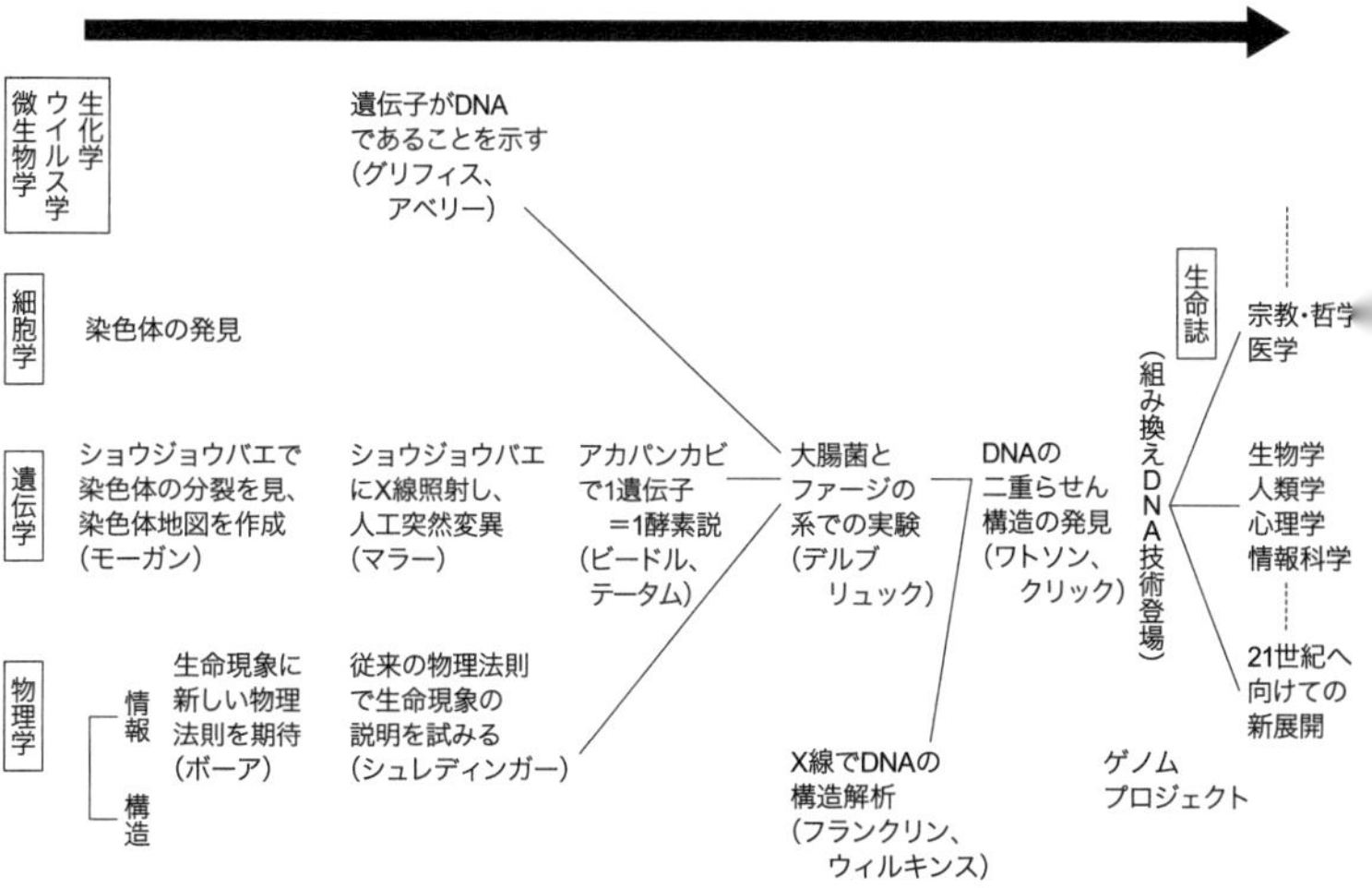

図 11　20 世紀の生物研究の流れ

ているということが人々（少なくとも生物研究者）の共通認識になります。大腸菌もゾウも基本的には同じという生物の見方は、共通性の極といってよいでしょう。

　それは、私たちにとてもたくさんのことを教えてくれました。二〇世紀はまず普遍性の徹底的な追究に向けて走ったのです。そこで得られたすばらしい成果を評価しながらも普遍性のみを追ったための問題点を考えるのが生命誌ですが、まずはDNAに向かってさまざまな分野の研究が収斂《しゅうれん》する様子を図11に従って追っていきます。前章で述べた進化、細胞、遺伝、化学（物質）という方向づけにそって、遺伝学、細胞学、生化学、微生物学などという学問がどう展開していくかを追います。

しかも、ここで物理学が非常に興味深い関与をしますので、それも見ていきます。

遺伝学の世紀

二〇世紀は、よく遺伝学の世紀と総括されます。メンデルの法則が発見当時は評価されず、一九〇〇年に三人の研究者によって同時に再発見されたのは象徴的です。二〇世紀半ばにDNAの二重らせん構造の発見があり、二〇世紀の終りには、一つの生物のもつ全DNA、つまりゲノムの構造分析（ヌクレオチド解析）がバクテリアではいくつか終わり、ヒトのそれもほぼ完成の見通しがついた（二〇〇三年）のですから、まさに遺伝学の世紀といってよいでしょう。しかしこれらの研究は決して遺伝学という一つの学問の中で行なわれたのではありません。相手は生物、知りたいのは生きているとはどういうことなのかであり、それを知るための最も鋭いメスとして「遺伝子」を用いてきたのが二〇世紀だといったほうがよいと思います。

遺伝子は、単に遺伝という現象を具現化するだけの因子ではなく、生命現象のすべてを支えています。成長や老化も遺伝子のはたらきです。ですから生きるということに関心のある人は遺伝子に興味をもたざるを得ないわけです。そこで、図11に従って、遺伝子がDNAであり、

赤目のメス　正常のメス
屈曲翅のメス　白目のオス

図12　ショウジョウバエの変異体
©kabashima chikayuki/nature pro./amanaimages

それが二重らせん構造をしているという大発見へとつながっていく研究の歴史を見ていきましょう。

　まず、細胞学です。すべての細胞が細胞から生じる機構を探っていた細胞学は、細胞分裂の観察から染色体を発見し、体細胞では染色体は二本組みで存在し、生殖細胞（卵と精子）にはその一本ずつが入ること、受精でまた二つが合わさって二本組みになることを明らかにしました。子どもは、父親と母親から一本ずつの染色体を受けとるのです。

　ここで、二〇世紀遺伝学の元祖ともいえるT・モーガンが登場します。彼は発生学者でしたが、一八八六年にド・フリースが発見した〝変異〟に注目します。突然、個体のもつ性質が変化しそれが子孫に伝わるという現象です。モーガンはこれを利用すれば遺伝の〝実験〟ができると思ったのです。実際に、ショウジョウバエで白目の変異体が見つかり、続いて赤目なども見つかりました。そこでそれらをかけ合わせたところ、行動をともにする遺伝子が存在することがわかりました（図12）。

そこで遺伝子は染色体にのっており、同じ染色体にのっている遺伝子は行動をともにしやすいと考えて、たくさんの遺伝子の染色体上での位置を決めました。遺伝子地図をつくったのです。ある遺伝子の変化がどの形質（性質のこと）の変化につながるかを解析し、メンデルが抽象概念として出した遺伝子を染色体上の因子という実体としてとらえたのですから、画期的な研究です。

モーガンがショウジョウバエを研究対象に選んだのは小さくて扱いやすく、二週間という速さで世代交代をするからです。能率のよい実験を重んじる現代生物学の先駆けです。彼はまた、染色体が分裂時に切断されることにも気づき、これが親の性質がそのまま子どもに伝わらず、いろいろと複雑に混じりあう原因だとしました。一九二七年、彼の弟子のH・マラーがX線を用いて人工的変異を起こせることを見つけ、〝遺伝子が物質である〟ことがより確かになりました。

物質といえば、ブフナーが酵素（タンパク質）反応で生命現象が動いていることを示したことは先に述べました。一九三五年、G・ビードルとE・テータムはショウジョウバエよりさらに扱いやすいアカパンカビを用いて、一つの遺伝子が欠落したために普通の栄養分では生えないカビに、ある一つの酵素がつくる物質を入れると生えてくることを見つけました。ある遺伝子が欠けていたので酵素がつくれなかったということは、一つの遺伝子が一つの酵素をつくっていることの証《あかし》です。こうして一遺伝子一酵素説が生まれます。

二〇世紀前半、染色体上の遺伝子（DNA）と酵素（タンパク質）という〝二つの重要な物質で生命現象を語ることができる〟土台ができました。DNAとタンパク質のはたらきの研究が中心になる現代生物学の始まりです。

物理学者の関心——分子生物学の誕生

同じころ、物理学者が生命に関心をもち始めました。その代表がN・ボーアとE・シュレディンガーです。量子力学でミクロの世界まで統一的に理解できることを知った彼らにとって、未知の世界は生命でした。物体はつねにエントロピーが増大する（簡単にいえば壊れる）方向へ動くはずなのに生命はそれに逆らって秩序をつくりだすのですから、そこにはなにか新しい決まりごとがありそうだと考えたのです。ボーアは「光と生命」という講演をし、シュレディンガーは『生命とは何か』を出版しました。エンドウマメやハエなど〝生物〟という具体的存在ではなく〝生命〟の本質を問う物理学者のこのような関心のもち方は、その後の生物学に大きな影響を与えます。

ボーアに刺激された若い物理学者M・デルブリュックが、遺伝学を勉強し、遺伝子のはたらきの解明こそ生命の本質を知る鍵だと考えます。一九三八年、アメリカに渡った彼は、そこで大腸菌に感染するウイルス、つまりファージの存在を知り、これこそ遺伝の物質的基礎を調べる最良の系と考えて実験を始めます。

遺伝子の実体がDNAだとわかる

ウイルスであるファージは、DNAがタンパク質の殻を被っているだけの簡単な構造をしており、それだけでは生きられません。しかし、大腸菌の中へ入れば自分と同じものをつくります。このとき、図13に示すように、実際に大腸菌に入るのはDNAだけなので、これが遺伝子

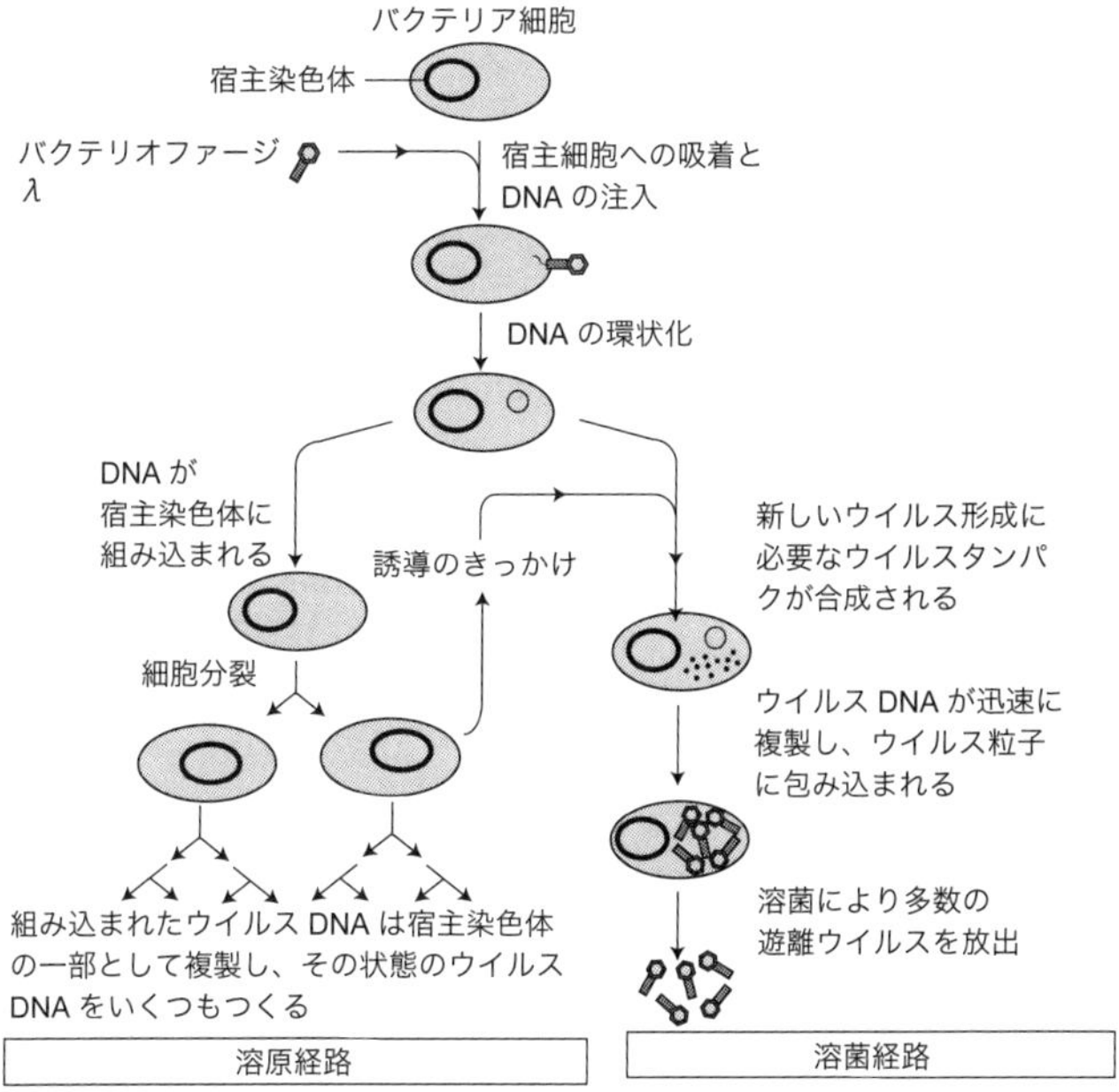

図13　ファージの感染

DNAだけをバクテリアの中に入れ、
バクテリアの環境を使って自分を増やす

(B. アルバーツ他著、中村他訳『細胞の分子生物学　第3版』ニュートンプレス)

だとわかりました。入ったＤＮＡは自分に必要なタンパク質をつくり、ウイルスを再生産する場合と、大腸菌のＤＮＡの中へ入りこんで、そのまま大腸菌とともに存在し続ける場合とがあります。ＤＮＡの挙動としては後者の、他のＤＮＡの中へ入ってしまうという行動はとくに興味深いものです。先ほどまで敵といってもよい存在だったものを、自分の一部のようにしてしまうのが、ＤＮＡの一つの特徴であり、これが生物の特徴を支えています。

その後、あらゆる生物の遺伝子はＤＮＡとわかり、大腸菌とファージを用いた研究は大腸菌のことをわからせるだけでなく、全生物に共通な現象を知るための「モデル系」と位置づけられます。これが二〇世紀の生物学の特徴です。従来生物研究は自分の好きな生きもの、たとえばチョウならチョウを研究するものでした。しかし、遺伝学がショウジョウバエ、アカパンカビ、大腸菌と材料を変えてきたのは、それぞれの人がその生物が好きだからではなく、遺伝現象の解明に最適な生物は何かという視点からの選択でした。

それがデルブリュックという物理学者の参入で、より明確になりました。生命とは何かを知るには遺伝現象を知るのが最もよい、遺伝現象を知るには大腸菌とファージの系が最もよいというわけです。時間もお金もあまりかからず、基本がわかるのですから。こういう考え方の中でＤＮＡこそ遺伝を支える物質だとわかってきたのですから、多くの研究者の関心がＤＮＡという物質（分子）に向くのは当然です。

こうして、生物学研究は多様性を離れ共通性に向いたというだけでなく、生物のモデルが解ければよい、いや生物そのものは脇に置いて、ＤＮＡのはたらきを解こうという方向へ進みました。分子生物学の誕生です。これは、生物学を科学として洗練されたものにし、研究成果がぐんぐん上がる魅力的な学問にするすばらしい効果をもたらしましたが、一方で「生物学から生物を消す」というふしぎなこともしたことになります。今ではここに問題ありと感じるわけですが、分子生物学の初期のころは魅力のほうが大きく見えました。カエルだミミズだといって、めんどうな生物を飼育し、他の生物には通用しない現象を追いかけるのに比べて、はるかにかっこよかったのです。

当時はＤＮＡそのものを自由には扱えなかったので、デルブリュックら（ファージ・グループ）は、変異株を用いてＤＮＡ（遺伝子）のはたらきが変わると大腸菌の性質がどう変わるかを見てＤＮＡのもつ「情報」を知る実験をしました。ファージ・グループの中で交わされた会話の典型例をあげましょう。「その実験は、それ以上その問題を考える必要がないようなものかね」「私にとっての天国は、毎日完璧な実験を考えて、それを一度だけやることだ」（Ａ・ハーシー）。〝考える〟というのがこの分野の特徴でした。目の前にある生きものをとりあえず調べるという従

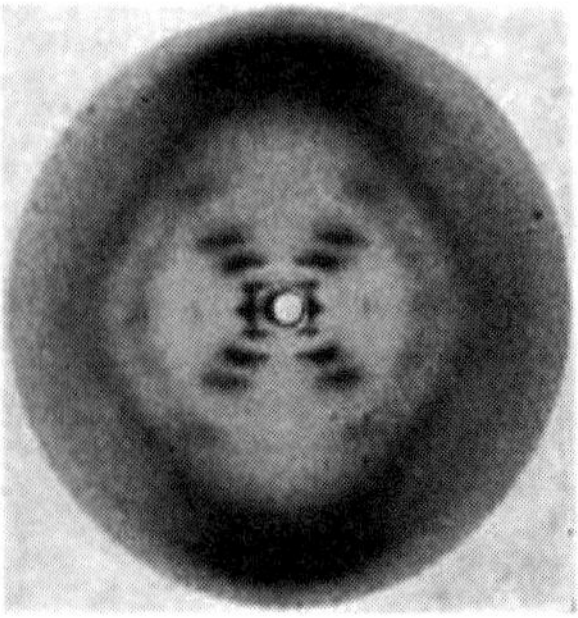

図14　DNAのX線回折図

この小さな点の位置からDNAの構造を知る

（J. ワトソン他著、松原・中村・三浦監訳『遺伝子の分子生物学　第4版』株式会社トッパン）

（R.E. Franklin and R. Gosling, Nature 171 <1953>: 740）

来の生物学と違って〝モデルで考える〟。これはまさに物理学の方法です。

実は、同じ物理学者で、まったく別の方向からＤＮＡに近づいているグループがイギリスにありました。結晶物理学者Ｗ・ブラッグが、通常結晶しないと考えられている天然物も結晶構造をもつと考えたところから研究は始まりました。最初は毛髪のタンパク質から始め、一九三〇年にはＤＮＡに手をつけていました。Ｘ線回折で得られる写真はだんだん改良され、一九五〇年ころには明らかに規則的な構造があることを示す写真が撮れるようになりました。「情報」に対し「構造」に注目した地道な歩みです（図14）。

DNA二重らせん構造の発見

遺伝子がどんな「情報」をもっているかを調べる研究と、どんな「構造」であるかを見る研究。どちらも重要なことは事実なのですが、どこかまだ核心をつかんでいない状態の中、両者を結びつける青年が現れました。ファージ・グループの中核の一人S・ルリアの最初の教え子であるJ・ワトソンが、化学者L・ポーリングがタンパク質の構造を決定したことに刺激され、DNAの構造を知ることが大事だと考えてイギリスに行きます。〝その意気やよし〟ですが、彼はめんどうなX線を用いた実験はせずに、研究室でちょっと変わり者とされていたF・クリックと議論ばかりして周囲の顰蹙《ひんしゅく》を買っていたようです。ところが、このおしゃべりの中で、彼らはDNAの構造の本質を見つけだし、他の研究者が撮影したX線写真を参考に、ブリキの模型をいじりまわして、ついにDNAの二重らせん構造を発見します。一九五三年のことです。

今では専門外の方もご存知のこの構造は、二つの鎖が分かれて、お互いに新しい相手をつくると前とまったく同じ構造のものが二つできるという、まさに遺伝子そのものを思わせる性質をもっていました。こうして、「構造」の中に遺伝子「情報」が入っていて、生物としての「機能」につながっていくことがわかり、ここで本格的にDNAという物質に基盤を置いた生命現象の解明が始まります。

DNAを基盤にした生物研究

DNAについては、これだけで一冊の本ができるほど語るべきことがたくさんありますが、残念ながらここでは詳細に説明する余裕がありませんので簡単にまとめます。

DNAは、「複製する」「タンパク質合成のための情報を出してはたらく（この場合、単にタンパク質を生産するだけでなく、必要なときに必要な場所で必要なタンパク質をつくるという調節のための情報もあり、これが生物を生物らしくしている）」「変わる（これには、生殖細胞での場合と体細胞での場合があって、前者は子孫に伝わって、ひいては進化につながり、後者は一個体での病気や老いに関わる）」の三つの機能をもっています（図15）。三つしかもっていないといってもよいかもしれません。しかし、この機能がすべて、DNAという分子だからこそできることであり、しかもこれで、私たちが生きもののふしぎと感じる巧妙な現象の基本をすべてまかなっているのですから、やはりDNAはおもしろい物質です。

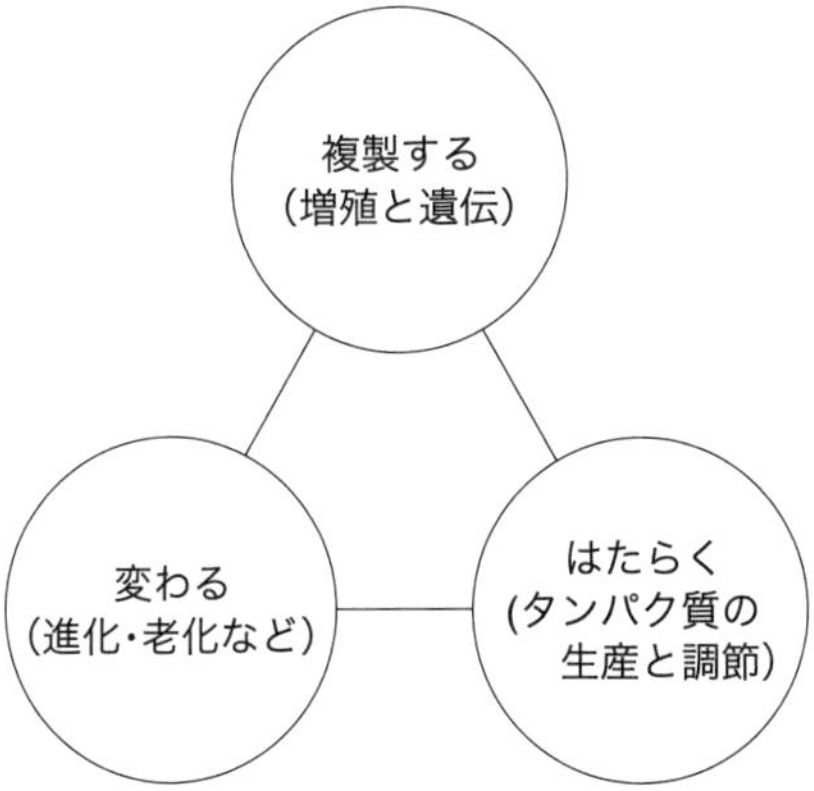

図15　DNAの三つの機能

くどいようですが、DNAは物質です。DNAそのものが生きているわけでもなんでもない。しかしこれが細胞の中ではたらき始めると魅力的なことをやってくれるわけで、物質なのについ「おもしろい」などと言ってしまいます。遺伝子に生命現象のすべてを還元して説明しつくそうと研究者がはりきったのは当然です（私も最初はそう思いましたが、今は考え方が変わりました。どのように変わったかを伝えるのがこの本の目的です）。

組換えＤＮＡ技術の開発——第二期分子生物学

一九七〇年代初め、ＤＮＡ研究に革命が起きます。ある生物のもつＤＮＡの中から特定の遺伝子を取りだして、プラスミドとよばれる小さなＤＮＡに組みこみ、それを大腸菌などの微生物の中で増やす「組換えＤＮＡ技術」（図16）とＤＮＡヌクレオチド配列を知る「分析技術」が開発されたのです。これは大きなことです。それまではＤＮＡ、ＤＮＡといいながら、直接それを扱うことはできなかったのに、望みの生物の望みのＤＮＡを手にしてその性質を調べられることになったのですから。もうモデル生物などといわなくとも、自分の調べたい生物のＤＮＡを取りだして調べればよいのです。

ヒトでさえ、ほんの少しの細胞があればそこからＤＮＡを取りだし、研究できます。生物学でヒトの研究ができるなどとは思ってもいなかったのに思いがけない展開です。ＤＮＡの組換えとヌクレオチド分析という方法のおかげで免疫、発生、脳など、それまで複雑でＤＮＡと結びつけた研究ができなかった現象や組織の研究がぐんと進みました。免疫抗体の遺伝子、体の形を決める遺伝子、細胞間のコミュニケーションを司る遺伝子、脳の神経伝達物質をつくる遺伝子、がんの遺伝子などなど……あらゆる生命現象に関わる遺伝子が単離されその性質が調べられていきます。

今では必要な遺伝子を手に入れるだけだったらPCR法（図17）といって、機械の中にほしいと思うDNAをほんの少し、原理的には一分子入れておけばどんどん増やしてくれる方法があり、大腸菌で増やすというめんどうなことは不要になりました。技術は進み、研究もさかんで、毎日、おもしろい発表がある。研究者にとってこれほど魅力的な状況はありません。しか

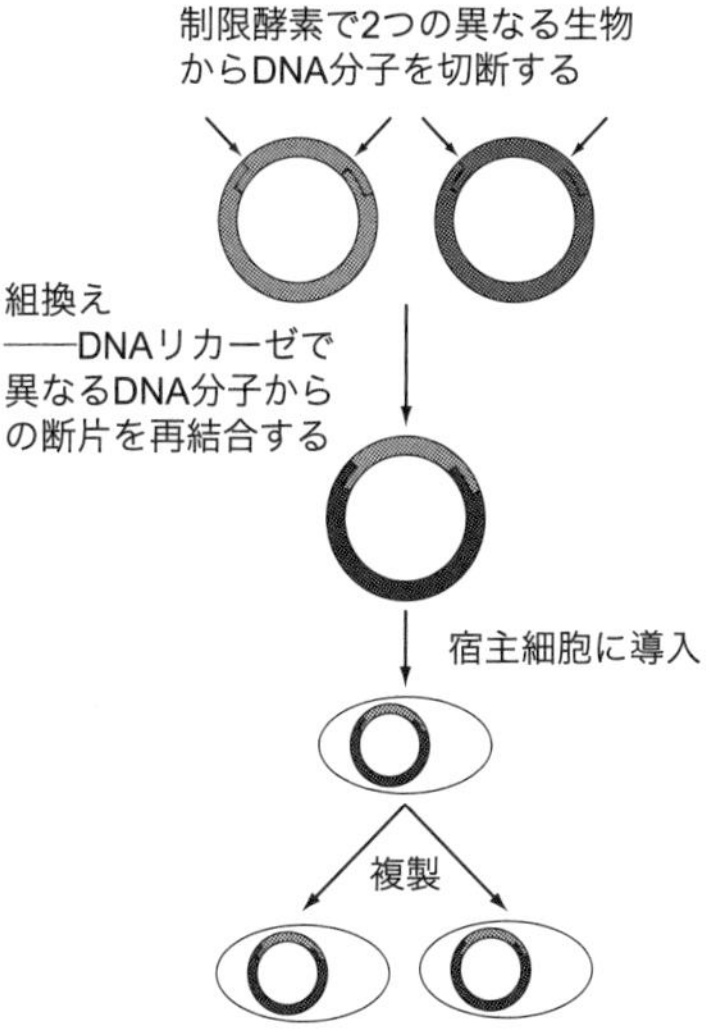

図16　組換えDNA技術

（J. ワトソン他著、松原・中村・三浦監訳『遺伝子の分子生物学　第4版』株式会社トッパン）

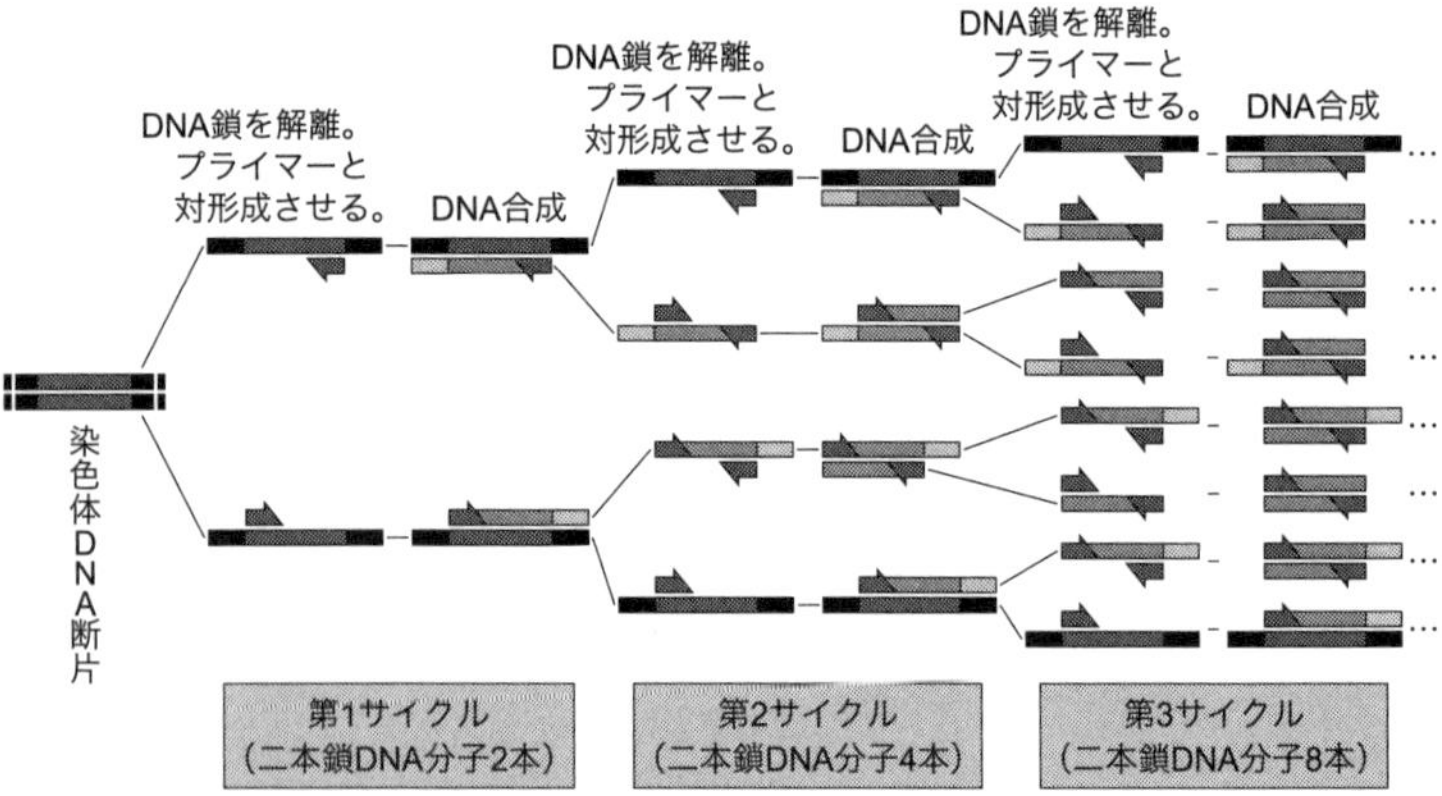

図17　PCR法
（B．アルバーツ他著、中村他訳『細胞の分子生物学　第3版』ニュートンプレス）

も人間の病気の遺伝子が見つかれば治療にもつながるのですから、単に研究として興味深いだけでなく、有用性も出てきました。ますます、遺伝子さえ研究していけばすべてがわかるという気持ちになって当然です。

とくに、がん遺伝子の研究は期待をもたせました。最初にがん遺伝子が発見されたときはこれで決まりだ、がんを追いつめたと思わせました。ところが、研究が進むにつれて、がん遺伝子はたくさんあり、しかもそれは本来細胞増殖の調節に関わる複雑な現象の一つを支えるものとわかってきました。正常な細胞ががん細胞になるまでには、いくつもの段階があります。一方、がん抑制遺伝子も登場します。巧みに調節を受けながら増殖していた細胞の遺伝子に少々変化が起きることでがんになる、つまり生きていることを支える細胞増殖の調節がおかしくなったのががんなのです。がんを知ることは生きていることを知るのと同じということになります。

そこで、アメリカのがん研究のリーダーの一人であるR・ダルベッコが、一九八六年に、ヒトゲノム解析を提案しました。ゲノムとは、一つの細胞の核内にあるDNAのすべてです。ヒトゲノムはヒトを支える生命現象のすべてを担当するわけです。遺伝子を一つひとつ調べていてもがん化のような複雑な現象はわからない。全体を見よう、遺伝子をシステムとして見ようという新しい方向をめざした提案です。遺伝病の研究者たちからも、別々に一つひとつの病気を調べるのではなく、みなで協力して、全体を調べようという動きが出ました。遺伝子をDNAとして実際に調べられるようになった第二期から、ゲノム全体を調べようという第三期の分子生物学への移行です。

ここでDNA研究が少し変化していく様子が感じられます。一個の遺伝子への還元ではなく、たくさんの遺伝子がつくりあげるゲノムというシステムのはたらきを見ていこうというのですから、生物のダイナミズムに迫れそうな気がします。

それにしても、一九世紀までの一〇〇〇年以上かけた歴史と比べてなんと速いテンポでしょう。一〇年での大変化です。専門家でも、少し離れた分野の研究は追いかけられなくなっているので、ましてや専門外の方がそれを知るのはむずかしいのですが、とても大事なところなので基本の考え方のところだけは是非追いかけてください。

遺伝子からゲノムへとせっかく研究がこれだけ変化しているのに、社会の理解は一昔前の遺伝子に還元してすべてを説明しようという還元論にとどまっていたのでは、研究と社会の間にずれが起きるだけでなく、研究をうまく進められませんし、技術も適切に使えません。ゲノムという全体を通して見たほうがはるかに生物はおもしろく見えるのに、それが見えてきません。これは、社会にとってマイナスです。そこで以下の章では、新しい道探しにつながる動きについて語っていきます。細かい事実よりも、考え方に注目してくださるとありがたく思います。

第4章　ゲノムを単位とする——多様や個への展開

遺伝子決定論の蔓延

前章でＤＮＡを中心に、徹底的に共通性に傾斜した研究の歴史を追いました。これをもう一度くくり直すと、

（1）ＤＮＡが情報（記号）としてだけ見えていた一九六〇年代まで
（2）ＤＮＡを物質として操作でき、遺伝子が手に入った時代（一九七〇年代から八〇年代半ばまで）
（3）ＤＮＡを遺伝子のセット（システム）であるゲノムとして見る時代（一九八〇年代半ばから）

となります。今は（3）に入っており、遺伝子への還元、共通性への傾斜は崩れつつあります。研究の結果からとても興味深いことがたくさんわかってきました。この本はDNA研究の紹介を目的としたものではないので、基本しか示せませんが、そこからだけでもおもしろさを読みとっていただけると思います。

●DNAを物質として分析したりはたらかせたりして、多細胞生物での研究が進んだ結果、DNAのはたらきは大腸菌とゾウ（原核生物と真核生物、単細胞生物と多細胞生物という差があるこの二つの生物について、一九六〇年代の分子生物学者J・モノーが「大腸菌での真実はゾウでも真実だ」と言った）で本当に同じであることが実証されると同時に、すべてが同じというわけではないこともわかりました。組換えDNA技術を用いてヒトの遺伝子を大腸菌の中へ入れ、はたらかせることができます。たとえばインスリンという血糖値の調節に重要な役割を果たすホルモンをつくるヒトの遺伝子を大腸菌に入れると、大腸菌は律義にヒトのインスリンをつくります。これはヒトも大腸菌も遺伝子のはたらき方が同じであることを具体的に示した、とても大事な事実です。

しかし一方、ヒトの遺伝子は大腸菌の中でそのままはたらきはしないこともはっきりしました。はたらきなさいという命令を出す、調節遺伝子の部分は、やはり大腸菌のものでなければならないのです。生きものすべての共通性を踏まえたうえで、もう一度DNAの側から多様性に迫ることができるようになったのですからおもしろい。同じでありながらそれぞれの特徴もある。まさに生物の本質がDNAのレベルでも見えてきました。

●DNAを詳しく調べると、その中に明確には遺伝子といえない部分がたくさんあることがわかりました。スペーサー（遺伝子と遺伝子の間にあってはたらいていないDNA）、イントロン（遺伝子の中にあるのだが、タンパク質の生成に関与していないDNA）、偽遺伝子、くり返し配列などです。もっとも、くり返し配列の数が多いと、病気の原因になるなどということもわかってきましたので、このような部分も生きていることと関係があります。DNA＝遺伝子ではなく、全体を見なければならないことは明らかです（図18）。

ここで見たのはほんの一部ですが、とにかくDNA＝遺伝子とした単純な遺伝子還元論では生物はわからないことが明らかになってきたのです。

ところが、社会の側には、どうも遺伝子を祀りあげる風潮が見られ、次のような問題が感じられます。

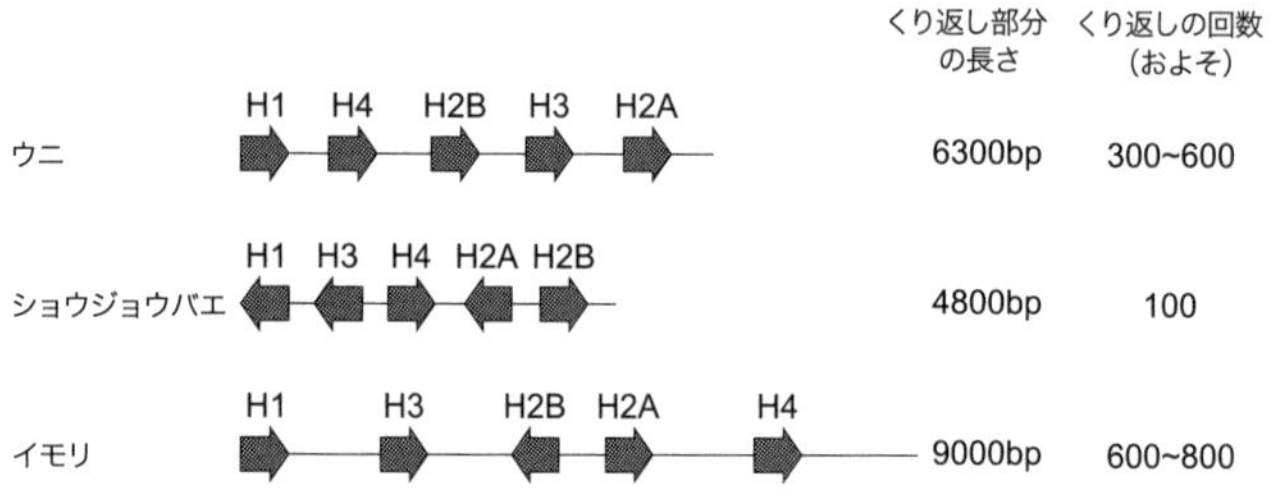

(1) ヒストン（染色体にあるタンパク質）遺伝子クラスターのくり返し。どれも H1、H2A、H2B、H3、H4 の 5 種のタンパク質をもち、この一塊の DNA を右欄に書いた回数だけくり返している。矢印の間の部分はスペーサーで、はたらいていない。

（C.C. Hentschel and M.L.Birnstiel, Cell 25<1981>: 301-313 のデータ）

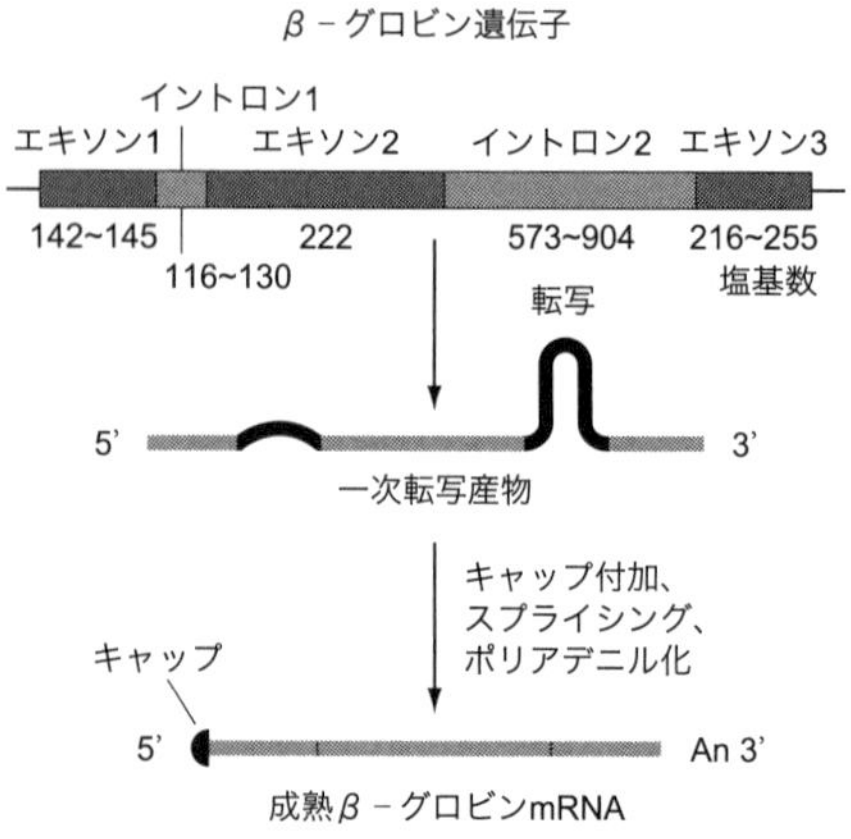

(2) β－グロビン遺伝子の構造とイントロン除去

図 18 真核細胞（とくに多細胞生物）に特有の DNA の構造

（J. ワトソン他著、松原・中村・三浦監訳『遺伝子の分子生物学 第 4 版』株式会社トッパン）

・DNA研究がさかんになるにつれ、遺伝子ですべてがわかり遺伝子を操作すれば生物を思うように変えられるという遺伝子決定論が社会に蔓延してきた（むしろ専門家ではない人の中で）。
・過剰な遺伝子への期待や遺伝子決定論の考え方が、生物研究で用いられるDNA関係の技術の危険視につながり、専門家と社会の間に大きな認識ギャップが生まれている。組換えDNA技術は危険だという反応がその一つ。
・DNA研究とは直接関係のない、生殖技術・臓器移植などで、新しい症例（技術の開発というより応用）が続き、その背景には機械論的自然観がある。それと遺伝子還元論とが重なって、人間を生きものとしてとらえる見方が消えていく危険が感じられる。

前章で、生物研究はDNAを物質として操作できる時代に入り活気を呈し、生物そのものを扱わずにDNAを調べるだけで生物研究ができる時代になったと述べましたが、そのマイナス面が出ている感じです。しかも、研究者以上に社会のほうが遺伝子信仰に偏り、それゆえに遺伝子を扱う技術を恐れているという状況が続いています。

すべてを遺伝子で説明できるなどと思わず、生きものを生きものとして見ながら、遺伝子の能力を知ることができるようになってきたのに、社会にはそこからかけ離れた遺伝子像、生物像ができてしまっています。これはまずい。これをなんとかしたい。だいぶ悩みました。その結果、遺伝子を単位とし、遺伝子の集まりとしてゲノムを見るのではなく、「ゲノムを基本単位として見る」という切り口を出そうという考えに達しました。これが生命誌の大事な一つの側面です。ゲノムだってDNAじゃないか。ゲノムを単位にすると何が違ってくるのか。こういう質問が出るでしょう。当然です。これはとても大事な点なので詳しく説明します。

ゲノムを単位とする

ゲノムとは何かについて身近な形で考えます。あなたの体は、三七兆個ほどといわれる細胞でできています。その細胞一つひとつの中にあるDNAのすべてをゲノムとよびます。細胞内小器官があるミトコンドリアにもエネルギー生産のためにはたらいているDNAがありますが、大部分は核にありますので、ゲノムといったら大ざっぱには核内のものとしてよいでしょう。ここで、あなたという存在の始まりに戻ると、それはたった一個の受精卵です。それが分裂を重ねて今のあなたになったのですから、すべての細胞は受精卵と同じDNA（ゲノム）をもっています。

受精卵のＤＮＡは、半分を父親、半分を母親から受け継いだものであり、両親のＤＮＡはさらにその親から続いてきたものです。こう考えるとあなたのゲノムは、祖先を通じて人類の始まりにつながり、さらには地球上に最初に登場した最初の生物につながります。つまり、あなたのゲノムには、生命誕生以来の長い歴史（三八億年以上とされる）が書きこまれているのです。ゲノムを知ることはその歴史を知ることになります。そこで生命誌（バイオヒストリー）と名づけたのです。

ゲノムを分析すればその構成成分として遺伝子があり、それらはたくさんの情報を与えてくれます。あなたのゲノムの中でも、この遺伝子は父由来、これは母由来などの区別があるわけですし、それぞれの遺伝子のはたらきを知ることも大事です。実は世界中の研究者の協力によって進められたヒトゲノム解析計画の第一の目的は、遺伝子を調べることでした。そして、ある遺伝子の機能が欠けているために起こる病気を知り、医療に役立てようということが大きな目的になっています。

もちろんこれも大事な作業ですが、やはり私は、遺伝子ではなくゲノムを単位とする見方が必要であり、ゲノムの中に書きこまれている歴史を知ることが大事だと思っています。たとえ

ヒト	GKVKVGVDGF	GRIGRLVTRA	AFNSGKVDIV
ブタ	VKVGVD F	GRIGRLVTRA	AFNSGKVDIV
ひな鳥	VKVGVNGF	GRIGRLVTRA	AVLSGKVQVV
ウミザリガニ	SKIGIDGF	GRIGRLVLRA	ASCGAQVVAV
酵母菌	VRVAINGF	GRIGRLVMRI	ALSRPNVEVV
大腸菌	MITKYGINGF	GRIGRIVFRA	AQKRSDTEIV
好熱性細菌	AVKVGINGF	GRIGRNVFRA	ALKNPDIEVV

表2　グリセルアルデヒド三リン酸デヒドロゲナーゼ遺伝子の共通性
(W. ルーミス、中村訳『遺伝子からみた40億年の生命進化』紀伊國屋書店)

ば、さまざまな生物で、同じ機能を示す遺伝子を比較すると、それらは基本的に同じ構造をしていると考えてよいことがわかってきました。表2は、糖分解に関与するグリセルアルデヒド三リン酸デヒドロゲナーゼ遺伝子の構造ですが、重要な部分はどの生物でも同じとわかります。おそらくこれは生存のために不可欠な酵素なので、大腸菌、好熱性細菌などがこの世に登場した三〇億年以上前から存在し、あらゆる生物の中で活躍してきたのでしょう。

つまり遺伝子は、〝ヒトの遺伝子〟〝大腸菌の遺伝子〟というより、〝ある酵素の遺伝子〟〝あるホルモンの遺伝子〟というほうが適切なのです。もちろん、長い間に少しずつ差は出ますが、やはり遺伝子の特徴は共通性です。このような遺伝子が、ある組み合わせで集まり、そこに前に述べたスペーサーやイントロンなどのDNAもためこむなどして一つのセットを構成し、ゲノムとなるとこれはまぎれもなくヒトゲノム、大腸菌ゲノムという一つのまとまりとなり、多様性を示します。

しかも同じヒトでも、一人ひとりもっているゲノムは違い（例外は一卵性双生児）、個別性があります。ＤＮＡという共通の物質であり、共通の遺伝子を組み合わせながら、多様や個別をつくりだすのがゲノムです。私たちが生きものを見るとき、同じというだけで終わっては生きものらしさが見えてきません。多様と個別がなければ楽しさが出てきません。

さらにゲノムのおもしろいところを見ていきます。その一つは、あなたのゲノムは、ヒトゲノムでもあるし、あなたのゲノムでもあるということです。生物研究でのむずかしい問題の一つに、「階層性」があります。生物を研究しているといっても、分子を研究している人もいれば、細胞を調べている人もいます。組織や器官、個体、種など調べるものはいくらでもあります。ＤＮＡやタンパク質などの分子が集まって細胞をつくりますが、細胞には単なる分子の集合体とは違う、全体としての性質があり、それは一つの単位として存在します。

細胞の集まりである器官、器官の集まりである個体についても同じことがいえます。それぞれが上の階層の部分であると同時にそれ自身全体性をもっているのです。ゲノムは分子ですが、細胞内には必ず存在し、その細胞の基本を決めます。器官や組織特有のはたらきもゲノムが決め、個体や種の基本的性質を決めているのもゲノムです。つまり、階層を下から上までグッと

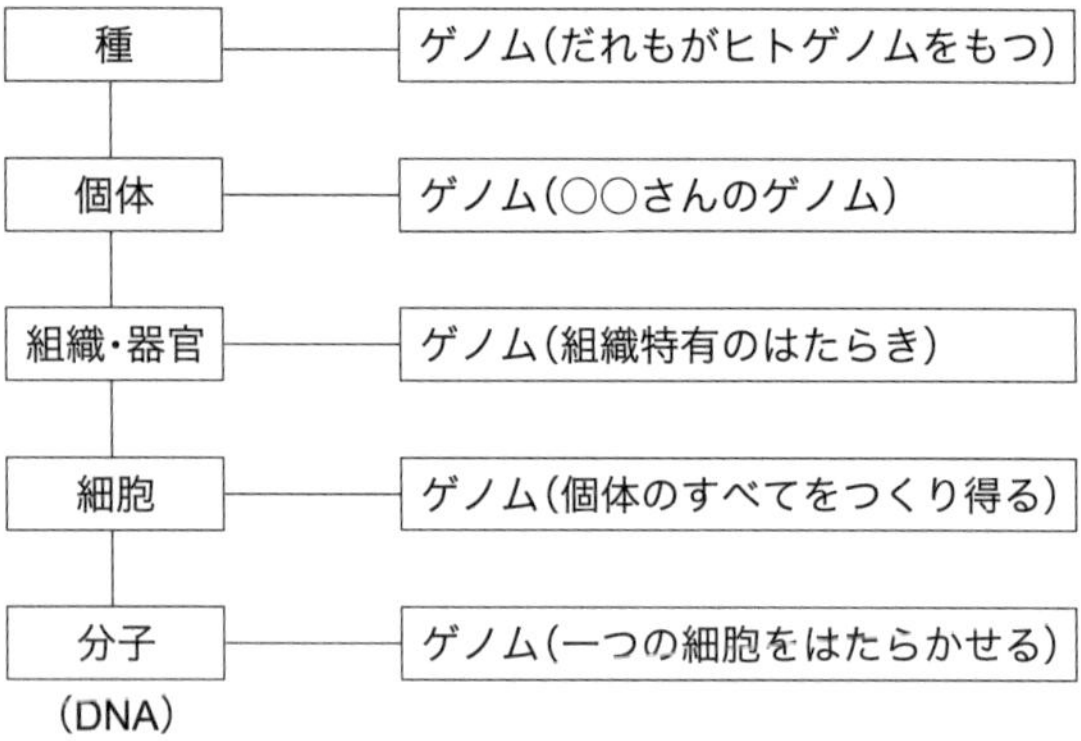

図19　階層を貫くゲノム
生物の基本単位が見え、生物を総合的に語ることができる

串刺しにしているのがゲノム（図19）。これほどみごとに階層を貫くものはこれまで知られていません。そこでこれを通して生物の全体像を探りたいのです。

もう一つとても大切なことがあります。自然界に存在するＤＮＡは、必ずゲノムという姿をしているということです。イヌが歩いていれば、そこには必ずイヌゲノムがあります。一方、遺伝子が遺伝子として自然界に単独で存在することはありません。実験室のガラス容器の中にゲノムから単離した形であるのが遺伝子です。科学は本来自然を理解するためにあったはずですが、いつのまにか専門家が研究室の中で行なう分析が科学だということになってしまい、自然や日常と遠くなりました。ゲノムの理解は、身近にいるイヌのゲノム、アリのゲノムへの興味が基本となります。ＤＮＡはミクロの世界のもので肉眼では見えませんが、ゲノムとなって発現すれば、イヌやアリという見える形になるというのもおもしろいことです。

次に、全体という点も指摘しておきたいと思います。生物を考えるときに、全体性ほど重要な視点はないといってよいでしょう。日常はいつもこれで見ています。科学がなんとなくうさんくさい目で見られるのは、本来全体として存在しているはずの生きものの部分を切りとり、分析や還元に専念しているように見えるからだと思います。しかし、全体が大事だとお題目を唱えても、科学としてそれに迫る方法論がなければしかたがありません。とりあえず分析でわかることを追おう、そこからも充分興味深いことがわかるのだからということになります。それが現在の科学者の立場でしょう。

ところで、ゲノムは全体です。しかも一〇〇％DNAであることがわかっているのですから分析可能です。分析を全体につなぐことができます。これもこれまでにない特徴です。すでに微生物では、大腸菌、枯草菌、酵母など四〇種以上、それに線虫や植物のシロイヌナズナも全ゲノムのヌクレオチド解析が終わっています。そこで、ゲノムを構成している基本原理、つまりある種の構造を探る準備が整いました。現存する最も簡単な細胞はマイコプラズマですが、これがもっている遺伝子の数が約五〇〇個、大腸菌では四七〇〇個です。

＊ゲノム解析は日々進んでおり、細菌などは一つの種でも異なる株が読まれ二〇万にも及んでいます。

ヒトゲノム解析が進むにつれ、当初、はたらいているタンパク質の数から予測して一〇万個はあるだろうと言われていた遺伝子の数が二万数千個とわかるなど意外な結果も出ています。ショウジョウバエの倍ほどで私たちの体のはたらきをすべて支えているとは……。おもしろいことです。多様な生物のゲノムを比べていくと、遺伝子が多様化し新しいゲノムができる過程が見えてきます。事実、微生物の中でもゲノム構造の多様性があることがわかっています。ゲノムの全体像が見えてもそれだけでは生物、とくにヒトのような複雑な生物がわかったということにはなりませんが、興味深いことが明らかになるのは間違いありません。

共通性と多様性を結ぶ

生物の本質を知るには共通性と多様性を同時に知りたいのだけれど、その方法がないために、長い間、共通性を追う学問と多様性を追う学問が独自の道を歩いてきたと述べました。しかも二〇世紀は、ぐんと共通性のほうに傾いて、遺伝子がわかればすべてがわかるかのように思われてきたきらいがあります。ここで、ゲノムを切り口に用いれば、DNAに関するこれまでの知識を一〇〇％活用したうえで多様性や個性にも迫れるのですから、両者をつなげられるはずです。これには興奮します。プラトンとアリストテレス以来できなかったことができるようになる。ちょっと大げさですが、そういってもよいと思います。

では、多様性を追ってきた博物学、分類学は今、どのような状態になっているでしょう。分類学の祖リンネの著書『自然の体系』(一七三五年)には九〇〇〇種ほどの生物種が書かれています。今、私たちが手にする生物分類表には約一五〇万種が取りあげられており、二五〇年でこれだけの数の新種を発見し同定したのですから、たいへんな成果です。しかし、研究者の好みや研究できる地域が限られていたため、調べられた種も限られ、生物種によってはほとんど研究されていないものもあります。

地球上に、はたしてどれだけの生物種があるのか。現代なら博物学はこのような問いをもって当然と思いますが、つい最近までそのような問いはなされなかったというのも生物学の歴史として興味深いことです。注目すべきは、スミソニアン博物館の研究員だったT・アーウィンらが、パナマにあるスミソニアン野外研究施設で行なった調査です。熱帯雨林の昆虫はあまり

図20　下からいぶしてビニールシートに落ちてきた生物を調べるアーウィン

（E. ウィルソン、大貫昌子・牧野俊一訳『生命の多様性』岩波書店）

陽のささない地面にはおらず林冠にいるので、アーウィンは一九本の樹木を選び、三シーズンにわたって下から殺虫剤を吹きつけ、下に敷いたビニールシートに集まってくる昆虫を調べました（図20）。すると、そこにはなんと既知の種は四％しかいなかったのです。

ここから逆算すると、昆虫は全体で三〇〇〇万種いることになります。生物全体の中で多様性が最も豊かなのは昆虫であり、生物全体の六〇％近くを占めているとされています。

自分の好みで研究をしてきた博物学者が、なぜここにきて地球全体の様子を知ろうとし始めたのか。二つの理由があると思います。

最初に述べたように、人類が宇宙に飛び出し、地球を一つの星と考えるようになったことが一つ。もう一つは地球環境問題です。多くの国で自然破壊が進み、生物種がどんどん消滅しているという報告があり、今のうちに調べておかなければ消えてしまう種があるという危機感が生まれました。地球全体を身近に感じるようになる以前は、全体を調べようという気持ちが起こらなかったのだと思います。多様性の宝庫といえば熱帯雨林ですから、そこで調査が行なわれることになりました。多くの研究者がその重要性に気づき、東南アジアでも研究が進められました。カリマンタン島では昆虫類が五〇〇〇万から八〇〇〇万種いるというデータが出ました。多様性についてなにも知らなかったことがわかります。人間、なんでも知っているような顔をして、生意気なことを言ってはいけないという反省材料です。

現在、多様性の研究はとても興味深い展開をしています。アーウィンの方法は、標本蒐集にはなるけれど、実際に熱帯雨林の中で生きものがどのように暮らしているのかはわかりません。生きたままを調べたいのですが、林冠は低いところでも四〇メートル、高いと七〇メートルもあるのでなかなか到達できません。けれども近年飛行船を飛ばして調べるなど、さまざまな工夫がなされるようになりました。その中で、京都大学教授だった故井上民二さんはツリータワーとウォークウェイ（樹登り用の梯子と樹間をつなぐ橋）をみごとに設計し、マレーシア・サラワク州で生きた熱帯雨林、ダイナミックに動いている熱帯雨林をとらえることに成功しました（図

図21　ツリータワー（右）とウォークウェイ（左）
（井上栄子氏提供）

21）。

ここではその仕事を詳細に紹介する余裕がないのが残念ですが、送粉共生（花粉はほとんど昆虫が運ぶ）、種子散布共生（鳥や哺乳類が種子を運ぶ）、被食防衛共生（植物が化学防衛をしたりアリとの共生をする）、栄養共生（キノコ類と植物が共生しお互いに栄養分を与えあっている）など、さまざまな生きものがお互いに関係しあいながら生きている姿を明らかにするみごとな成果をあげました。詳しくは、井上民二著『生命の宝庫・熱帯雨林』（NHKライブラリー、一九九八年）を是非読んでいただきたいと思います。実はこれは本書と同じようにNHK人間大学のテキストとして書かれたものですが、残念なことに井上さんが事故で亡くなり放映されませんでした。とてもすばらしい本です。

熱帯雨林まで行かずとも、足元の地中や海中も多様性の宝庫であり、それぞれ研究が始まっています。最近、地中の奥深くにイオウや鉄などを分解して生きている単細胞生物がいるという、生命の起源につながる興味深いデータも出ました。

生物の多様性については、おおよその種の数がわかり、多様性が保たれている様子を知る「方法」も手に入りました。科学としては方向が見え、これからぐんぐん成果が出るところに到達しました。一方、共通性については、地球上の全生物はDNAを基本としていることがわかったのですから、今やどちらも来るところまで来たといってよいでしょう。ここで、それぞれの道を極めることも必要ですが、そろそろ両者をつなげられないかとはだれもが思うことではないでしょうか。ここで前に述べたような可能性をもつゲノムが登場したのですから、これに注目しないのはもったいない！　それが生命誌を提唱する所以です。

多様な生物のゲノムがどうなっているかを見ていきましょう。最も簡単なデータとしてゲノムサイズを見ます（図22）。予測どおり、簡単な生物であるバクテリアや菌類はゲノムサイズが小さく、複雑になるほど大きくなっています。しかもそれは、地球上にその生物が登場した順番になっています。これは、生物の多様化が、共通の祖先からだんだんに新しい生物が生まれてきた過程、つまり〝進化〟と重なることを示しています。

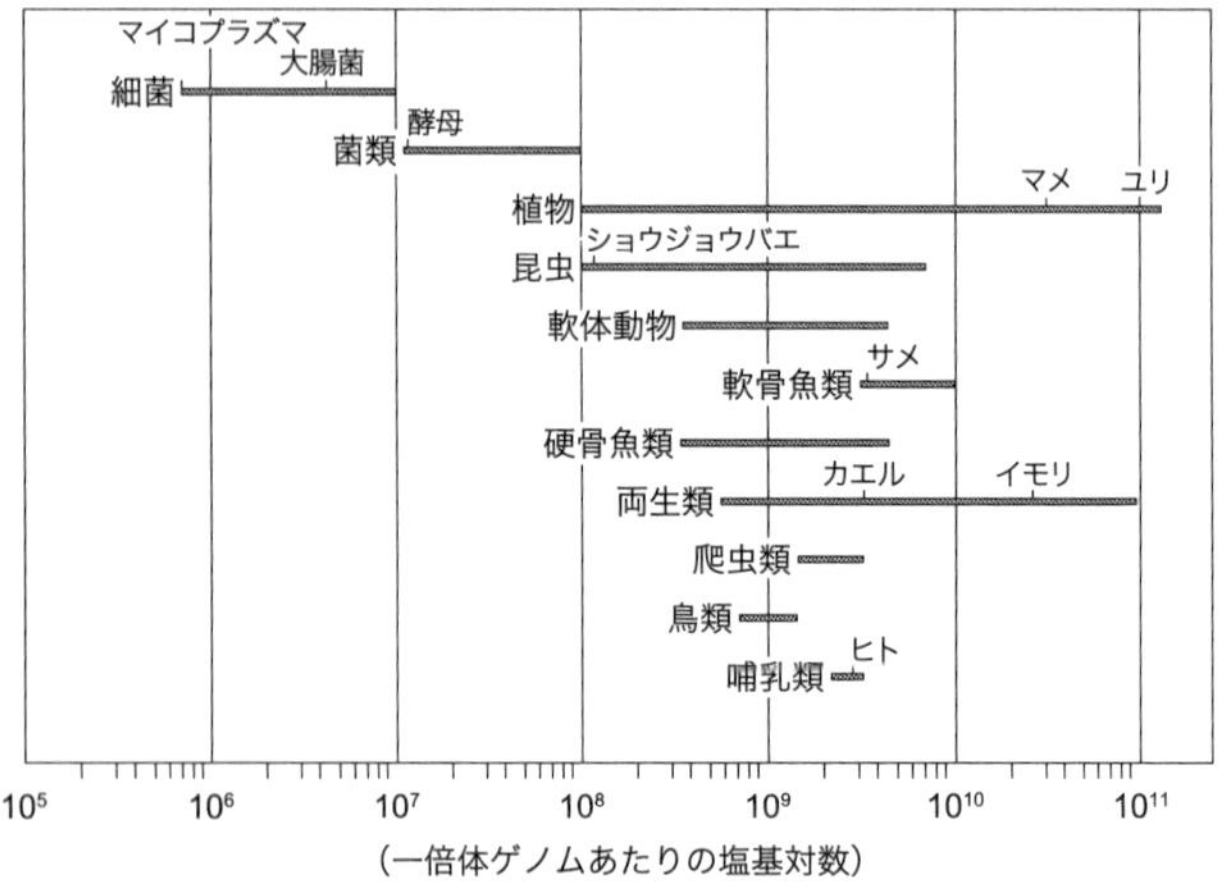

図22　さまざまな生きもののゲノムの大きさ

進化というとダーウィンの進化論が有名であり、彼の自然選択を進化の要因とする考え方に対して棲み分けなどの要因を出し、新しい進化論とするなどの論争がありますが、今、大事なのは、まず進化という現象に目を向けることです。ダーウィンの時代は進化という概念自体がまだ説（theory）であり、学問として確立していませんでした。とくにキリスト教社会ではこの概念を受け入れてもらうこと自体がたいへんなことだったのです。同じころ細胞説（cell theory）が出されましたが、今では生物がすべて細胞という単位から成ることは認められていますので、〝説〟はとれました。

　進化も今では事実として認められています（キリスト教原理主義はこれを認めていませんが、

ローマ教皇も一九九八年にダーウィンを認める白書を出しました。もっとも人間の霊魂は特別なものであるとしたうえでのことですが)。つまり、現在では進化も論ではなく、実験・研究の結果を検討する進化学になっているのです。これから研究を進め、選択も棲み分けも重要であることを具体的に示していく時です。

ダーウィンは、変異が起きた場合、それがある環境の中で形態として有利であると、それが集団の中に広まって進化につながると考えました(突然変異という言葉は、ある日突然変わった形や色の個体が現れることへの驚きを示しています。しかし今では人為的に変異を起こせますし、変異はDNA内のヌクレオチドの変化だということもわかっていますので、もう突然はとってもよいでしょう)。変異はDNAに偶然起こるのであって、ほとんどの場合は、よくも悪くもない(中立)か、悪いかです。たまたま起きた変化がすばらしい性質を示すなどということはめったにありません。悪いものは消えますから、残るものの多くは中立の変異ということになります(中立変異説)。

つまり、DNAの変化、個体が誕生するか否かという発生過程での選択も含めての個体の変化、集団の変化という三段階の変化があって初めて進化が起きます(表3)。変異はまず、DNAに起こるのですから、それを分析して研究を進めることができます。分子進化です。分子進化を追っていくと、さまざまな生きものがどのようにして今の姿になってきたか、多様化

DNAの変異	個体の誕生	形質の変異(個体)	集　団
有利な変異	DNA の変異の結果、個体が発生しなければ消失。ここでの選択は厳しい。個体ができた場合のみ、次の段階へ。	生存に有利	自然選択で集団に広まる
中立変異		有利でも不利でもない	うまく生き残れば、変異が集団に広まる
不利な変異		生存に不利	消失する

表3　DNA に起こる変異とその個体・集団での現れ方

してきたか、お互いの関係はどうかがはっきりします。もちろん、生物の歴史はＤＮＡだけで追えるものではありません。個体の変化、集団の変化を追うことが大切で、形態の変化や化石情報が重要です。

後で出てきますが、カンブリア紀の大爆発といって六億年ほど前に、これでもかこれでもかと形づくりをして見せた生物たちがいるのですが、そのほとんどは消えてしまったので、これは化石でしかわかりません。一方、魚のひれと私たちの脚の関係は、形態研究とその背後にあるＤＮＡの変化からわかってきます。

幸い、ゲノムには過去のＤＮＡの変化が蓄積されていますので、基本はＤＮＡの変化に置いてゲノムに残った歴史を追い、形態や化石とも関連をつけて進化のあとを追うのが生命誌の方法です。こうして進化はどのようにして起きたのかを知る情報を得ます。もう論を立てるのでなく、進化の道筋を追って、共通性をもちながら多様化してきた生物の姿を追うことのできるおもしろい時代がきているのです。

遺伝子重複と混成

ＤＮＡはＡＴＧＣという記号で表わされる四つのヌクレオチドとよばれる物質が並んだ長い鎖のような構造をしていること、そのヌクレオチドの並び方がタンパク質をつくるアミノ酸を決めていることは、今ではよく知られています（一一八頁、図24参照）。これは生きることを支える構造なので本来変わらないのですが変わることも大事ということはすでに述べました（八三頁、図15参照）。変異としては、まず―ＡＴＧＣ―と並んだヌクレオチドに一つの変化があります。

たとえば放射線が当たると―ＡＴＧＣ―のＴがＣに変わり―ＡＣＧＣ―になります。ＤＮＡのヌクレオチドの並び方がアミノ酸を決めるので、それが変化するとタンパク質の性質が変わります。その結果、ショウジョウバエの赤目が白目になったりするのです。しかし、目の色が変わってもショウジョウバエであることに変わりはありません。新しい生物の誕生には、ＤＮＡの量が増えるなど、もっと大きな変化が起きる必要があります。バクテリアに近い単細胞生物から出発してヒトまで誕生したのですから。

ゲノムを調べてわかってきたことに「遺伝子重複」があります。DNAのある部分はくり返しになっているのです。いくつもコピーがあれば、その中のどれかが古い遺伝子の性質を保ちながら新しい遺伝子をつくっていくことができます。また、重複した遺伝子たちがあれこれ混じりあって新しい遺伝子をつくる「遺伝子混成」も見られます。

重複と混成の証拠の一つに遺伝子ファミリーの存在があります。図18（九二頁）にあるヒストン遺伝子はその一例です。もう一例、酸素を運ぶ役割をするヘモグロビンのタンパク質部分、グロビンもファミリーをつくっています（図23）。私たちのヘモグロビンはαとβとよぶ二つのタンパク質がα二本、β二本の計四本集まってできています。これらをつくる遺伝子は図23に示すように仲間が集まってクラスター（房、群れ）をつくっています。

ところで、魚類ではグロビンはタンパク質分子一つ（アミノ酸約一五〇）です。この遺伝子が重複して二つになり、一方の構造が少し変化しαとβができました。その後、α2β2という形で四つ集まったヘモグロビンができました。五億年前の魚類で、すでにこのヘモグロビンが使われています。α2β2のほうが酸素を運ぶ能力は高いのです。その後、哺乳類で、βの中からγという変わりものが生じ、胎児で使われています。霊長類になったときにδ、さらに胚ではたら

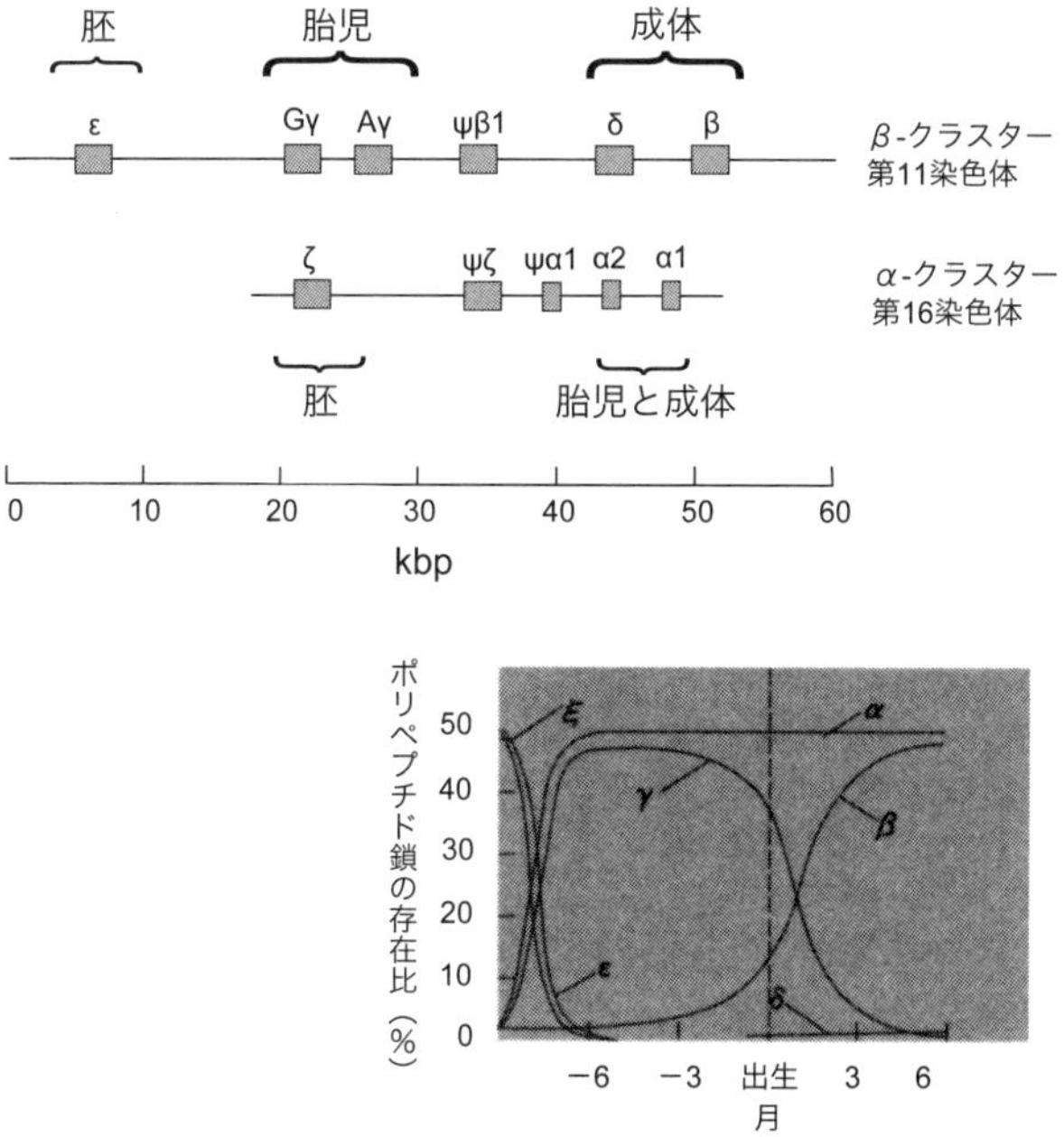

図23　ヒトのα、βーグロビン遺伝子クラスターの構成と発生段階での発現

（J. ワトソン他著、松原・中村・三浦監訳『遺伝子の分子生物学　第4版』株式会社トッパン）

くεが生まれました。

グロビン仲間でおもしろいのは、φ、偽遺伝子とよばれ、DNAとしての構造はグロビンとそっくりなのにまったくはたらきのないものがあることです。あれこれ変わっているうちにはたらきのないのができてしまった。失敗作です。ゲノムのおもしろいところは、こういうものも遺伝子と同じように残しておくところであり、ここからも歴史がわかります。

もう一つおもしろいのは、マメの中にレグヘモグロビンという、グロビンとほとんど同じ構造のタンパク質があることです。マメでは根粒菌がチッ素固定をし酸素が邪魔になるので、それを除くためにグロビンがはたらいているのです。細菌にも同じ仲間の遺伝子がありますのでグロビンの起源は古いものでしょう。それ以来の長い歴史の中でさまざまな形で活躍してきた遺伝子が私たちの体の中にもあるわけです。

このようにゲノムに注目すると、DNAという共通なものを踏まえながら多様性と関係性を追うことができます。野外での生物たちの生き方の変化（たとえば共生化）の背景にどのようなDNAの変化があるかも調べていけます。

つまりゲノムを単位にすると、日常、全体、多様、関係、時間、歴史など、生物にとっては重要なのに遺伝子の科学の時代には見えなかったもの、むしろ科学が意図的に消していたものが浮かびあがってくるのです。もちろん、実際に進化が起きるには、こうしてできた個体が環境との関わりでどう生きていくかが大事です。とくに環境が大きく変わって新しい棲息場所が与えられると大きな変化が表面化するというのが進化の実態であり、それについては後述します。

ゲノムを単位にすると生命科学ではなく生命〝誌〟になるのは、これまでに紹介してきたようなことがらを記述すると数字や専門用語では語りきれず、生きものの歴史物語になるからです。ここで扱う多様、全体、関係などは、いずれも日常私たちが生物に対して抱いているイメージと重なります。生物については、数字や専門用語よりも日常語のほうがうまく表現できると思います。

＊二一世紀に入ってまもなく（二〇〇三年）ヒトゲノム解析が終了し、ヒトの遺伝子数は二万三〇〇〇個くらいとわかってきました。意外に少ないことに研究者は驚きました。少数で複雑なはたらきを支えていく、はたらき方への興味がわいてきます。

II　生命は自己創出する

第1章　自己創出へ向かう歴史——真核細胞という〝都市〟

個体は遺伝子の乗り物にすぎないか？

ゲノムを単位にして考えると自然界にいる生きものの全体性や多様性が見え、私たちが生物を見る日常感覚と重なってくることを見てきました。学問の見方が日常と重なるのはとても大事なことだ。私はそう考えています。

生物の特徴は、〝自分自身が生きていくこと、そして子孫をつくっていくこと〟でしょう。ところで、生物はすべてＤＮＡを基本にして生きているということが明らかになってから、生きていることも子孫をつくることも、ともにDNA（遺伝子）のはたらきで説明できるようになりました。DNAは二重らせん構造（図24）をしており、自分とまったく同じものをつくる自己複製能力をもっています。これは遺伝子にとって不可欠な性質で、いつ見てもなんとうまい構造になっているかと感心します。それでも、日常感覚からいうといつも同じものをつくるというとらえ方には抵抗があります。ヒトからはヒトが生まれ、イヌからはイヌが生まれるという意味では同じものですが、一人ひとり、一匹一匹違うでしょうという気持ちです。

歴史を見る場合も複製に重点を置くと、DNA（遺伝子）は生命の起源のときから今にいた

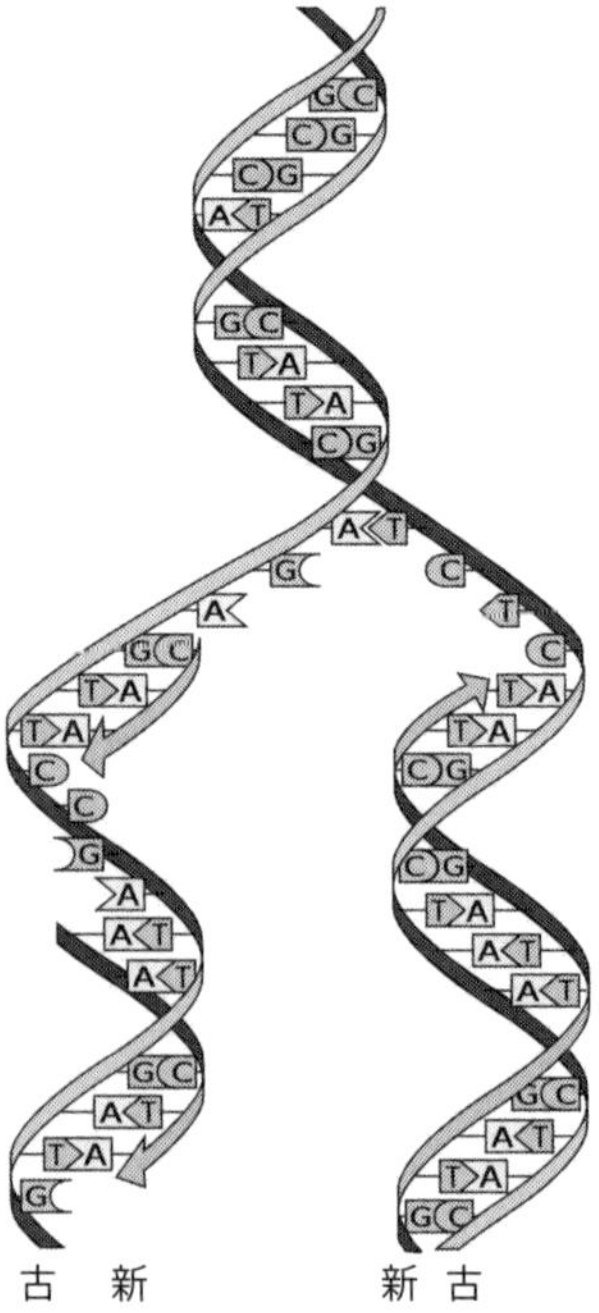

図24　DNA二重らせん構造

るまであらゆる生物に存在し、その一部が今私の中にあるのだから、個体は遺伝子の乗り物にすぎないという考え方になります。日常私たちは自分にこだわりすぎて、広い視野に欠けることがよくあるので、ＤＮＡ（遺伝子）に注目することによって、四〇億年近い昔から続いているものが今、私の中にあること、地球上の他の生きものたちとそれを共有していることを意識し、長い時間、広い空間の中に自分を置いて、大らかになるのはよいことです。

この見方は大いに意味があり、私は好きです。でもここで、だから個体は遺伝子の乗り物にすぎないとして、生物が遺伝子に操られているかのごとくに考えてしまうと、自分にとって一番大切な「私」が消えてしまいます。それはやはりおかしい。ＤＮＡを通して大らかな気持ちを手にしたうえで、もう一度、私という存在を考えたいと思います。「私の遺伝子」はないけれど、「私のゲノム」はあるのですから。

自己創出する生命体

ここで図25を見てください。一番下にあるのは受精卵、ここから個体が生まれます。個体発生です。発生は英語で development であり、一つひとつの個体が本来もっている能力を展開し

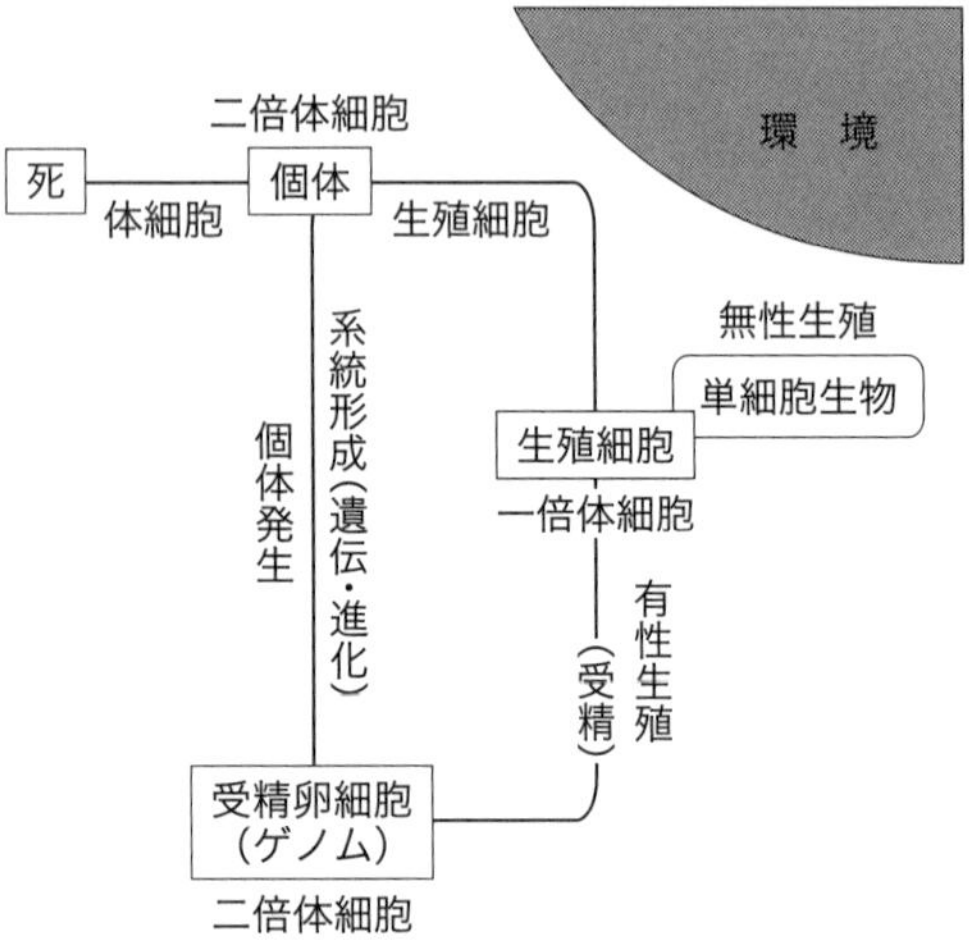

図25　生命誌の基本・自己創出系としての生命体
つねに新しい個体（唯一無二の存在）を産みだすことによってこそ生命体は多様化し、続いていくことができる

ていくことです。写真の現像もdevelopmentで、この場合フィルムに撮ってあった映像が見えるようになってくるわけです。隠れていたものが顕在化する。隠れているのは受精卵の中にあるゲノムであり、それがさまざまなはたらきをして個体をつくりあげ、それが成長、さらには老化し死にいたるまでのめんどうをみるわけです。

発生途中で、生殖細胞（精子と卵）が生じ、これは体細胞と違う道を歩みます（体細胞ではゲノムは二セットあり、二倍体〈ディプロイド〉とよばれ、生殖細胞には一セットしかなく一倍体〈モノプロイド〉とよばれる）。これらが受精してまた新しい受精卵をつくり、そこから次の個体が生まれるという過程がくり返されます。つまり生殖細胞（一倍体）を追っていくと、死ぬことのない永遠の命が見えます。これを生命の歴史の中で見直すと一倍体細胞は本来、無性生殖をして続いてきた、つまり死のない生命を貫いていたものだということに気づきます。バクテリアは、栄養のある限り、死なずに増殖します。

個体をつくっている体細胞はある時期が来ると死に、その中に入っていたゲノムは消えるわけですが、生殖細胞に入ったゲノムが、もう一つ別の生殖細胞のゲノムと合わさって、また新しい個体を産みだすわけです。ここで生まれた個体は生殖細胞を提供した個体の子どもであり、ここで遺伝が起こります。しかも、このようにぐるぐると個体をつくり続けているうちにゲノムに変化が起き、それが進化につながります。

ここでもう一度よく図25を見てください。生物を語るときに最も重要とされている進化と遺伝は、「細胞内にあるゲノムのはたらきで個体をつくっていく、つまり発生する」という現象の中に組みこまれているのです。生きものの基本は個体であり、個体をつくるからこそ遺伝も進化もあるのです。ここでもう一つ大事なことは、個体の出発点となる細胞、つまり受精卵の中にあるゲノムは、いつも必ず新しい生殖細胞二つの組み合わせで産みだされるものであり、これまでそれと同じものがこの世に存在したことは決してないということです。

このようにして、発生を基本にした自己創出系という見方をすると、唯一無二の存在としての私を中心に置きながら、遺伝や進化も含み、それゆえに前に述べた長い時間と広い空間もきちんと取りこんだ考え方ができます。しかも、生命現象を創出系という切り口で見ると、個体の発生と系統の形成こそ、生きる基本であることが明確になり、生きものにとって、時間と空間の感覚が不可欠であることがはっきりと見えてきます。

ところで、図25には、一倍体細胞は本来、無性生殖をする単細胞として存在したものであり、そこでは「創出」でなく複製だったことも示してあります。ここから性と死は同時に登場したものであることが見えてくるのであって、これも生物にとって重要なことですが、それについては章を改めることとし、まず自己創出系はどのようにして登場したかを見ていきます。

生物の歴史年表

生物界は五界に分けられます（図26）。モネラ界（バクテリア）、原生生物界（原生動物、藻類など単細胞生物）、菌界（キノコ、カビ、地衣植物など）、植物界、動物界です。このうちモネラ界は原核単細胞生物であり、図25でいえば一倍体細胞として増殖をくり返して生きるというところ

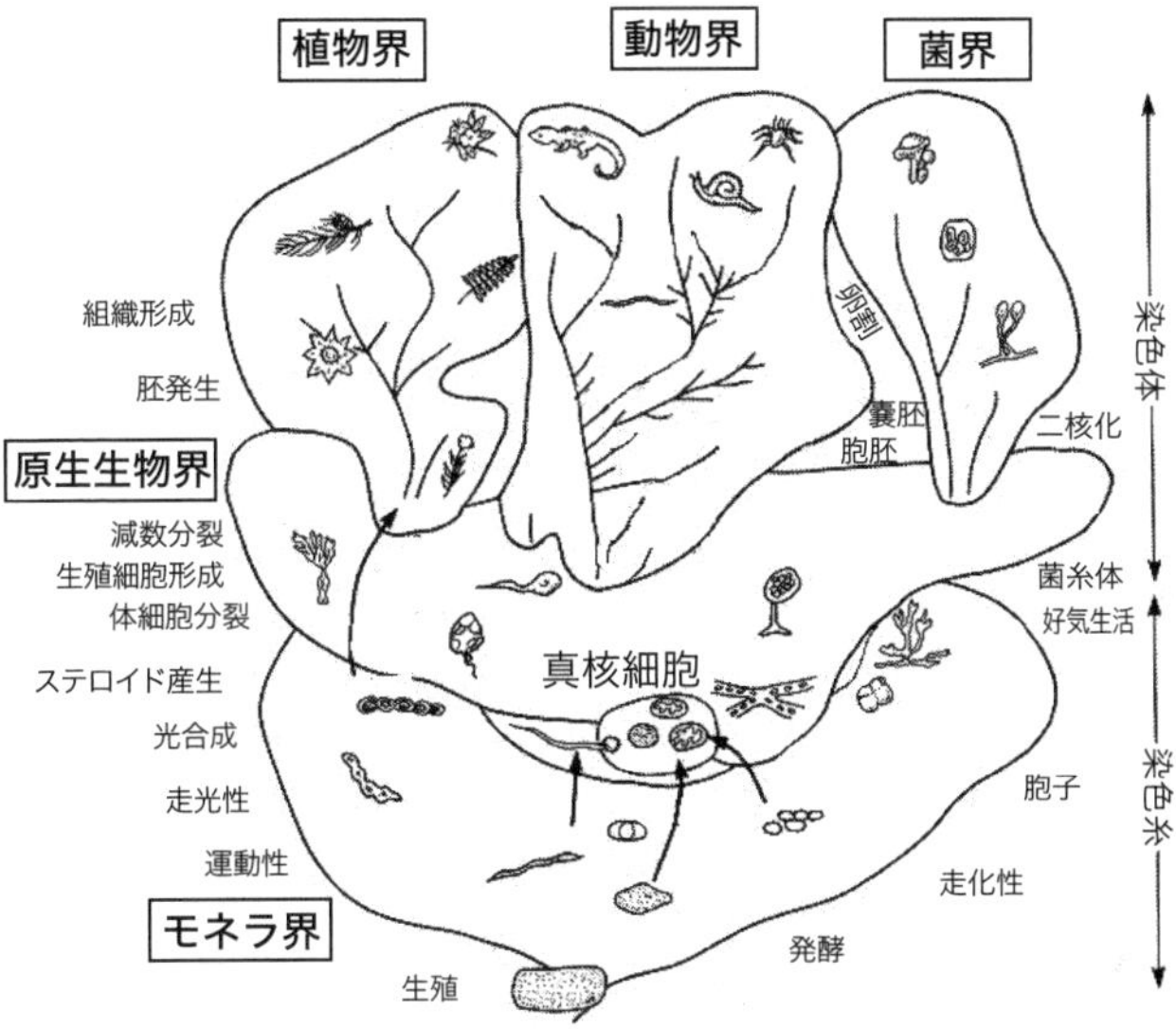

図 26　生物を五界に分けた図

に入ります。もちろんバクテリアにも変異は起こり、多様な生き方を獲得して今も生態系の中で、とくに分解者として重要な役割をしています。実は、バクテリアは小型で単純な構造の単細胞生物なので、当初、ゲノム研究者の関心をよびませんでした。イオウを分解する、鉄を食べるなど代謝の多様さは注目されていましたが、ゲノムの構造としてはみな同じようなものだろうと思われてきたのです。

ところが近年ゲノム解析が進み、五〇種近くのバクテリアのゲノムの構造を比較すると、遺伝子が一〇〇〇以下、一五〇〇～二〇〇〇〇程度、さらに三〇〇〇〇以上の三グループに分かれることがわかってきました。ここにはなにか生きる単位を感じさせるものがあり、遺伝子一つひとつというより、ある塊での構造を見ていく必要を感じます。またバクテリアの間では、遺伝子は縦横に移動しており、ここでは種という概念は存在しないのではないかという考え方も出てきています。しかしこれは多細胞化する能力をもちませんでした。

それ以外の四つの界は真核生物であり、原生生物界は真核単細胞、その他は多細胞です。もし真核細胞が登場しなければ私たち自身も存在しなかったので、私は、真核細胞の登場こそ生命の歴史の中で最大のイベントだったと思っています。地球に生命体が誕生しても、原核生物で終わっていたら、そもそも私たち人間は存在しないのですから。

ここで、前述のそれぞれがこの世に登場した時期を書き入れた生命体の歴史年表をつくってみました。生命の歴史の図解は口絵に紹介しましたが、その中でもとくに重要なことがらを抜き出したものです（表4）。

まず生命の起源で、それまでこの世に存在しなかった「自己複製系」が登場しました。現存生物ではバクテリアがその子孫であり、これが登場するまでにも太古の海の中でさまざまな試みがあったことが知られています。生きもののふしぎを思うと、このようなものが自然にできるはずがないと思いたくなり、確率計算で生命体が生まれるはずはないという答えを出している人もいます。けれども、事実はそれを越えています。第一に、現実に生物が存在しているのですから、どこかで生まれたに違いなく、第二に、最近の研究によると、生物を構成する物質が、太古の海に存在したと考えられる証拠が出ているからです。

一度に細胞ができたとは思えませんが、ＤＮＡやＲＮＡにしてもタンパク質にしてもその断片は意外に簡単にできるようなので、それが徐々に複雑化していったと考えればよいのではないでしょうか。とにかくＤＮＡを基本にした自己複製する細胞（つまりゲノム）が生まれたと

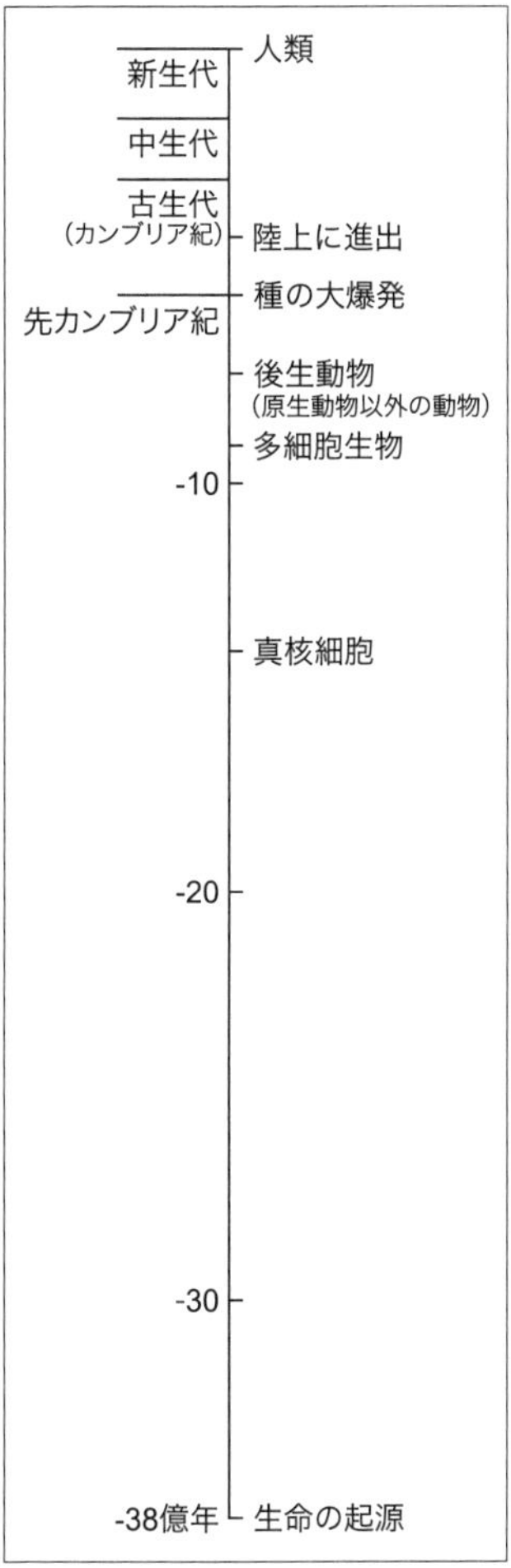

表４　生命体の歴史年表
長い準備期間を経て真核細胞が登場したことがわかる

ころに注目すると、三八億年ほど前にはそういうものが存在したことが化石などからわかります。無生物系から生物が生まれたのですから、たとえようもない大事件ですが、生命誌では起源そのものは扱わず、すでに生まれた原核細胞のゲノムから細胞の基本的性質を追いかけて、起源につながる情報を得る方法をとります。バクテリアについては、先ほど紹介したように全ゲノムの分析が次々と出はじめていますので、まず、原核細胞でのゲノムのはたらき方がわかってくることを期待します。

原核細胞が生きものの歴史に果たした役割は大きく、とくに次の二つ、つまり地球環境の創成と、一五億年ほど前に真核細胞を産みだしたことは重要です。おそらくこの二つはお互いに関係しあっているでしょう。最初に生まれた細胞が利用していた海に溶けていた養分が少なくなり、生きる糧を自分で創りだす必要が出てきました。糖を分解してエネルギーを取りだし、それをATPという物質のエネルギーとして蓄える反応が工夫されました。

人間も含めて、現存の生物すべてがこの方法でエネルギーを確保し、利用しているのですから、これは生きものにとって大事な工夫です。また、エネルギー源を太陽に求めるものが生まれました。光合成です。最初は光合成に必要な水素がたっぷりあったので問題はなかったのですが、そのうち、水を水素源として利用するようになり、その結果廃棄物として酸素が蓄積し

中村桂子コレクション

月報 4
第2巻
（第4回配本）
2020年1月

目次

藤原書店
東京都新宿区
早稲田鶴巻町523

幼馴染み

新宮 晋

私は中村桂子先生のことを、勝手ながら幼馴染みだと思っている。

まだ小学生だった頃の夏休み、真っ暗な早朝に岡町駅から阪急電車の始発に乗って、箕面《みのお》の山奥にカブトムシやクワガタを採りに行ったときも、比叡山に泊まりがけで野鳥観察に出掛けたときも、少女の中村先生が一緒だったような気がする。本当に勝手な妄想でお許し願いたいが、失礼ついでに言うと、最近「私を先生と呼ばないでよ」と叱られたので、今さら桂子さんと呼ぶのもはばかられて、さてどうしたものかと困っている。

それにしても私たちが気が合うのは、ほとんど同い年で、空襲や終戦前後の大混乱を経験したもの同士ということもあるのだろう。物資のあふれる現在では想像も出来ないほどの食糧難だった時代、親や大人たちは、家族を飢えさせないために必死だったに違いない。その一方で子供たちは、子供なりの知恵でたくましく生き抜いてきた。あのエネルギーは、どこから生まれたのだろうか。あの頃子供たちは、よく集まっては泥だらけになって、虫に刺され、木の枝や草でかすり傷を作りながら、暗くなるまで外で遊び呆けていた。

確かにろくな遊び道具もなかったけれど、今思うと私たちは、直《じか》に地球と遊んでいたのだ。だから分かるのかもしれない。地面から伝わる地球の匂いや温かさ、木々の間を吹き抜ける風の息づかい。打ち寄せる波の鼓動。地球自身が生きている星だということを。そんな自然環境のお陰で、この地球は、私たち人類を含む多種多様な命が生まれ育つ、とびっきり賑やかな星になったのだ。

今この瞬間、私たちが人間としてこの地球で生き、同じ時間を共に過ごしていることが、どんなに奇跡的で素敵なことか。それを少しでも感じながら生きることが、どんなに大切なことか、一人でも多くの人に分かってほしい。それが桂子さんと私の共通の強い願いだ。

桂子さんは、地球に最初の生命が生まれてから始まった、進化・繁栄の壮大なドラマを、見事に図表で表現される。それは、言葉で言うならとてつもなく長い難解な話だが、大人でも子供でも楽しく理解出来るように工夫されていて、いつ見ても感心する。桂子さんが館長の高槻JT生命誌研究館を訪ねたことがある人なら、あの工夫された展示の魅力には心奪われるはずだ。ただの博物館的な展示ではなく、研究成果や実験の様子を含めて、全てが進行形で、そこでは生き生きとした命の姿を見ることが出来る。

桂子さんは、あらゆる手段、あらゆる機会をとらえて、まるで伝道師のように、生命の尊さを伝えようとしている。いまだに颯爽とした容姿と、魅力的な話しぶりを最大の武器として、テレビや講演、対談などにも出演され、映画を作り、宮沢賢治の「セロ弾きのゴーシュ」を人形劇にしてご自身も出演したり、本当に全身全霊を注いで頑張っておられる。

私はと言えば、風や水、引力といった地球特有の自然エネルギーで動く彫刻を制作することで、自然の変化に富んだエネルギーの魅力を、少しでも人に伝えようとしてきた。幸いなことに私の彫刻は、日本だけではなく海外の公共空間にも数多く設置され、言語の壁のない造形美術のお陰で、自然の魅力を伝えたいという思いは、ある程度成功していると思う。彫刻だけではなく、もっと広い層の人たちとの接点を求めて描き続けてきた絵本も、どんどん翻訳されて、今では世界中の子供たちに私のメッセージが届けられている。これはすごく嬉しいことであると同時に、重い責任も感じている。

桂子さんも私も、この生命の星・地球を守るために戦っている同志だと思っている。私たち二人とも、急速に進む自然環境の悪化、それに度重なる自然災害、地球規模の異常気象を、このまま見過ごすことは出来ない深刻な問題だと思っている。私たちだけでやれることには限度があるかもしれない。しかし私たちが、もっと若い人、子供も世界中の人々も巻き込んで、大きな力を持つことで、地球の未来を明るくすることが出来ると信じている。私たちには、まだまだやるべきことがある。（しんぐう・すすむ／彫刻家）

妖精に会った日

山崎陽子

それは、唐突な一本の電話から始まりました。

お名前を耳にしたとたん、嬉しさがこみあげて、ろくに用件も伺わぬまま取るものも取り合えず、指定のホテルに向かったのですが……車中で一息ついてから気づいたのです。中村桂子先生とは一面識もなかったことに。

当時、小学館のPR誌『本の窓』に桂子先生の「科学といのち」という連載が始まったところで、たまたま私も他愛ない青春小説を連載し始めたばかりでしたが、桂子先生のシリーズの一回目で、いきなり心を奪われてしまいました。幼い日から空想にふけりがちだった私には、科学的思考回路が殆ど欠落していて、できることなら〝科学〟とは距離を置きたいと思っていたのですが、私のような科学アレルギーに、これほど楽しくわかりやすく、科学や生命の神秘を説くことのできる方がおられるものかと感嘆し、毎月、連載を待ちかねていたのです。その桂子先生からのお誘いに心弾ませながらも、童話や朗読ミュージカルなど、およそ科学とは縁遠い世界にいる私に何をお望みなのか見当もつかず、不安を抱えつつお目にかかった桂子先生の何と愛らしかったことか。〝才媛の誉れ高い学者〟は、ショートカットに涼やかな目元をキラキラさせて、私の愛読書、『妖精』の絵本から抜け出てきた妖精の少年のように見えました。

お声をかけて下さったのは、てっきり『本の窓』のご縁かと思っていたのですが、それに気づかれたのは別れぎわで、「連載、面白くて、いつも愛読しているのに、あなたが、あのヤマザキサンだったの？」おっとりした驚きぶりに、思わずのけぞった私でした。

私のことは、芸術祭で大賞を受賞した朗読ミュージカルのことを新聞で目にして興味を持たれたとかで、いきなり三八億年もさかのぼってのバクテリアの話から、ものみな総てのはじまりが一個の細胞であることなどを熱く語って下さり、〝彼ら〟を登場させる朗読ミュージカルを創れないかと仰るのです。実に興味深いお誘いでしたが、聞き惚れながらも、あまりに広大無辺、雲を摑むような話で、とても私の手に負えるものではない、お断りすべきだと心に決めていました。

ところが、『堤中納言物語』に出てくる「蟲愛づる姫君」と細胞たちを共演させてはという桂子先生の卓抜な発想を伺ったとたん、思わず身を乗り出して口走っていました。

「いいですね！　姫君と出会うバクテリアは、威勢のいい飛脚のいでたちでべらんめえ口調、ミドリムシは京ことばの美女なんていうのはいかがでしょう」

一瞬、桂子先生の目が曇ったような気がして、真面目な学者を怒らせてしまったのではと後悔しましたが、桂子先生のお帰り時間が迫っており、何はともあれ、無知な私のために、〝それぞれの細胞たちの主張〟を教えて下さいとお願いしてお別れしたのですが。

数時間後、桂子先生が帰途、新幹線の中で書かれたというバクテリアの自己紹介が、ファックスで送られてきました。何とそれは、とびきりイキのいい江戸っ子バクテリアの主張でした。なんて素敵な学者！　私は思わず快哉を叫びました。かくして二人の間をファックスが飛び交い、姫君と細胞一座の前代未聞の朗読ミュージカルが完成したのでした。

初演をご覧になって呵呵大笑なさった藤原書店社長の熱意で、挿絵を日本画家・堀文子氏という贅沢な絵本『いのち愛づる姫』（藤原書店）が誕生。今も様々な方たちに演じられていること、本当に嬉しく思います。

桂子先生との出会いから、十年以上の歳月が流れました。先生の近著『「ふつうのおんなの子」のちから』を拝読し、同世代である先生との育ち方、育てられ方、読書体験など、あまりに似通っていることに驚きました。資質のせいで、現在の結果に差がありすぎるのは致し方ありませんが、つい先日、舞台をお訪ね下さった先生の、歳を重ねることを忘れられたかのような若々しさ、ますますの愛らしさに目をみはり、あらためて思いました。

やはり桂子先生は妖精なのだと。


（やまざき・ようこ／童話作家）

〝蟲愛づる姫君〟に教えられて

岩田 誠

一九八五年に開催されたつくば科学万博の前年だった

だろうか、中村桂子さんが主催されたプレシンポジウムというのがあって、どういうわけだか、当時まだ若造の神経内科医に過ぎなかった私に招聘状が届いた。私自身が一体何のテーマでどんなことを喋ったのかは一向に覚えていないのだが、生化学者としての中村桂子さんは、当時すでに有名な方であったので、お招きに応じることにした。その頃の中村さんは、確か三菱化成生命科学研究所に所属しておられたのではないかと記憶している。

　中村さんが専門としておられる生化学という学問分野は、学生時代から私が最も苦手としていた領域であり、亀の甲みたいな形や、Ｃの字がいくつも連なった鎖状の形を見るたびに、できるだけそこから遠ざかろうとしてきた。そんな難しい学問領域で活躍しておられる女性ということで、その頃の私にとっての中村桂子さんは、ちょっと近寄りがたい別世界の人という感じがしていたのだが、シンポジストの中には、駒場の教養学部時代の私の憧れの的であった文化人類学者の寺田和夫先生や、詩人辻井喬氏などの錚々たる方々のお名前があったので興味を持ち、恐々と参加させていただいたのである。

　そんなわけで、緊張して臨んだシンポジウムであったが、医者としての毎日の生活から離れて、多方面の専門家の方々の話を聴くのは大変に面白く、大いに刺激を受けたという記憶がある。その後、中村さんとは直接お会いする機会もなかったが、ＪＴ生命誌研究館に移られて、生命進化を中心課題とした生命科学の研究を推し進められる傍ら、生命科学についての社会啓蒙に取り組んでおられるということは、風の便りに聞いていた。

　その中村桂子さんと私との思いもかけない再会を実現してくれたのは、ヒッポファミリークラブという、幼少時から多言語でしゃべることを実践する団体である。ヒッポと略称されるこの団体は、一般に行われているような外国語学習法とは根本的に異なった方法によって、ヒトの言語習得過程を実践的に解明していくことを目指している国際的な組織である。そのヒッポの会合で、中村桂子さんと私は同時にお話しすることになり、旧交を温めたのであるが、その時の中村さんのお話は、私にとって極めて印象的なお話だった。それは、アゲハチョウの味覚の話である。アゲハチョウの幼虫は、特定の柑橘類の葉しか食べないので、親蝶は、幼虫が食べる種の柑橘類の葉を選んで、そこに産卵しなくてはいけない。もし、ちょっとでも違った種の柑橘類の葉に卵を産み付けてしまうと、孵化した幼虫はその葉を食べずに餓死してしまう。そのようなわが子の生死に関わる判断をしなければならない親蝶は、産卵に適した柑橘類であるかどうかを、葉からでる揮発物質を舌で味わって判定するという。アゲハチョウの舌は、其の前脚にあり、そこにはヒトの舌にあるのとそっくりの構造をした味蕾があるのだという。

これを聴いた私は、興奮して中村さんに、「脊椎動物の舌というのは、発生学的には体肢と相同の器官であり、首の最先端の部分から出来た体肢が、左右合体して口腔内から出てきたもので、まさに喉から出た手なのだ。昆虫と脊椎動物では、体肢の数が三対六本と二対四本と、一見全く異なっているように見えるが、昆虫の前脚に味蕾があるなら、それは脊椎動物の舌と同じものであり、脊椎動物も三対六本の体肢を持つということになる」と、興奮しながら話した。

そんなことで、ほぼ四半世紀ぶりに再会してみると、中村桂子さんの世界と私の世界とは実に密接につながっていたのである。生物進化の長い時間経過の中で、生命の創造主は、最初に考えついた単純な生命の設計図を、少しずつ修飾しながら、この世界のあらゆる生命体を作り出してきたのだということを、私は、中村桂子さんという〝蟲愛づる姫君〟から教えられたのである。

（いわた・まこと／神経内科医）

女の子同盟の呼びかけ人、中村桂子先生へ

――『「ふつうのおんなの子」のちから』を読んで。

内藤いづみ

中村先生の生命科学者としての業績や発信するメッセージへの称賛は世界中に溢れています。私も称賛を捧げる者のひとりです。

ご縁があって、一〇年程前に生命誌研究館へお訪ねして、対談をさせて頂きました。横綱と十両くらいのランクの違いだなぁと内心思いつつ向かい合った中村先生は、真っ直ぐに私の問いに答えて下さいました。

先生と共鳴しているかもしれない、とその時ほのかな想いを私は抱いたのでした。その想いは、『「ふつうのお

んなの子」のちから』というご本を読んで更に確かなものに変わったのでした。

ホスピスケアや在宅の看取りの厳しい現場でいのちに向かい合い、いのちとは何かを学び続けている私や仲間たちが、中村先生のお話に触れると、温かさと同時に力強い勇気に満たされます。三八億年のいのちの連続の今に居る私たち。視野が一気に広がります。心の中のモヤモヤが消えていきます。

いのちの最期に向かい合う時。それは、関わる者たちだけが体験できる閉じられた大切な濃密な空間。逝く人もケアする人も、その人たちの生き様のまま、押したり引いたりしながら合格点の着地点を見つける道のり。エネルギーの渦巻く時間です。私たちもその渦の中に巻き込まれながら、そばにいます。でも、その空間から、時には抜け出して大空を飛ぶ鷲のような視点が欲しくなります。

「三八億年のいのちの歴史！」

中村先生のそんな声が、私たちに飛翔力を与えて下さるのです。そして、空から広々と眺めた後、私たちはまた地上に戻り、寄り添う仕事を再開できるのです。

私は四歳頃から読書を始めました。


「竜の目のなみだ」「泣いた赤鬼」「手袋を買いに」とか今も思い出します。幸せとか喜びは薄っぺらなものではなく、悲しみや思いやりに裏打ちされた厚みを持っている、そんなことが少しわかっていたのか、どうか。そんな文学少女の私が理科系の受験を課せられる、医学部に入学できて医者になぜなったのか？　今ならこう答えると思います。

「ふつうの女の子のちからに押されて、いのちを学びたかった」と。その学びの道場が、在宅でのいのちの看取りだったのです。今もまだその道場にいます。

私の中学三年（一五歳）の卒業文集のタイトル「人類の未来」。かなり真剣に人類の未来を心配しています。「交通事故、ベトナム戦争、核実験、公害、自然破壊など。過去から未来への橋渡しする鎖の一個である私は、人類の滅亡ではない未来のために何をしたらいいのだろう？　とにかく全人類が相違を乗り越えて心と心の繋がりを持ち、助け合い、力を分かち合うことだ」と大人が聞けば鬱陶しいほど、ストレートに述べています。だから、グレタ・トゥンベリさんがひとりで各国を周り、「地球環境の改善のために、大人はもっと真剣に動いてほしい。子供たちの未来のために」と強く、時に怒りまで込めて主張する姿に「おかしい！　嫌なものは嫌。ひとりでもきっぱりと主張して行動する！」という彼女の内なる「ふつうの女の子のちから」と、五〇年前の自分を思い出して深く共鳴したのです。

　私が新米医者になった頃、二四歳の末期がんの女の子に出会いました。余命わずかなその子は、静かに入院生活に耐えていました。親しくなった時、私たちは夜の病室でヒソヒソと話をしました。彼女は体中管に繋がれていました。

「今はつらいね。具合良くなったらどうしたい？」

「え？　希望を言ってもいいの？」「もちろん」

「家に帰りたい。始末したいものがある」

　その子はキリリと覚悟を秘めた目でそう言いました。

「わかった！　私に任せて」

　お母さんに相談すると、彼女とそっくりの輝く目で答えました。

「わかりました。娘の望みが私の望みです。先生手伝って」

「はい！」

　私はドキドキしました。今思えばお母さんにも、どうもふつうの女の子のちからがありそうだとわかったからです。私の責任は重い。私は女の子の脱出隊長だ。彼女のためにひとりでも頑張るしかない。そう決意しました。

　そして、小康状態になった時、タイミングを逃さずスルリと退院したのです。当時は、在宅ケアは世の中にほとんどなく、家族にとっては勇気のいる決断だったと思います。私はできる限り彼女の元に通いました。不思議な安心感が家に満ちていました。三ヶ月後、その子はお母さんの腕の中で安らかに息を引き取りました。

　その後、〝いのちの声をきく〟という大きな課題に取り組んでいます。それができるようになれば、一五歳の時に書いたように、世界中の人との心と心の交流もできるようになるかもしれません。それは世界平和の第一歩です。（こんな風に女の子はとかくはっきりと言い過ぎる傾向があるのです。お許し下さい）

　世の中の主流の動きに流されず（ここまでくればそれは当然です）ふつうの女の子のちからを磨き、良き隣人としての医師を目指して歩みます。

　中村先生のおかげで、女の子の道の前進に拍車が掛かっています。

（ないとう・いづみ／在宅ホスピス医）

ていきました。酸素は有機物と反応してそれを変化させるので有害です。

おそらくここでたくさんの生物が死滅していったと思います。生きるために必要な光合成を進めれば酸素が蓄積する……生きるということはすなわち廃棄物を出すこと、環境を変えることなのです。ちょっと横道にそれますが、この事実は最近の人間の生活を考えさせます。生きていく以上廃棄物を出さざるを得ないのは人間も同じなので、七〇億人もの人が存在すること自体がすでに地球にかなりの負荷をかけているわけです。

しかも、文明生活を楽しむために大量の廃棄物を出す暮らし方が、長い生物の歴史の中にうまく組みこめるのだろうかと心配になります。生命誌はそれを考えるための素材になります。廃棄物である酸素がたまったとき、一部の生物がそれを乗り越え、酸素を上手に利用する生き方を獲得しました。大きくなり、さらに呼吸をするようになったのです。

真核細胞の登場

真核細胞の登場が、自己創出系へと向かう生物の歴史の中で最大のイベントだったと思うと先に述べました。

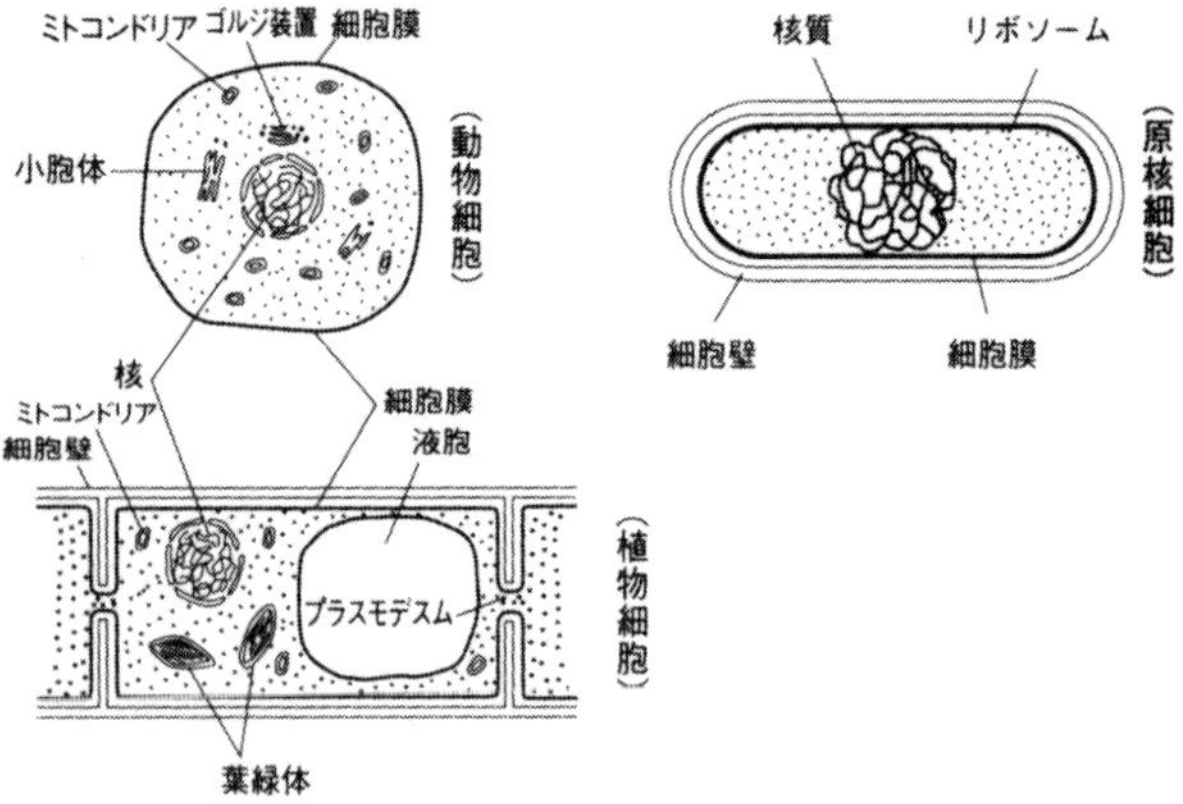

図27　原核細胞と真核細胞（動物細胞と植物細胞）
（団まりな『生物の複雑さを読む』平凡社）

真核細胞と原核細胞では同じ細胞でもまったく違います（図27）。まず大きさは、原核細胞は数μmですが、真核細胞は一〇〜一〇〇μmで、体積にすると一〇〇〇倍以上になります。これだけ大きな細胞は、酸素の濃度が高くなければ生きていけません。一八億年前に酸素濃度が二％ほどになり、オゾン層ができ、紫外線がカットされたところで生まれたのです。その他の特徴は、核がありその中にゲノムが染色体という形で入っていること、ミトコンドリアや葉緑体という細胞内小器官があること、内膜が細胞内全域に存在すること、細胞骨格とよばれる繊維状のタンパク質が細胞内に張りめぐらされ細胞構造を支えると同時に細胞内での物質輸送のための道路になっていることなどです。

細胞骨格の仲間のタンパク質が、染色体が二つに分かれて子孫の細胞にきちんと入るようにそれを引っぱっていく仕事をします。ゲノムについても、真核細胞のゲノムにはスペーサーやイントロンなど、一見無駄な部分がたくさんあります。原核細胞の場合、イントロンはなくゲノム内に遺伝子以外のDNAはほとんどありません。同じ細胞でも、その複雑さに格段の相違があることがわかっていただけたでしょうか。

たとえるなら、原核細胞は工場（この細胞はそれぞれの代謝に特徴があり、鉄やイオウを利用するものなどさまざまです）、真核細胞は都市でしょう。全体に指令を出す核、エネルギーを生産するミトコンドリア、ハイウェーの役割をする細胞骨格などなど、多くの機能をもつ器官の集まりです。しかも細胞のはたらき方はうまくできていて、人間社会の工場や都市がここから学ぶことがありそうです。

原核細胞から真核細胞へという、こんな複雑な変化がいったいどのようにして起きたのかふしぎになりますが、幸い、現存生物のゲノムに歴史が残っているので、そこからこのふしぎを少しずつ解きほぐしていくことも生命誌の仕事です。

真核細胞には三カ所にDNAがあります。核とミトコンドリアと葉緑体（藻類や植物）です。それぞれのDNAから同じ遺伝子を取りだして比較すると、大枠、核の遺伝子は古細菌、ミト

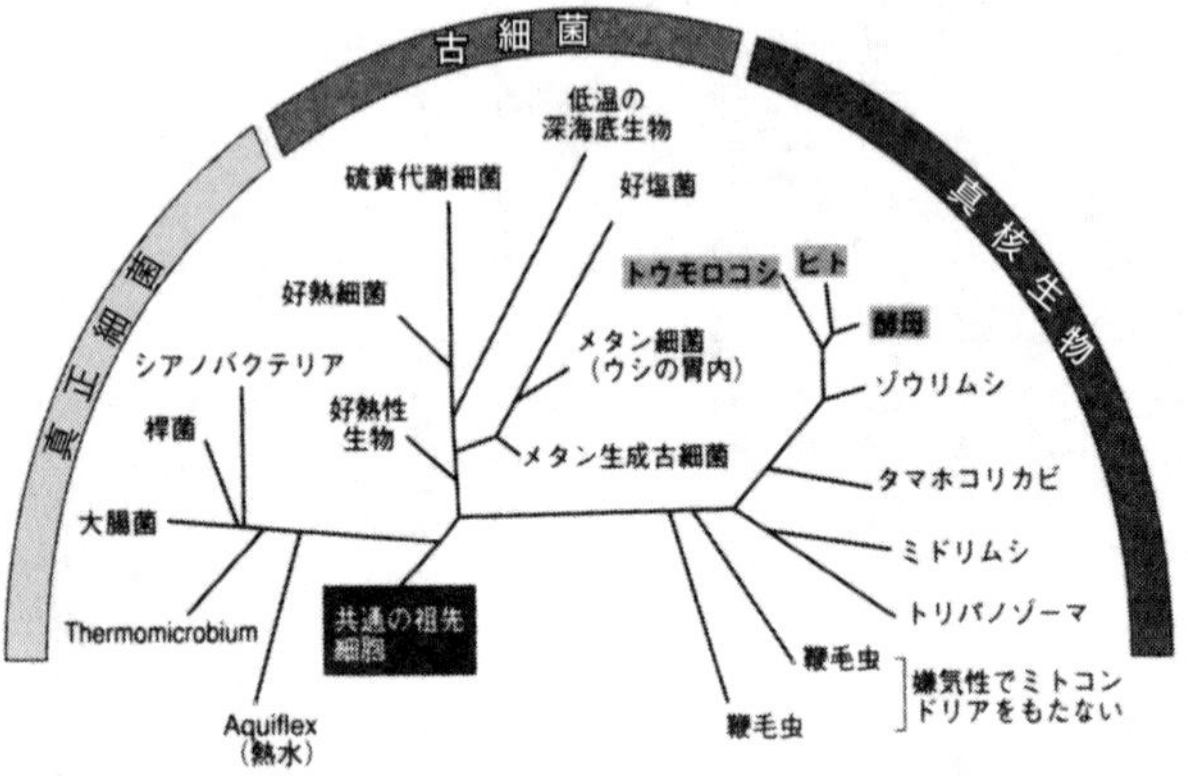

図 28　真正細菌・古細菌・真核生物の関係
（B. アルバーツ他著、中村他訳『Essential 細胞生物学』南江堂）

コンドリアは酸素を利用してエネルギーを効率よく生産できる真正細菌、葉緑体は光合成細菌であるシアノバクテリアから枝分かれしますので、それぞれの起源がそこにあると考えられます。

実は細菌には真正細菌（大腸菌のようなバクテリアの仲間）の他に古細菌とよばれる仲間がいます。これは温泉のような高温の場所、塩分の濃いところ、イオウのあるところなど、常識では生物が棲めそうもない場所にいる興味深い細菌です。メタン菌もこの仲間です。今あげたような条件は、太古の地球を反映していると思えるので、現存の細菌よりも古いというイメージで古細菌と命名されましたが、今ではそうではないことがわかっています（図28）。どうも、私たちの体をつくる細胞のもとは、この古細菌らしいのです。

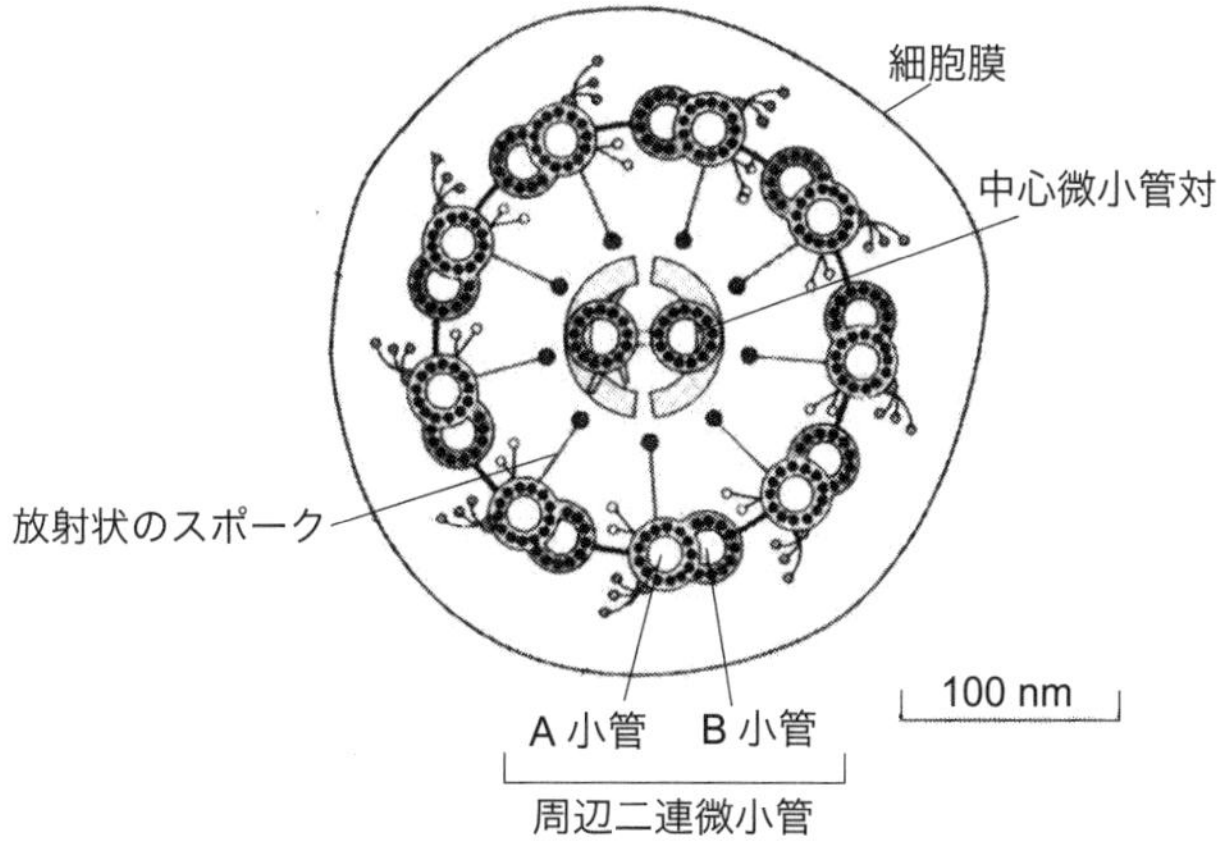

図 29　繊毛の横断面
外側に 9 個、真ん中に小さな輪が 2 つあるので
9 ＋ 2 構造とよくいわれる

ただ、大きさが合いませんし、内部構造の複雑さを説明しようとすると、いくつかの細胞が融合して大きくなった細胞を真核細胞の起源と想定するのがよさそうなので、まだ真核細胞のもとになった細胞を特定はできません。今後、アクチンや微小管タンパク質など細胞骨格その他に必要な遺伝子、染色体づくりに必要なヒストンなどのタンパク質の遺伝子など、さまざまな遺伝子の起源を探ることが必要です。L・マルギュリスは、スピロヘータが運動性のあるタンパク質を持ちこんだという仮説を立てています。仮説ですが、ちょっと興味深いところがあります。というのもスピロヘータの構造と真核細胞内の細胞骨格や中心体、精

子の尾などはすべて構造に共通性があるからです（図29）。

ともかく、大型細胞の中に、ミトコンドリアや葉緑体が共生したという真核細胞のでき方がわかってきましたが、その変化が起きていた三八億年前から一五億年前という大昔の海の様子を地球外から見たら、地球には生物はなにもいないように見えたでしょう。目に見えるようなものはなにも存在していないのですから。しかし、海の中ではさまざまな細胞が懸命に生きており、しかも、それぞれ特有の代謝能力をもつ工夫が大いになされていたのです。なかでも光合成能力は最も強力なもので、大気環境まで変えました。

そこで増えてきた酸素を巧みに利用してエネルギーを効率よく生産する能力を得た細胞があり、これまたもう一つの強力な仲間となったわけです（理論的には嫌気状態で発酵によってATPをつくっている場合の一八倍の効率）。この強力部隊のうち、エネルギー生産能の高い細胞だけを共生させたのが動物細胞、光合成能をもつ細胞も共生させたすばらしい細胞が植物細胞へとつながっていくわけです。つまり真核細胞は、細胞の融合と共生とでできあがったと考えられます。

最近環境問題などで生物間での共生が話題になりますが、私たちの身体をつくる細胞ができあがるときに、すでに共生が重要な役割を果たしていたのです。ただ共生というのは文字から想い浮かべられるような「なかよく生きましょう」という姿ではありません。生きものはどれも自分が生きることに懸命です。その場合、自分だけで生きていくことはむずかしい。そこで他の生物に依存したり、ときには取りこんだり、なんらかの関係をもった結果できあがる一つの姿が共生なのです。

藻の世界から見えた太古

現存の真核細胞で単細胞のまま存在しているのが、藻類と原生生物です。私たちは、ここに真核細胞誕生の様子を解く鍵があるだろうと考え、藻を調べました。するとおもしろいことに、細胞同士が食べて、食べて……のくり返しで現存の多様な藻ができあがってきたこと、しかもこの世界では現在も、食べて、食べて……が行なわれていることがわかってきました。新しい細胞づくりは過去に一度だけ行なわれたのではなく、生物界ではつねに起きているのだと言えます。もっともこれだけ生物があふれている状況では、新しく生まれた細胞がまったく新しい世界をつくる場は与えられておらず、現存の生物と違う細胞が増えてくることはありそうもないのですが。

藻は、水中で生活し光合成する生物の総称です。コンブ、ノリ、ミドリムシなど、なじみのものがたくさんあります。まず緑藻の細胞内にあるミトコンドリアの遺伝子（COX1という部分）を分析したところ、図30のような系統樹が描けました。単細胞、多細胞、群体性などによってきれいに分かれ、しかも、陸上植物は緑藻が複雑な体制をつくりだす以前の単細胞藻類時代に、すでに独自の道を歩みはじめたらしいという興味深いこともわかりました。

ここでちょっと目を引くのがミドリムシです。名前が示すように、動きまわるのに光合成をするので、植物学者は植物（ミドリムシ藻）とし、動物学者は原生動物のミドリムシとしてきました。DNAの分析から、細胞としては原生動物とわかり、動物学者に軍配があがりました。ところで、ミドリムシの葉緑体を見ると、他の緑藻や植物のそれが二重膜なのに、三重膜に包まれています。そこで、葉緑体の遺伝子を調べたら緑藻と同じでした。真核細胞になってから緑藻をパクリと食べたのでしょう。食べられた藻の核やミトコンドリアは退化し、葉緑体が残ったのです。このままなら四重膜のはずですが、二枚が融合したのだろうと思います（図31）。

系統樹で、ミドリムシの近縁にトリパノゾーマという眠り病を起こす怖い寄生虫がいるのが気になります。実は、他の藻では、近縁にマラリア原虫が近くにいることがわかりました。そこでは藻の中にあった葉緑体が退化していました。マラリア原虫には葉緑体DNAの名残りがあり、このDNAをはたらかなくするという方法によるマラリア用の薬の開発が計画されてい

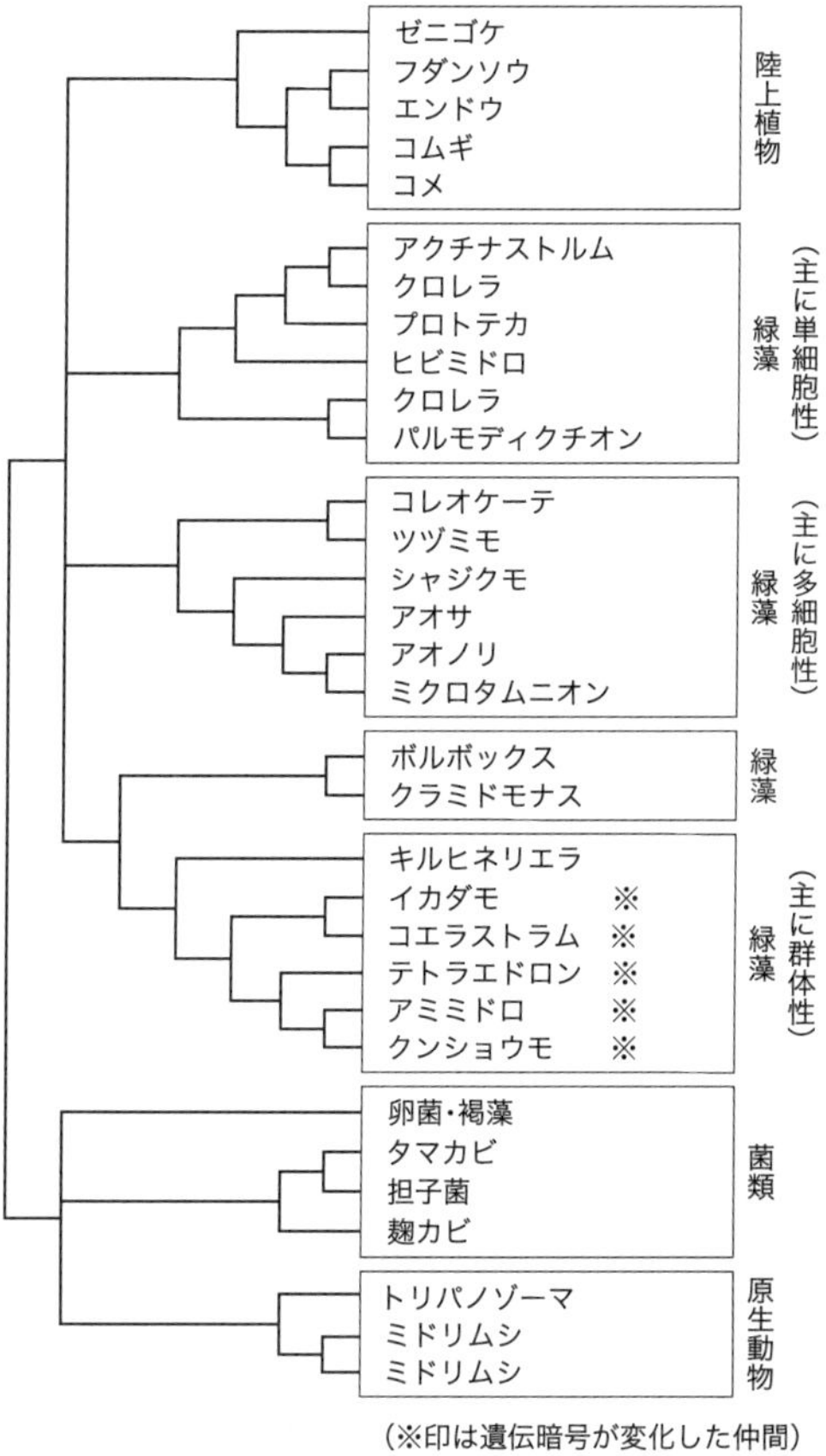

図30　ミトコンドリア遺伝子の解析に基づく藻の系統樹
（『生命誌』10号）

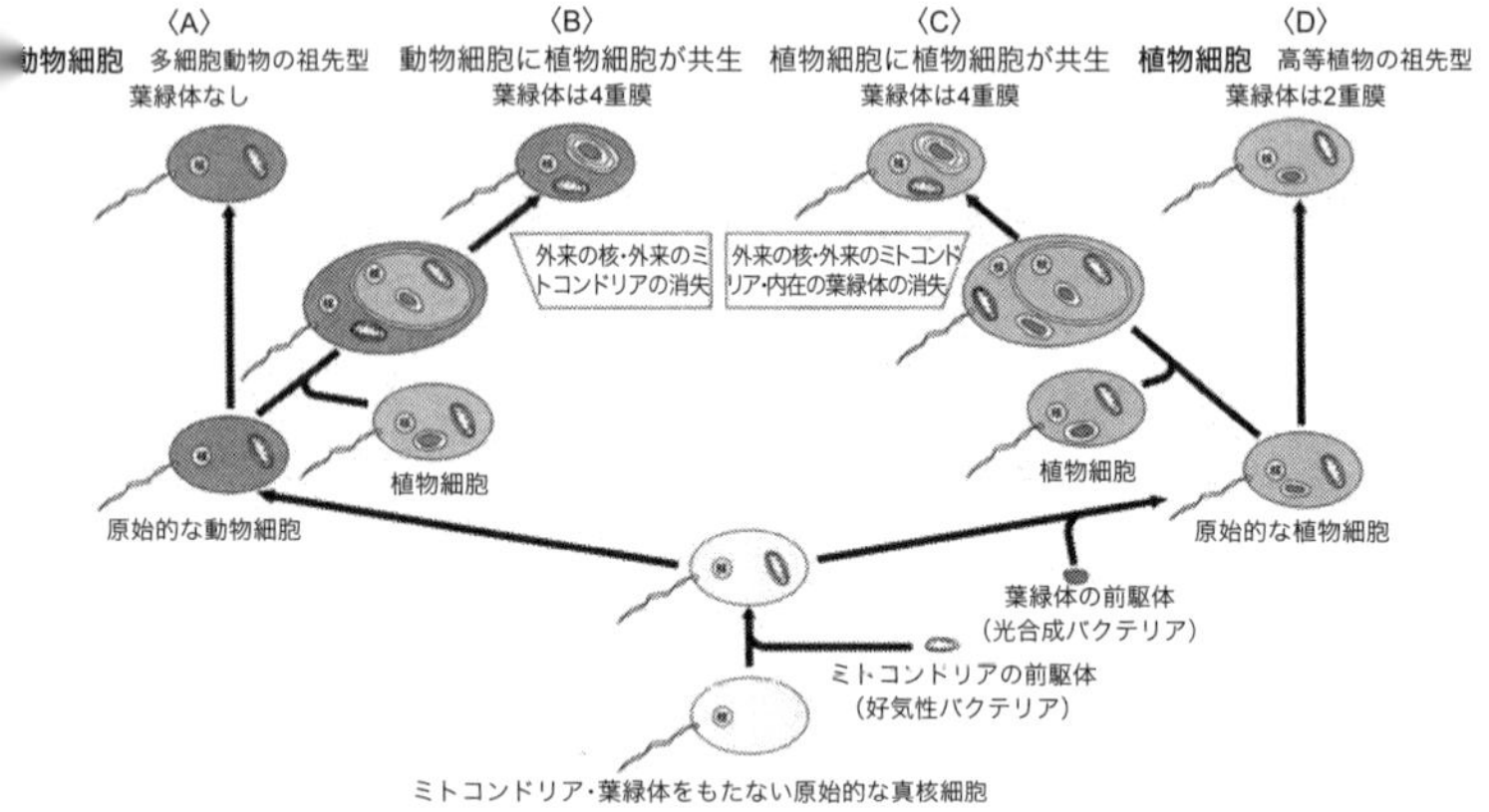

図 31　共生の歴史を反映している藻類
（『生命誌』10 号）

ます。ＤＮＡ解析から藻と寄生虫の意外なつながりが見えてきたのはおもしろいことです。

　これまでの生物研究では、目に見える生物に注目することが多かったので、単細胞しか存在しない、三八億年前から一五億年前までの二〇億年以上という長い期間を無視してきました。単細胞では化石もほとんど残りませんし。けれども、ゲノムに残された歴史を読んでみたら、当時の生物たちが食べたり食べられたり、その結果共生して新しい能力を次々と獲得しながら懸命に生きていた過程が見えてきました。しかもおもしろいことに、今もそれと同じことが地球のあちこちで起きているのです。

　もちろん今は、安定した生態系ができあがり、大型生物もたくさんいますから、太古の海のようにそこから新しい生物が生まれてくる可能性はないことはすでに触れました。しかし、もし、人間がこのまま勝手な生き方を続けて破滅するとか、未曾有の天変地異が起こるなどして地上から大きな生物が消えるようなことがあったら、海の中の小さな細胞から新しい生物が生まれ、また新しい歴史が刻まれるのではないでしょうか。

真核細胞以降の大きな流れ

このようにして生まれたわれわれの祖先である真核細胞はその後多細胞化し、多種多様な形をもち、暮らし方もさまざまになります。分裂した細胞が離れずに一つにまとまるには、細胞同士の接着が必要ですし、細胞間のコミュニケーションも大事です。粘菌は条件によって単細胞で生きたり多細胞化したりする興味深い生物で、ここに細胞がどのように集まりお互いに対話し分化していくかの基本がありそうです。粘菌のゲノム解析も始まり、多細胞化の謎解きが行なわれています。しかも、多細胞になると個体という概念が生まれますから、それに伴って、性や死などという単細胞のときには問題にならなかった現象が登場します。

多細胞については次章で扱います。表4（一二五頁）で真核細胞誕生の次に興味深いのはカ

図32　カンブリア紀の大爆発

ンブリア紀の大爆発（図32）です。六億年ほど前に、これでもかというように多様な形態の試みがありながら、そのほとんどは絶滅してしまったことがわかっています。化石に残る五つ目の生きもの、背腹の区別もつかないふしぎな生きものなど、今生きていたらさぞおもしろかろうというものばかりです。その後の進化の様子を追うと、どうもそのみごとな展開の中では一番特徴なく見えるピカイアという小さな生物が現存の生物につながってきたらしいのです。

なんでそんなものが祖先になったのだろうと思うと同時に、もしかしたら一見特徴のないものこそ大きな可能性を秘めているのかもしれないとも思います。なぜここで爆発があったのかはとても興味深いことですが、これについては後に触れます。

次の大きなできごとは、陸上進出です。水が不可欠である生物という存在が水と離れて暮らす決断をする（生物の話はつい擬人化してしまうのが困ったことです）のはたいへんなことだったでしょう。その間に起きたことで、人間である私たちが強い関心をもつのは脳の生成と発達です。そして最後に人類誕生。ここでまた口絵を見て大きな流れをつかんでください。

この話を順を追ってゲノムから読みとる歴史として語るにはまだデータ不足ですが、大きな流れを意識して研究成果を見ると、部分だけでなく全体が見え、私たちは何を知りたいかがわかってきます。自己創出系の基本は真核細胞の中にすべて入っているという視点から、これまで生命の歴史ではあまり注目されなかった、単細胞生物に重点を置いて述べてきました。細胞は生命の単位であり、ここに注目すると生きる基本が見えることを示したかったからです。

日常「自己」というときは、昔の生物のことなど考えていないでしょう。とくに人間にとっては脳のはたらきが重要と考える方が多いと思います。しかし、二〇億年以上かけて、ゲノムとして唯一無二のものをつくる系ができあがってきたことはこれまで述べてきたとおりであり、そこでの「自己」の重要性を忘れてはいけません。その中で私たちヒトも生まれてきたのです。それが「私」を考えるときの基本になるのです。

第2章　生と性と死のふしぎ

「鎖」の全体を見る

ここでもう一度図25（一二〇頁）に戻ります。生命誌では生きることの基本を、一つの個体が生まれて一生を送り、死んでいく過程に置くと言いました。ＤＮＡが研究の中心に置かれるようになってから、ＤＮＡでなんでも説明しようとする傾向があります。「個体は遺伝子の乗り物である」という言葉はその代表です。しかし、そうではないでしょう。やはり、生きものの基本は個体です。あなたという存在、イヌもネコもみな個体それぞれに意味があります。個体が生きる中に、子孫が続いていく巧みなシステム、つまり遺伝があるわけです。

もちろんこれは視点の違いにすぎません。「鎖の輪は鎖のためにある」とも、「輪が一つひとつあるからこそ鎖があるのだ」とも言えるわけで、両方から見なければ実態は見えません。ただ、DNAが行なっているのは自己複製ではなく自己創出だと考えると、おのずと個体に目が向きますし、このほうが生物らしさを見ることになると思いますので、私はあくまでも鎖全体、つまり個体に注目する立場で現代生物学の成果を見ていこうと思います。

二倍体細胞の出現、その対話

真核細胞の出現こそ生命の歴史の中で最大のイベントだと言いましたが、実はそれは少し言葉足らずでした。最初にできた真核細胞は、一倍体細胞といってゲノムを一セットしかもっていません。生きていくにはこれで充分です。現存する生物では、酵母などの菌類、クラミドモナスなどの藻類、アメーバなどの原生生物が一倍体真核細胞であり、いずれも単細胞です。アサクサノリ(褐藻)は、一倍体細胞でありながら細胞がたくさん集まってはいますが、私たち多細胞生物と違って、集まった細胞の間のやりとりがありません。栄養分すらそれぞれ独立に

図33　さまざまな一倍体細胞

まかなっています。どうもこの仲間はこれ以上の進展はできなかったようです（図33）。

ところで、一倍体の真核細胞は「接合」して一体化する能力をもっています（前章で述べたように、生殖細胞である精子と卵は一倍体で、これが接合し受精卵になります）。こうしてできるのが二倍体細胞、つまり、一つの細胞の中にゲノムを二セットもつ細胞です。私たちの体は、二倍体細胞でできています。二倍体細胞になると、細胞間に連結構造ができ、お互いに物質や情報のやりとりをするようになり、その間に、それぞれの細胞が少しずつ役割分担をしていくようになっていきました。今、私たちが日常目にしているほとんどの生きものである多細胞生物はこうして生まれました。

ここで細胞としての進化は終わったようです。原核細胞から真核細胞への変化では、細胞と細胞が融合したり、細胞が細胞を食べるなどのダイナミックな動きが見られ、細胞として複雑な構造になっていきはしましたが、お互いに対話をして多細胞化するところまではいきませんでした。その後二つの細胞が接合してできた二倍体細胞が細胞間の対話をみごとにやってのける存在となり、多細胞化をなし得たのです。二倍体細胞は、それぞれが個性をもちながら、決して勝手なことをせずに必ず話し合いをします。これはとても重要なことです。

ちなみに、この種の話し合いがうまくできなくなった二倍体細胞としてがん細胞があり、このような細胞は自分の生命を失うのではなく、個体、つまり多細胞として存在する他の細胞たちの集合体を死にいたらしめる恐ろしい存在となります。がんの研究は、もちろん病気の原因を知り、予防や診断、治療に利用する知識を得るために行なわれているのですが、実は二倍体細胞のもつ基本的性質、つまりは私たちが個体という全体性を保ちながら生きている姿そのものを知ることにつながる研究であり、その点でとても興味深いものです。

二倍体細胞はもう融合はしません。体の中で細胞同士が融合したら困ります。心臓も肺も血管もグチャグチャになってしまいます。細胞として確立した存在が二倍体細胞です。ゲノムプロジェクトが進み、原核細胞のバクテリア、真核単細胞つまり一倍体細胞の酵母、二倍体細胞で多細胞をつくっている線虫のゲノムのヌクレオチド配列がすべて解読されました。この三つがそれぞれゲノムとして、どのような共通性と違いとをもっているかが解明されるのが楽しみです。そこから、それぞれの細胞の特性がどれだけ読みとれるか知りたいものです。

性の組み合わせで死が登場

こうして、細胞には原核細胞、一倍体細胞、二倍体細胞（この変形として三倍体などの倍数体もある）の三種類あることがわかりました。ところで、ここで興味深い現象が見られます。細胞はどれも分裂して増えますが、原核細胞と一倍体真核細胞はほぼ無限に増える能力をもっているのに、二倍体細胞は、ある回数増えると死んでしまうということです。バクテリアや酵母菌には、本質的には死がないのに、多細胞が生まれたことによって、死という現象と概念とが登場したのです。

二倍体細胞だけで存在していては途絶えてしまいます。さあ困った。そこで二倍体細胞では、一度一倍体細胞になり、接合でもう一度新しい二倍体細胞として甦るという方法が工夫されました。これが有性生殖です。性の様相が比較的簡単な生物で見られる例として、ボルボックス（オオヒゲマワリ）があります。これは、単細胞の藻であるクラミドモナスが集まった集合体ですが、環境条件が悪くなると、その中の一部が生殖細胞化し、そこから新しい個体が生まれるのです。このような形が体系化されたのが、現在の多細胞生物の有性生殖の始まりであり、原理的には今も変わっていません。

つまり、生あるところに必ず死があるという常識は、私たちが二倍体細胞からできた多細胞だからです。本来、生には死は伴っていなかった。性との組み合わせで登場したのが死なのです。逆の言い方をするなら、死をもつ二倍体細胞がなんとかして命をつないでいこうとして工夫したのが性だと言ってもよいかもしれません。

有性生殖は、無性生殖と比べて相手を必要とするだけ不便です。しかし、二倍体細胞の死を救うためにはそれが必要だったので、めんどうといってはいられなかったのでしょう。すると、ここでどうしても、なぜ死を伴う二倍体という選択がなされたのかと聞きたくなります。でもこれは、なぜ二倍体細胞は死ぬのかという問いになり、ここで堂堂めぐりをしてしまい答えはわかりません。ただはっきりしていることは、私たち人間を含めて、地球上の生物の多くは、二倍体細胞の多細胞生物として存在し、有性生殖をし、その結果、細胞の死だけでなく個体の死を存在させるような生き方をしているという事実です。

そこでまたこうまでして得たものは何かという基本的な問いが生じます。この答えも明確に存在するわけではありませんが、まず考えられるのが多様化です。無性生殖では同じ細胞が増えていくだけですから、本質的には多様化は望めません。ときどき変異が起き、しかもそれが環境にうまく適合して新しい性質として残るというまれな現象でしか変化は起こらないので、多様化しようとすれば有性生殖が不可欠です。単細胞生物の世界も、ゲノム分析をしてみたら、種を越えてＤＮＡが動きまわっているとしか考えられないデータが出てきました。ある遺伝子のゲノムの中での位置を調べると、バクテリアによってかなり違っているのです。

つまり、最初に存在したゲノムが変化せずに受け継がれているのではなく、遺伝子組換えが何度も起きているわけです。真核単細胞の場合は、細胞ごと食べて新しいＤＮＡを取りこんでいることを紹介しましたが、単細胞生物の世界でも、単に同じ細胞が増殖し続けているのではなく、ＤＮＡのやりとりがダイナミックに行なわれ多様化は起きているのです。

ただ有性生殖をすると、これまでにない組み合わせのゲノムをもつ新しい個体ができます。これは無性生殖の世界にはないことです。唯一無二の個体づくりこそ有性生殖の意味ではないでしょうか。

死という面から見た生物

一倍体細胞には「死」がないと言いましたが、それは逆に言うといつも増殖を続けていなければならないということで、これもなかなかたいへんです。周囲に栄養分がなくなったり条件が悪くなれば生きていけません。本質的な死はないけれど、つねに増殖し続けることなどできませんから、結局殺されることになります。そこで、栄養状態が悪くなったとき、二倍体状態になって胞子になるなど、休止状態に入る例がアメーバなどで見られます。二倍体になれば、一方のゲノムのどこかに損傷が起きても、もう一方のＤＮＡがはたらいているので細胞全体としては機能を失わずにいられます。細胞として安定しているわけです。二倍体細胞の利点といえば、この安定性です。

こうして生まれた、二倍体多細胞生物を構成している細胞のはたらきを「死」という面から見ると、三種類に分かれます。

まずは、生殖細胞と体細胞。この二つは役割がまったく異なります。体細胞は、一つの個体をつくりあげ、その一生の間だけはたらくことを役割としますが、生殖細胞は次の世代へとつながります。卵と精子が一体となって新しい個体を始めるわけで、この系列をたどれば、いわゆる「死」は存在しません。たとえば、今あなたを構成している体細胞のもとは受精卵、つまり両親の卵と精子の合体によって生まれたものですから、あなたという存在として両親の生殖細胞は生き続けたことになります。また、あなたの生殖細胞も次の世代の個体へとつながる……。前に、一倍体細胞には死はないが、ときどき二倍体細胞になって休止をすると言いましたが、その目で見れば、一つひとつの個体は細胞がお休みをしているときとも言えます。

体細胞の中には、死という面から見ると少し異なる性質の細胞が混じっています。増殖できる細胞と、増殖できず自分の役割を果たしたら死ぬ細胞です。前者を幹細胞といい、個体が続いている間、分裂をして新しい体細胞を供給します。幹細胞とそこから生まれて分化する完全分化細胞になるものとのDNAのはたらき方の違いを知るのも重要です。

このように、生殖細胞、体細胞（幹細胞と完全分化細胞）の三種類の細胞が混在して個体としての生命、さらには次世代に続く種としての生命を維持しているのが多細胞生物です。体細胞の中の分化した細胞、たとえば、表皮細胞、血液中の赤血球細胞などは一〇〇日程度で死んでいくことによって、体全体の生命を維持しており、細胞に注目するなら体の中にはつねに生と死が混在しているのです。これは、しばしば話題となる脳死をどう考えるかということにもつながるので、また後で触れます。

生を支える積極的な死「アポトーシス」

体細胞が、体をつくりあげたり、それを維持していく中で、皮膚や血液など細胞の死が重要な役割を果たしている場面がたくさんあることがわかりましたが、個体が生きるための細胞の積極的な死とでもよぶべき興味深い現象があります。「アポトーシス」とよばれるこの現象は、細胞のゲノムに死ぬべきときがあらかじめ書きこまれており、それに従って細胞が整然と死ぬという現象です。この役割には二つあります。一つは、ある時点で生体にとって不要な細胞を除くことによる全体の制御です。

発生のときの形づくりの例として、チョウの翅《はね》の形成時に起きるアポトーシスを紹介します。サナギから美しいチョウが生まれてくる場面には驚かされますが、サナギの中でチョウの翅は最初から完成した形になっているわけではありません。大ざっぱな形がつくられ、その後、外側の不要な細胞が死に、切りとられるようにして仕上げが行なわれるのです。

ところでチョウの翅は、鱗粉《りんぷん》で覆われていることはよく知られています。電子顕微鏡では、

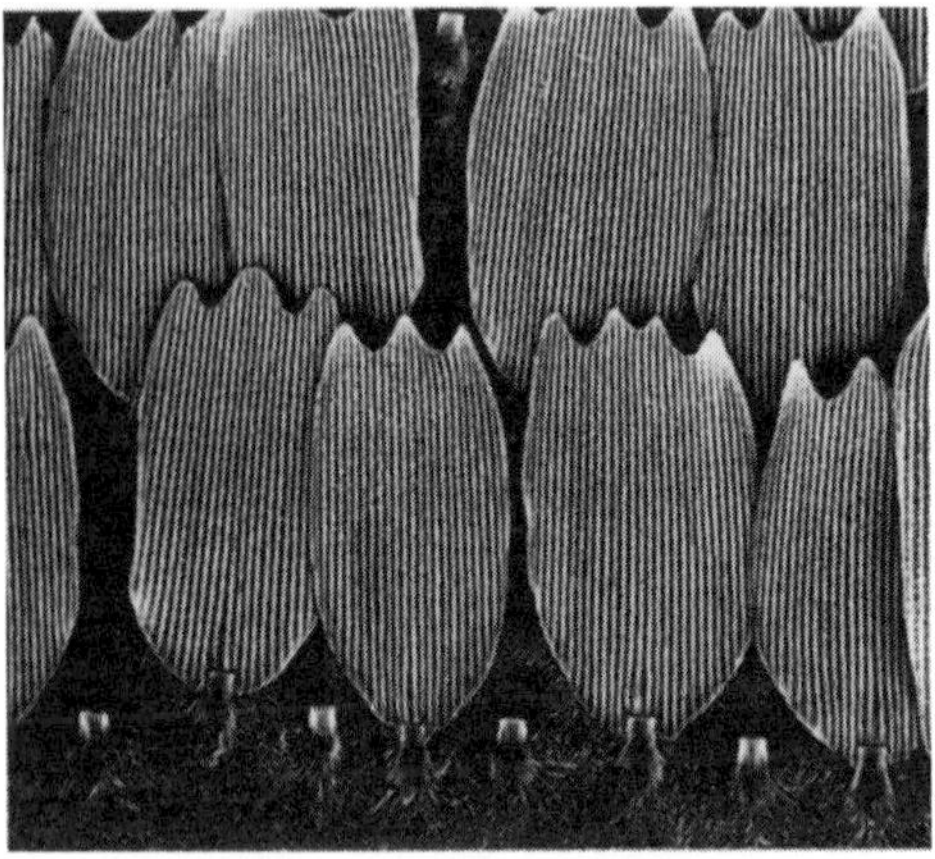

図 34　鱗粉の電子顕微鏡写真
(『生命誌』22 号)

図 35　ヨモギトリバ
この翅もアポトーシスでつくられる
(『生命誌』22 号)

ソケットとよばれるサヤに刺さってきれいに並んだ鱗粉が見えます（図34）。[redacted]一つひとつが細胞です。チョウの場合鱗粉に色がついていますから、一つひとつの細胞を[redacted]して、その運命を追うことができます。生命誌研究館での最初の研究としてこの利点を生[redacted]て、翅のでき方を調べたところ、形づくりにおけるアポトーシスの役割がみごとに見えて[redacted]ときには感激しました。

サナギからアゲハチョウが生まれてくるときの翅の周囲は滑らかでアゲハ特[redacted]形にはなっていません。一部の細胞が死んでギザギザができます。尾状突起の部分など、[redacted]とに翅の形が切りとられていきます。ヨモギトリバというボロボロのうちわのような翅（[redacted]そうな表現ですが、まさにそのとおりなので）をもつ蛾（図35）の場合もやはりアポトーシスで[redacted]形をつくっていることがわかりました。

これは、もちろん私たちの体の形づくりでも使われている方法です。神経系[redacted]あがるときも同じです。運動神経が伸びて体の各所の筋肉細胞と接続する場合、体中で[redacted]の接続をつくらなければなりませんが、その場合特定数の神経を伸ばすのではなく過剰に[redacted]出します。その中で無事相手の細胞と接続できたものは生き残り、うまくつながらなかっ[redacted]のは死んで消えていく。これは脳内の神経細胞の結合でも用いられる方法です。

うまくつながらずに脳細胞の八五％を失うことさえあるなどというデータを見ると寒気がしますが、一生を暮らすのに充分な量はできるようになっていますから大丈夫です。一見いいかげんな方法に見えますが、考えてみればこれほど確実な方法はありません。重要な系だからこそ、このような方法がとられるのでしょう。神経系だけではありません。内分泌系でも免疫系でも不要のものは自らが死ぬという形で全体をうまく機能させます。つまり、細胞は体を維持するために生き続けたり分裂したりするだけでなく、上手に細胞死を組みこむことによって個体が生きられるようにしているのです。

アポトーシスのもう一つの役割は、本来、自分の細胞であるのに、異常をきたして他の細胞、ひいては個体に害になるような細胞を除去することです。免疫系は、外来の異物に対処するシステムですが、最初につくられる免疫細胞には、自己の細胞に反応するものも含まれています。これを除去しておかないと、自己免疫疾患になってしまいます。ここでもアポトーシスが役割を果たします。

この他にも、自己の細胞でありながら自己破壊的に変化した細胞である腫瘍細胞もこの方法で除かれます。腫瘍化して増殖しようとする細胞の力とアポトーシスという死滅の方向へのはたらきとが闘うわけですが、ここで興味深いのは、細胞自体にとっては生きる方向である増殖が個体にとっては死への方向であり、細胞にとっての死が個体の生への方向だということです。

日常感覚では、生と死は対立するものであり、「生はよいもの死は悪いもの」として位置づけられますが、細胞のレベルで見ていくと、それほど単純ではありません。むしろ、生のための死もあり、生と死はお互いに絡みあいながら生きることを支えているととらえるほうが正確です。

ところで、アポトーシスの中でも、分化後、それ以上再生能力をもたない心臓細胞や神経細胞が老化し、それが不要細胞として取り除かれる場合は生のための死ではなく、まさに個体の死につながっていく細胞死です。生化学者の田沼靖一はこれを、「アポビオーシス」（生から離れること）と名づけ、生を支えるアポトーシスと区別しています。

個体の死につながる細胞死が積極的に行なわれているのはなぜか。生物全体から見ると、老いた個体を除くことも重要ということでしょうか。今後それぞれの死の機構が解明されていくと、全体像が見えてくるでしょう。

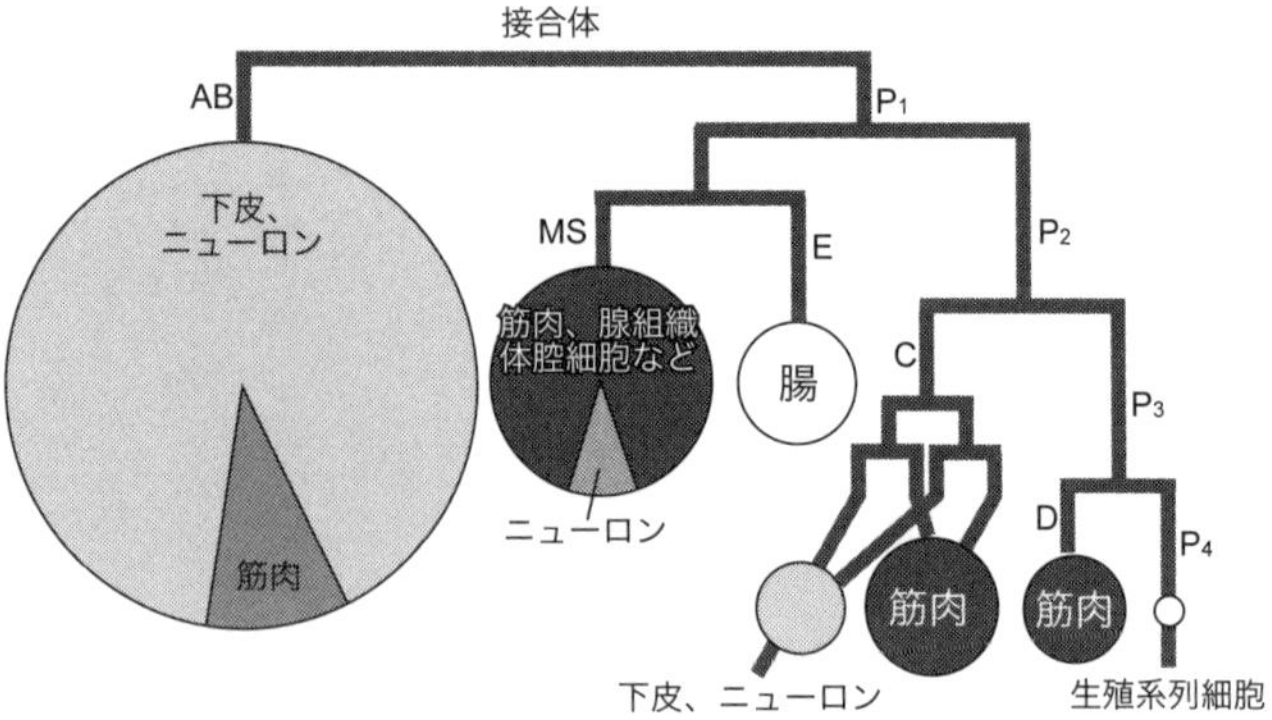

図36　受精卵から体ができあがっていく過程がすべてわかり、しかも全ゲノムが解析された生物——線虫
(J. ワトソン他著、松原・中村・三浦監訳『遺伝子の分子生物学　第4版』株式会社トッパン)

C・エレガンスという生物

このようなテーマを考えるのに適した生物が図36に示した線虫の一つ、体長数ミリで体中が透明なC・エレガンスです。この生物については、受精卵から出発して、体中の細胞すべて——といっても約一〇〇〇個——がどのようにしてできあがっていくかが調べあげられています。図に見られるように、下皮、筋肉、生殖系列細胞などが、どのようにできていくか、まったく個体差なしに細胞分裂パターンが決まっています。

そして興味深いことに、その中の特定の一三一個の細胞が特定のときに死にます。アポトーシスです。線虫の細胞はいずれも分化した後は役割が明確で増殖能力をもたず、三週間ほどの寿命しかないので、成体をつくっている全細胞が死に向かう様子を追うことができます。線虫については、全ゲノムの解析ができました（多細胞では初めて）ので、細胞死、さらには個体死という全体を見ていく一つのモデルとして興味深い対象です。

細胞の寿命

分化して分裂能力を失った細胞の寿命に関して、線虫の興味深い変異体があります。本来は二〇日ほどの寿命なのに、その変異体は一カ月は生きる。この個体は、細胞分裂の速度や発生過程が遅いので、代謝速度が下がっているのかもしれませんが、変異を起こした遺伝子はわかっていますので、今後研究が進むでしょう。また、成虫になれずに幼虫のままで一カ月ほど生きる変異体もあります。こちらは、老化の原因の一つとされている活性酸素を分解する酵素（スーパーオキシドディスムターゼやカタラーゼ）の活性が高いのですが、成虫になることを止めているメカニズムは解けていません。哺乳類でも活性酸素は問題になっており、分解酵素の活性は加齢とともに低下するとされていますので、これらは細胞の寿命、ひいては個体の寿命に関連し

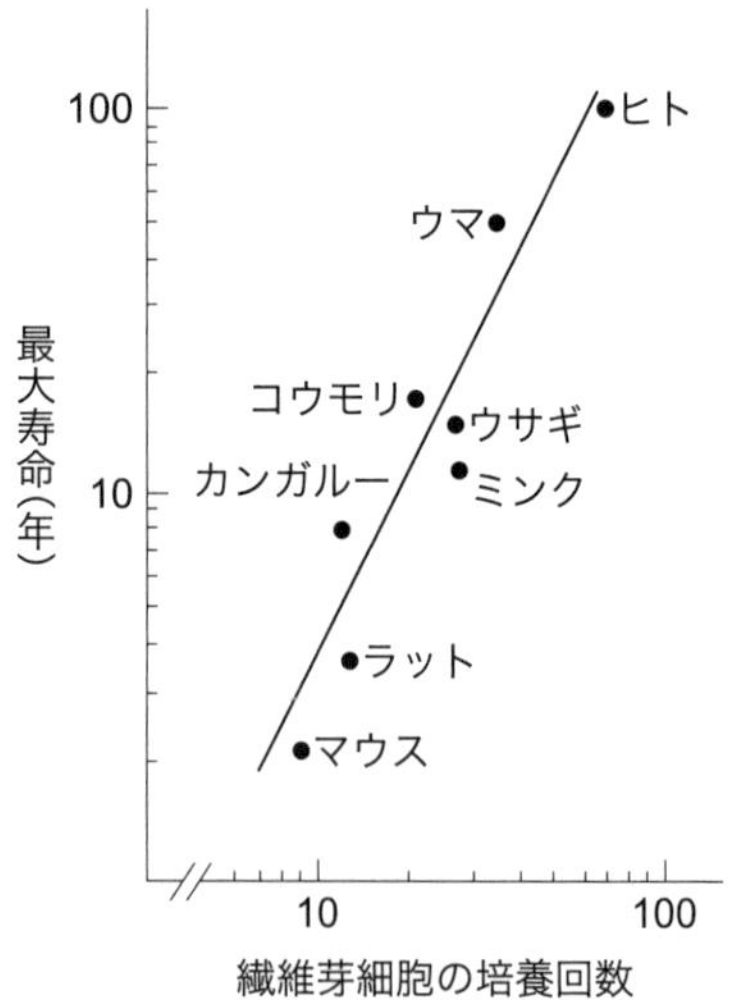

図37　再生可能な体細胞の培養をくり返せる回数と寿命の関係
（田沼靖一『遺伝子の夢』NHKブックス）

ているかもしれません。

一方、再生能力のある系での寿命では、分裂回数での有限性が問題になります。すでに四〇年以上前にL・ヘイフリックがヒトの皮膚細胞を培養し、五〇～六〇回以上は分裂しないことを示しました。年齢の違う人の細胞を使うと若い人の細胞のほうが分裂回数が多く、遺伝性早老症の人の細胞は一〇～三〇回しか分裂しないこと、培養の途中で細胞を凍らせて数カ月置いた後、また培養すると、合計で五〇～六〇回分裂することなどから、細胞には寿命があるということになったのです。さらに興味深いのは、皮膚の細胞を培養したときの分裂回数と、その動物の寿命とに関連が見られることです（図37）。

その後、染色体の両端にテロメアとよばれる部分があり、それが細胞の寿命に関係していることがわかってきました。

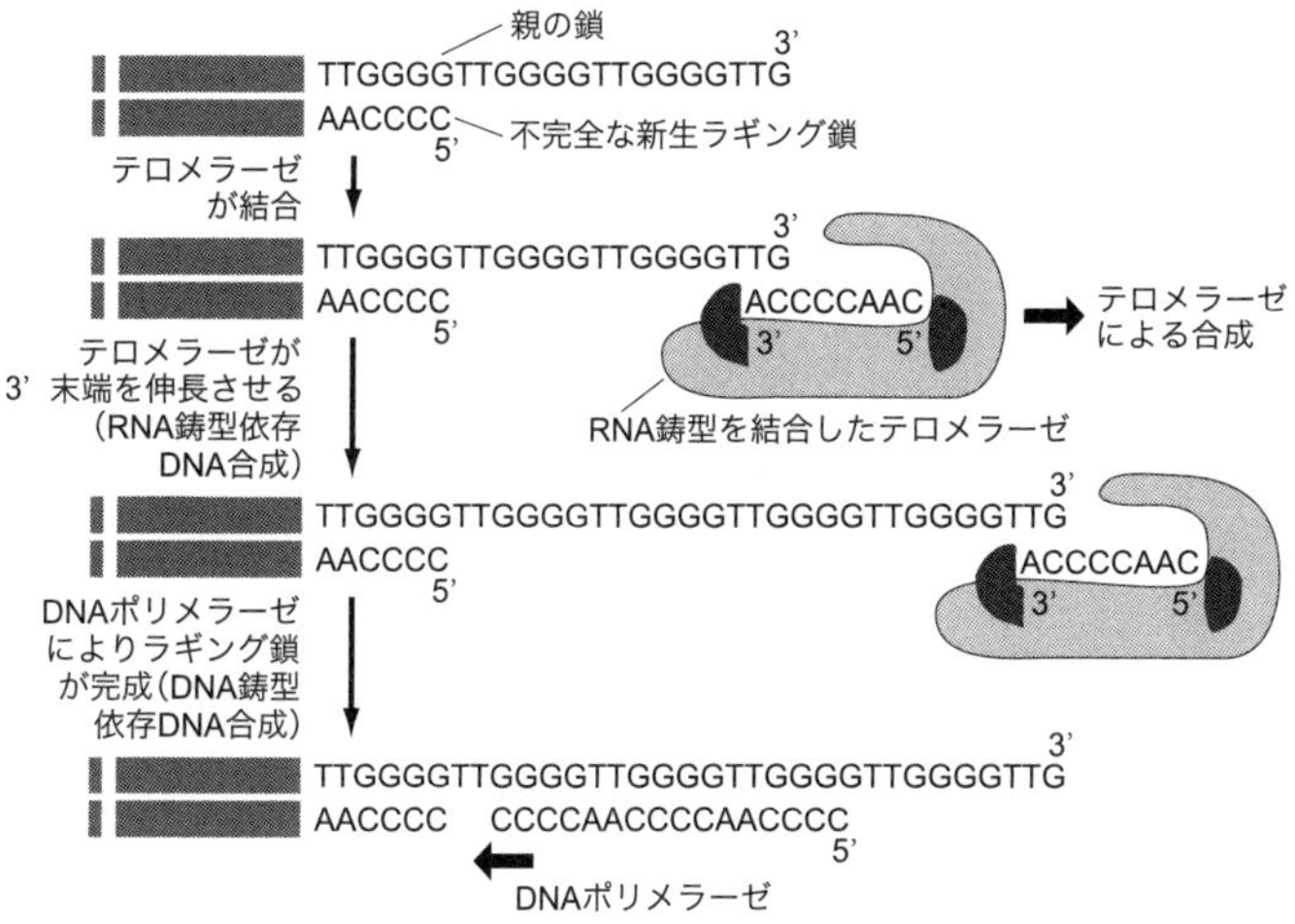

図38　テロメアとテロメラーゼ
（B．アルバーツ他著、中村他訳『細胞の分子生物学　第3版』ニュートンプレス）

テロメアは、Gが多い六塩基配列（たとえばヒトなどの哺乳類ではTTAGGG、ゾウリムシではTTGGGG）がくり返されているDNAとタンパク質とから成ります。このくり返しは数百回から数千回にも及びます（図38）。大腸菌など原核細胞のゲノムはDNAが環状で安定していますが、ゲノムが染色体構造をとっている生物では、DNAは直線状になっているので、細胞分裂のたび、つまり複製をするたびに端が全部複写できません（編み物を思い出します。輪で編んでいけば、同じ目数で続けていけますが、直線で往復編みをしているとうっかり端を落として目数が減ってしまうことがよくあります）。そこで両端にテロメア構造があり、この部分が分裂のたびに短くなっても必要なDNAは残るようになっているのです。一回の分裂でくり返しの二〇個分くらいが減ってしまうようで、DNAを複製する酵素（DNAポリメラーゼ）は、あまり上手な編み手とは言えませんね。

テロメラーゼという、この部分を修復する酵素活性を調べると、体細胞ではその活性がほとんど見られず、がん細胞では高いことがわかりました。テロメラーゼをつくる遺伝子は、体細胞に分化すると活性を抑えられ、がん化でその抑制がはずれると考えると、この現象は理解できます。テロメラーゼ活性をコントロールすればがん細胞を抑えたり、老化を防げたりできるのか……、ふとここで古来の願望であった不老不死という言葉が頭をよぎりますが、おそらく生命のしくみはそれほど単純なものではないでしょう。

でも、詳細に調べれば、なるほどこのようにして生と死があるのかということを納得する答えは出てくるだろうと思います。長い間、生物研究と付きあってきた私の感覚はそういっています。このあたりのメカニズムの解明が楽しみです。

性はなぜあるか――唯一無二の個体

二倍体細胞を若返らせる方法として性が工夫されたのですが、性には、唯一無二の個体を産むという効用があります。有性生殖をするときには、まず細胞内でゲノムが増え、それが新しい生殖細胞に分配される過程があるのですが、そのときに行なわれる減数分裂とよばれるメカニズムの中に、ゲノムのセットを混ぜ合わせる作業が入っています。つまりここで生じる精子や卵という生殖細胞は、親のゲノムをそのまま受け継いでいるのではなく、あれこれ混ぜ合わさったものになっているのです。

減数分裂と聞いただけで顔をしかめる方もいることでしょう。生物学の時間にいちばん悩まされるところですから。言葉で説明するより図を見たほうがわかりやすいので、図39を眺めてください。こうしてできあがった生殖細胞は多様なので、同じ親から生まれた子どもでも両親のどちらからどこの遺伝子を受け継ぐかはまったく違ってきます。つまり多様化です。こうして一人ひとり違う人が生まれるのです。

多様化は、生物にとって非常に重要で、大きく三つの意味をもっています。一つは、とにか

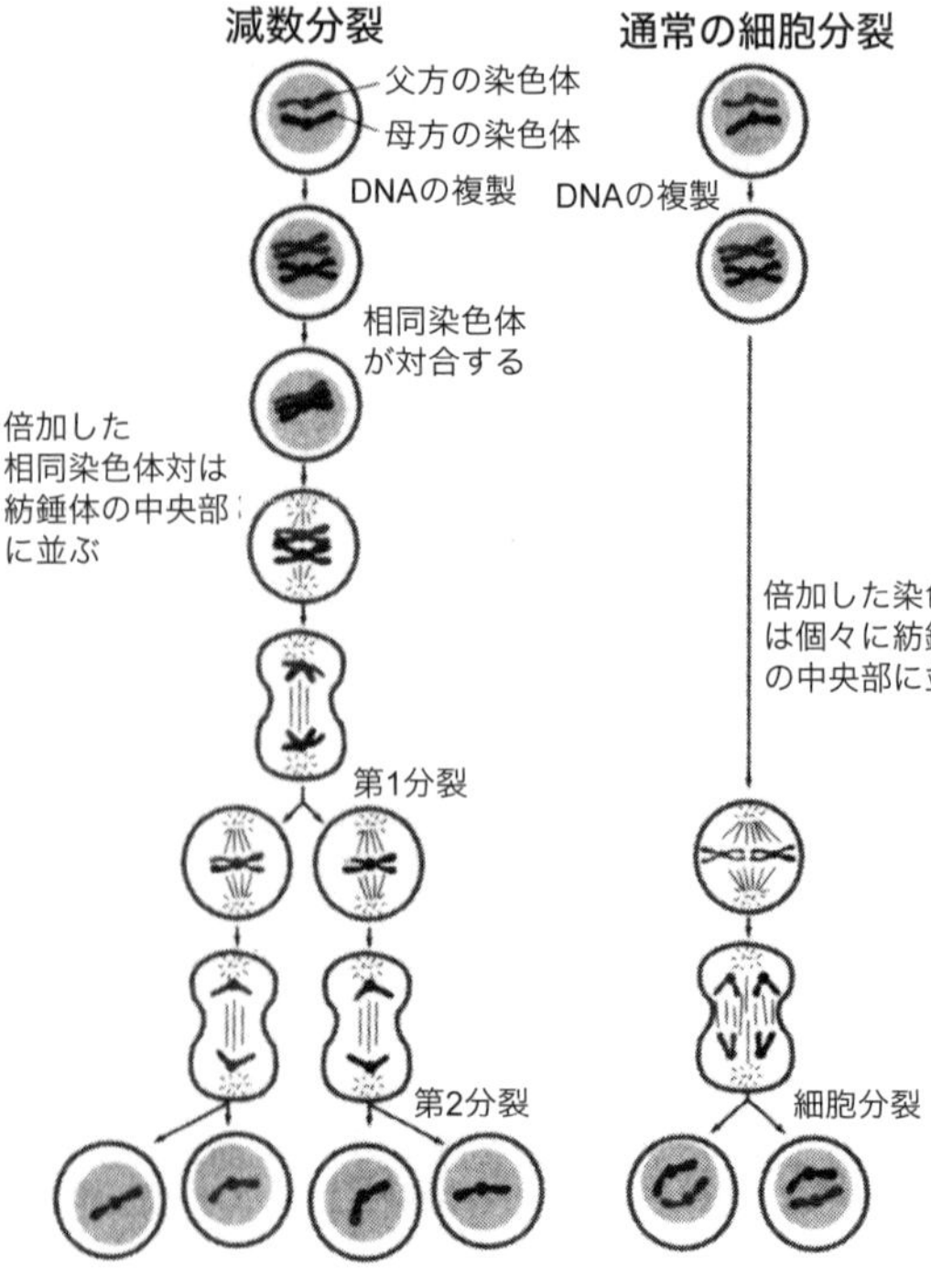

図 39　減数分裂と通常の分裂

(B. アルバーツ他著、中村他訳『細胞の分子生物学　第 3 版』ニュートンプレス)

くさまざまな試みをすることで新しいものを産みだしていく可能性をもつこと、多様化がなければ、ヒトという生物が生まれてくることもなかったでしょう。もう一つは、さまざまな環境変化への対応です。均一化していると、適応しにくい環境が到来したときにすべてが消える危険性があります。どれかが生きのびるよう多様化しておくのが安全です。さらに具体的に、有害なものを捨てていくという考え方も出されています。

ゲノムに起こる変化の中には、有害なものが少なくありません。無性生殖では、この変化がすべて子孫に受け継がれますので、図40のように有害な変化がそのままゲノム内に残って蓄積してしまいます。一方有性生殖では、有害な変化のないＤＮＡをもつ子孫のほうが増えていきますし、減数分裂のときにこの変化をもたない生殖細胞ができ、そこから生まれた個体は、その有害性から自由になれます。

このように多様化という視点は重要です。しかし、前にも述べたように、性の役割としてそれ以上に興味深いのは、単なる多様化ではなく、そこで生じる個体が、それまでにないまったく新しい組み合わせのゲノムをもつということではないでしょうか。とくにこの視点は人間の場合重要です。一倍体細胞の段階では「個」の概念はもてません。その中でのゲノムのありよう、また細胞の存続のしかたは、ＤＮＡとして存続すればそれでよいという形になっています。

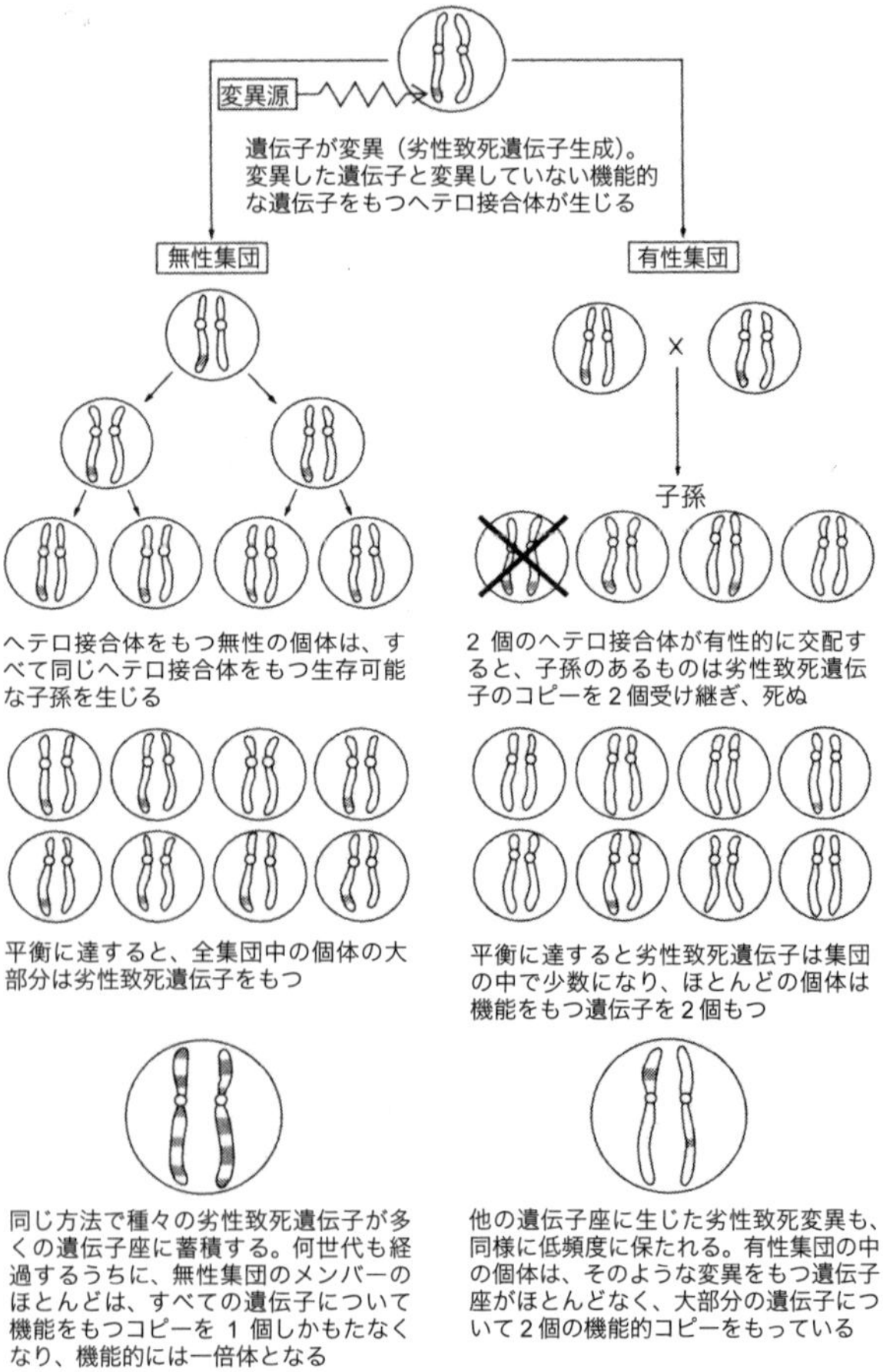
変異源
遺伝子が変異（劣性致死遺伝子生成）。変異した遺伝子と変異していない機能的な遺伝子をもつヘテロ接合体が生じる
無性集団
有性集団
子孫
ヘテロ接合体をもつ無性の個体は、すべて同じヘテロ接合体をもつ生存可能な子孫を生じる
2 個のヘテロ接合体が有性的に交配すると、子孫のあるものは劣性致死遺伝子のコピーを 2 個受け継ぎ、死ぬ
平衡に達すると、全集団中の個体の大部分は劣性致死遺伝子をもつ
平衡に達すると劣性致死遺伝子は集団の中で少数になり、ほとんどの個体は機能をもつ遺伝子を 2 個もつ
同じ方法で種々の劣性致死遺伝子が多くの遺伝子座に蓄積する。何世代も経過するうちに、無性集団のメンバーのほとんどは、すべての遺伝子について機能をもつコピーを 1 個しかもたなくなり、機能的には一倍体となる
他の遺伝子座に生じた劣性致死変異も、同様に低頻度に保たれる。有性集団の中の個体は、そのような変異をもつ遺伝子座がほとんどなく、大部分の遺伝子について 2 個の機能的コピーをもっている

図 40　有害な損傷の引き継ぎ方（無性と有性）
有性生殖のほうが劣性致死遺伝子が蓄積しない
（B．アルバーツ他著、中村他訳『細胞の分子生物学』教育社）

しかし、有性生殖でできあがった受精卵から誕生するのは、まさに個体であり、しかもそれは発生の過程まで含めるなら、他には類例のない、まさに唯一無二の存在となります。自己創出系という言葉にふさわしい存在です。

過程としての「死」と日常の「死」

このようにして、「生、性、死」というテーマがお互いに絡みあってこそ、生きているという現象が存在することがわかりました。生きているという過程の中に「性」と「死」が組みこまれています。こういうことを知ったうえで日常の「死」に目を移してみましょう。

たとえば、臓器移植の必要性から、家族が同意した場合には、脳死の判定がなされた段階で臓器を摘出できることが法律で定められました。この法律制定までに議論になったのが、「脳死は人間の死であるか」ということです。臓器移植のためには、そこで法的な死の決定が必要です。何時何分に死亡という医師の診断がなければことは運べません。しかし生命を失うということは、これまで述べてきたような過程なのです。一瞬で決められるものではない。したがって法律的にどこで死とするかという約束事と、一つの個体の死がいかなるものであるかということとは別と考えるほかありません。脳死であっても心臓死であっても、身近な人の死を瞬間だけのものと受け止めることは、ほとんど不可能でしょう。

ここで述べたような生きものとしてのヒトがもっている生、性、死に関する知識を踏まえて、まず過程としての死という認識を体の奥に入れたうえで、約束事としての死と判断する以外に脳死を認める道はないと思います。「脳死は人の死か」という問いを立ててしまうと、議論をあやまります。「心臓死は人の死か」と問われても、生物学では「そうだ」とはいいきれませんし、人間の感覚としても同じです。身内が亡くなるときのことを考えればわかります。長い間の体験で、現代社会の約束事としては心臓停止のときを死亡時刻とするということを多くの人が認めているというだけのことです。

臓器移植を医療行為として認めるのなら、脳機能停止の時を死亡時刻とする場合もあることを認めるという約束事をするにしても、過程としての死という認識と約束事とが自分の中でうまく噛みあってくれるかどうか検討する必要があります。そのような方法でしか対応はできないのであり、新しい技術が生まれるのに伴なって、改めて、生きることの本質を考えさせられます。もっとも、臓器移植はあくまでも緊急避難の医療であって、現在は臓器の再生など新しい医療への道を探っているところです。

Ⅲ　生命誌を読み解く

第1章　オサムシの来た道——日本列島形成史

多様化を誇る昆虫・オサムシ

図25（一二〇頁）で述べたような形で生きものを見ていく生命誌の研究は、主として個体発生と系統発生（遺伝・進化）を追うことになります。そこで、研究例をあげながら生きものの物語の一部を語ります。

最初は系統発生、多様化を誇る昆虫の一つであるオサムシに登場してもらい、彼らが歩んできた道を見ましょう。

161　236
アオマイマイカブリ：TTATCTACTTTAAGACAATTGGGTTTAATAATAAGAATTTTATCTATAGGGAATTATAAATTAGCATTTT
サドマイマイカブリ：TTATCTACTTTAAGACAATTGGGTTTAATAATAAGAATTTTATCTATGGGGAATTATAAATTAGCATTTT-1
エゾカタビロオサムシ：TTATCGACTTTAAGTCAATTAGGATTAATAATAAGAATTCTTTCTATAGGAAATTATAAGTTGGCTTTTT-10

（A＝アデニン、T＝チミン、G＝グアニン、C＝シトシン）

図41　オサムシのミトコンドリアND5の塩基配列の比較

オサムシは、体長一〜五センチの甲虫の一種、世界に約七〇〇種います。主としてアジアからヨーロッパにかけて分布し、とくにヨーロッパの種は美しいので、「歩く宝石」ともよばれています（日本の種は黒っぽいものが多く残念）。歩くという言葉が示すように、後翅が退化していて飛ばないのが特徴です。日本には、五五種ほどいますが、生命誌研究館ではそのほとんどを手に入れ、お互いの関係を調べました。

分子系統樹

ＤＮＡの特定部分（実際に使ったのはミトコンドリアＮＤ５とよばれる遺伝子。形には直接関係がなく、比較的変化の速度が大きく、種内での変化のように数千万年程度の時間を追うのに適している）を抽出し、その塩基配列を比較しました。これで、それぞれの種が共通の祖先から分かれて、現在にいたるまでの間にそれぞれの種で蓄積した塩基の変化がわかります（図41）。

変化数が大きいほど分かれた時期が古いという簡単な原理を用いて、それぞれの種の関係を書いたものが分子系統樹です（ここではオサムシという一つの種内での変化ですが、もちろんこれは生物全体の系統樹づくりに使えます）。塩基分析という客観性の高いデータから系統を知り、塩基の変化速度を仮定して系統が分かれた時期を知るのがこの方法です。

オサムシの分子系統樹が示す進化の姿――進化は徐々には起こらない

図42が日本のオサムシの分子系統樹です。ここに書いた名前はすでに形態（最初は体全体の形、その後交尾器官の形が用いられた）によって分類、命名されたものです。ここでわかるのは、大ざっぱに見れば、DNAを用いた分類と形での分類は一致するということです。しかし、思いがけない違いも見られるので、それを探りながらオサムシの進化を追います。

オオオサムシに注目すると、近畿・中部地域、西日本地域、東日本・日本海島地域の三域に大きく分かれて棲息していることが見えてきます（図43）。進化というと徐々に変化してきたように思われがちですが、実態を見ると比較的短期間（といっても数十万年とか数百万年ですが）に一度に分かれる一斉放散が見られることが図からわかります。一度分かれた後、それぞれの中で、また小型の一斉放散が見られることもわかります。しかも、祖先型に近いヤコンオサム

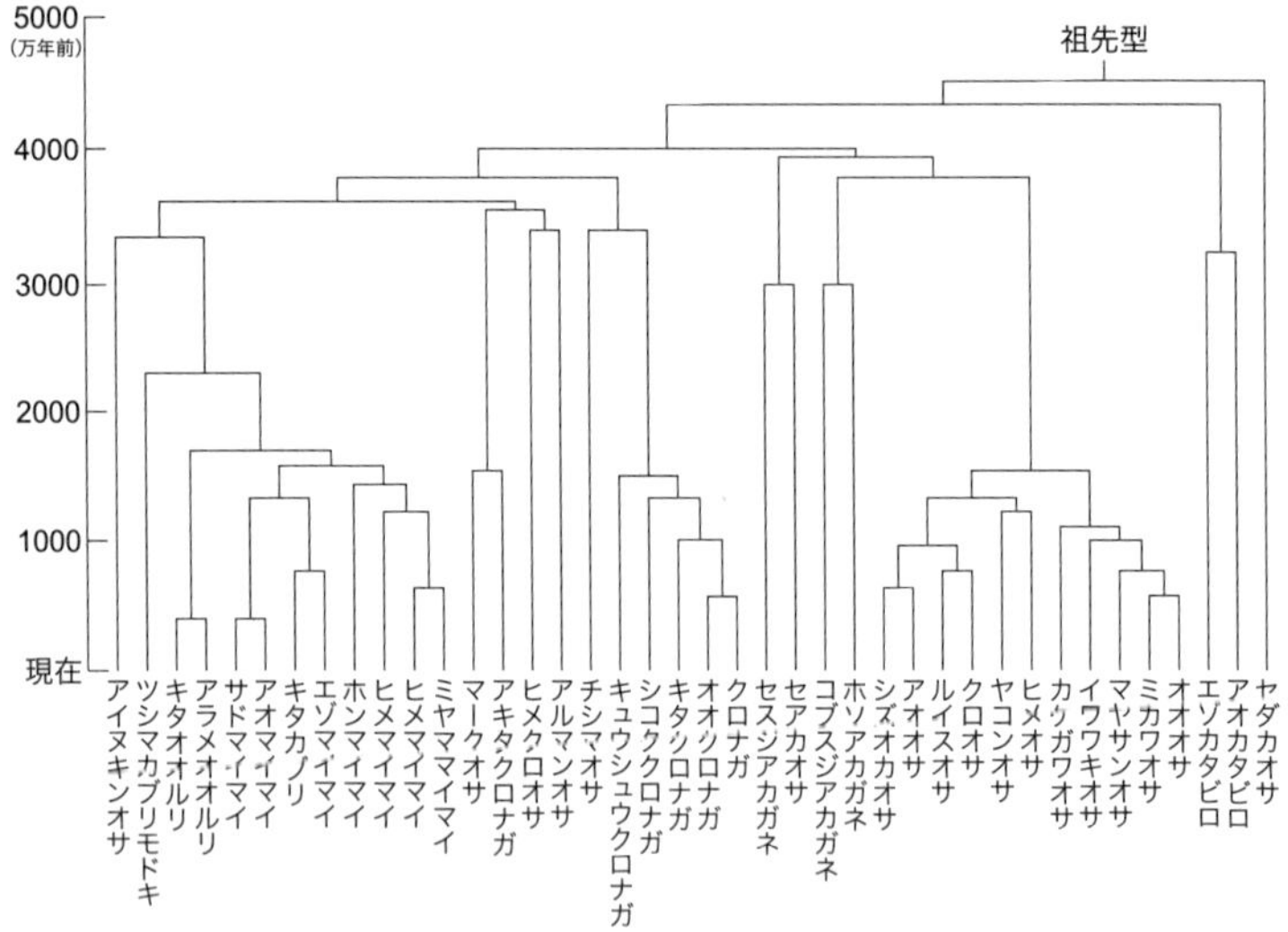

図 42　ND5 で見た日本のオサムシの分子系統樹

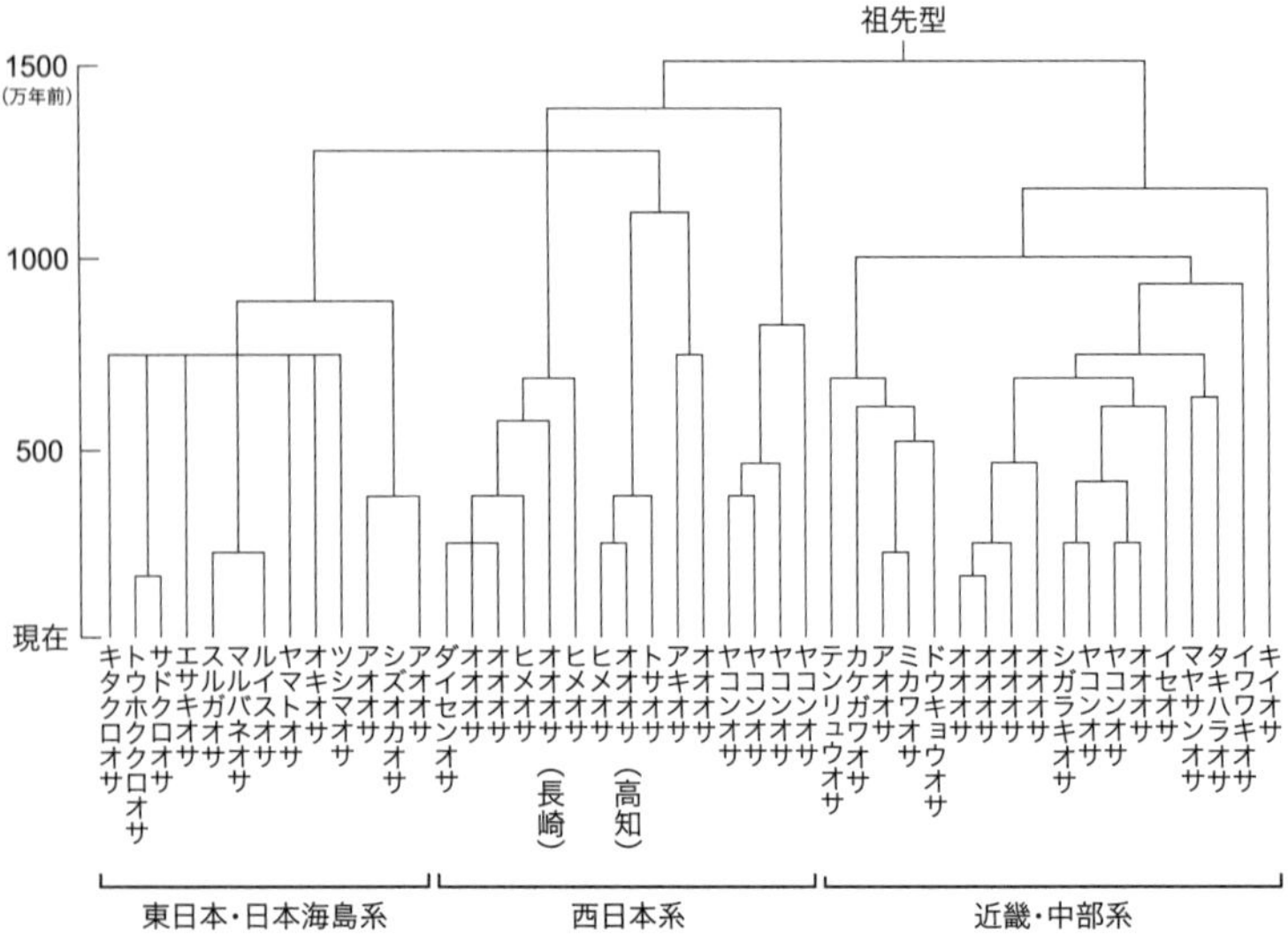

図 43　日本のオオオサムシの分子系統樹

一斉放散がはっきりとわかり、形での分類への疑問も出てくる

郵便はがき

料金受取人払

牛込局承認

9445

差出有効期間
令和３年11月
24日まで

162-8790

東京都新宿区
早稲田鶴巻町五二三番地

株式会社 藤原書店 行

（受取人）

ご購入ありがとうございました。このカードは小社の今後の刊行計画および新刊等のご案内の資料といたします。ご記入のうえ、ご投函ください。

お名前	年齢
ご住所 〒 TEL　　E-mail	
ご職業（または学校・学年、できるだけくわしくお書き下さい）	
所属グループ・団体名　　連絡先	
本書をお買い求めの書店 市区郡町　　書店	■新刊案内のご希望　□ある　□ない ■図書目録のご希望　□ある　□ない ■小社主催の催し物案内のご希望　□ある　□ない

読者カード

本書のご感想および今後の出版へのご意見・ご希望など、お書きください。
小社PR誌『機』「読者の声」欄及びホームページに掲載させて戴く場合もございます。)

本書をお求めの動機。広告・書評には新聞・雑誌名もお書き添えください。
頭でみて □広告 □書評・紹介記事 □その他
社の案内で ( ) ( ) ( )

購読の新聞・雑誌名

社の出版案内を送って欲しい友人・知人のお名前・ご住所

ご住所 〒

入申込書(小社刊行物のご注文にご利用ください。その際書店名を必ずご記入ください。)

冊	書名 冊
冊	書名 冊

定書店名 住所

都道府県 市区郡町

シ、新しく現れたオオオサムシ、アオオサムシ、ヒメオサムシなどが、一つの地域でなく、複数の地域に登場します。

たとえば、西日本で見ると、高知県と長崎県の両方でヒメオサムシとオオオサムシが並んで現れています。実はここに見られるヒメオサムシとオオオサムシは両方ともDNAで見れば同じ仲間なのです。けれども形はヒメとオオと名づけられているように明らかに違い、高知と長崎のオオオサムシ同士、ヒメオサムシ同士が仲間に見えます。形での分類はそのようになされてきました。ところがDNAで調べると、形が似ていても近い仲間とはいえないこともあれば、形は違うのに仲間である場合もあることがわかります。なぜ、DNAは同じなのに形が違ってくるのか、一方、DNAが違うのに形がまったく同じものが違う場所に現れるのか。大きな疑問です。

ここで、こんな仮説が立てられます。この虫のDNA（ゲノム）が取り得る形はほぼ決まっている（生きものが取り得る形を決めるボディ・プランがあるという考え方は、次章の形づくりのところで述べます）。たとえば、この虫は大きく三種類の形を取れるとします。そして、三種類の中のどの形を取るかを決める鍵になる遺伝子があり、そこがA型の方向にはたらくとA、B型の方向にはたらくとBという形ができあがるとします。長崎と高知にいたオオオサムシの仲間は

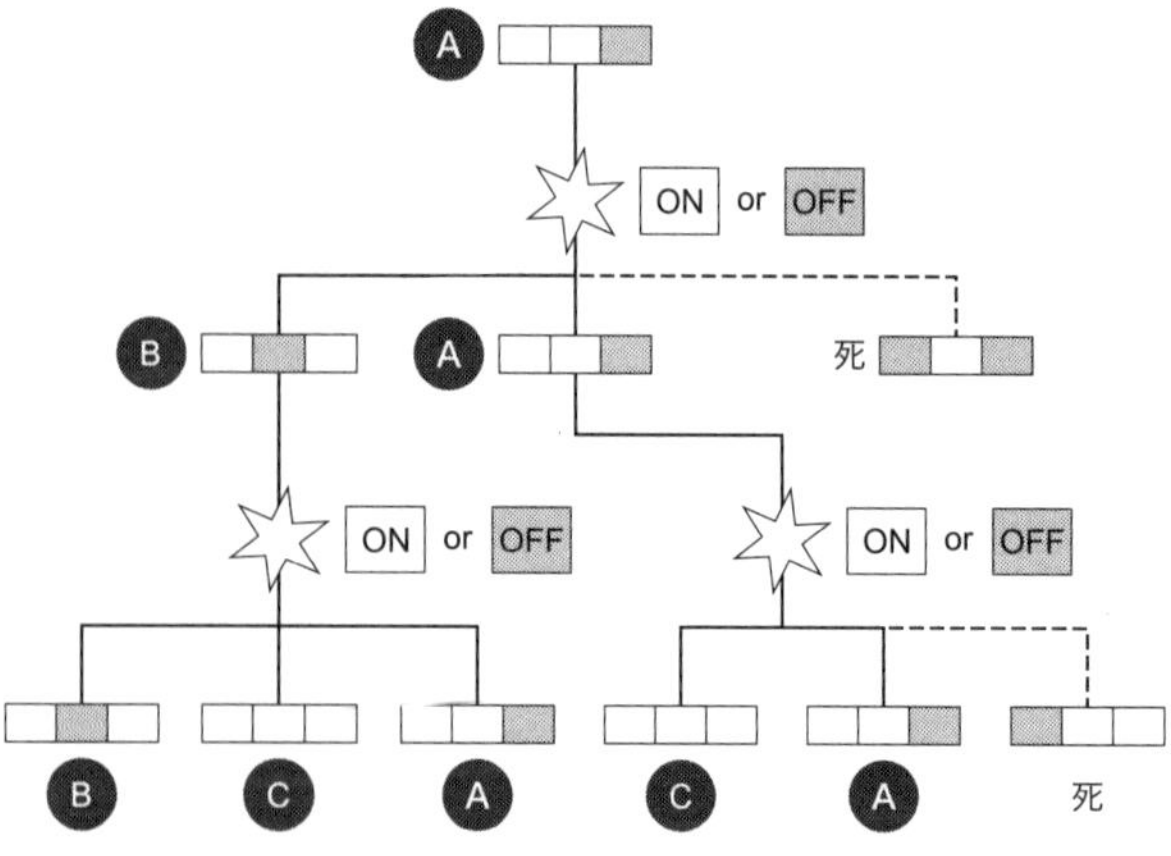

図44　タイプ・スイッチングという考え方

どちらも、オオオサ型にもヒメオサ型にもなれる能力を秘めており、ヒメオサムシ行きの方向を決めるように遺伝子がはたらく（このような役割をする遺伝子を調節遺伝子といいます）とヒメオサムシに、オオオサムシ行きへと方向が決められればオオオサムシになるわけです。ときにはスイッチのはたらきが悪くてうまい形が取れず絶える仲間もいるかもしれません。

違う場所で、まったく同じような進化が見られるという例は、これまでにも報告されており、平行進化とよばれています。ここでのヒメオサムシとオオオサムシも平行進化です。その背景では調節型の遺伝子がはたらいているに違いないと思うので、このようなはたらきを、オサムシ研究を中心になって進めた大澤省三が、「タイプ・スイッチング（スイッチを入れて型を変える）」と名づけました（図44）。実際にスイッチの役割をする遺伝子がまだわからない仮説ですが、形づくりの研究からもこのような調節遺伝子の存在がわかってきていますので、おそらくこのようなメカニズムがあるのでしょう。

ここで、オサムシ全体の系統樹を見直すと（一七〇頁、図42）、四〇〇〇万年前にオサムシが一斉放散したことがわかります。昆虫全体の進化と合わせると、二、三億年前に登場した昆虫の中のゴミムシの仲間から出たオサムシの祖先が、このころ爆発的に多様化したと思われます。オサムシの故郷はチベットあたりとされていますが、四〇〇〇万年前というと、ちょうどヒマラヤ山脈がつくられていたころであり、ダイナミックな地殻の変動と時を同じくした多様化です。一五〇〇万年前ころには、それぞれの亜種の中で、またまた一斉放散が起きています。

その中で、とくにオオオサムシでは、平行進化も見られたわけで、これを、平行放散進化と大澤は名づけました（図45）。これまで進化というと小さな変異が積みかさなって連続的に変化すると考えられてきました。また同じ仲間が暮らす場所が変わることによって違ってくる、異所的分化に目が向けられてきました。しかし、オサムシという小さな虫の全体像を見ると、そうではないらしいのです。おそらくこれはこの虫に限ったことではなく、生物に見られる進化の基本的な姿だろうと思います。

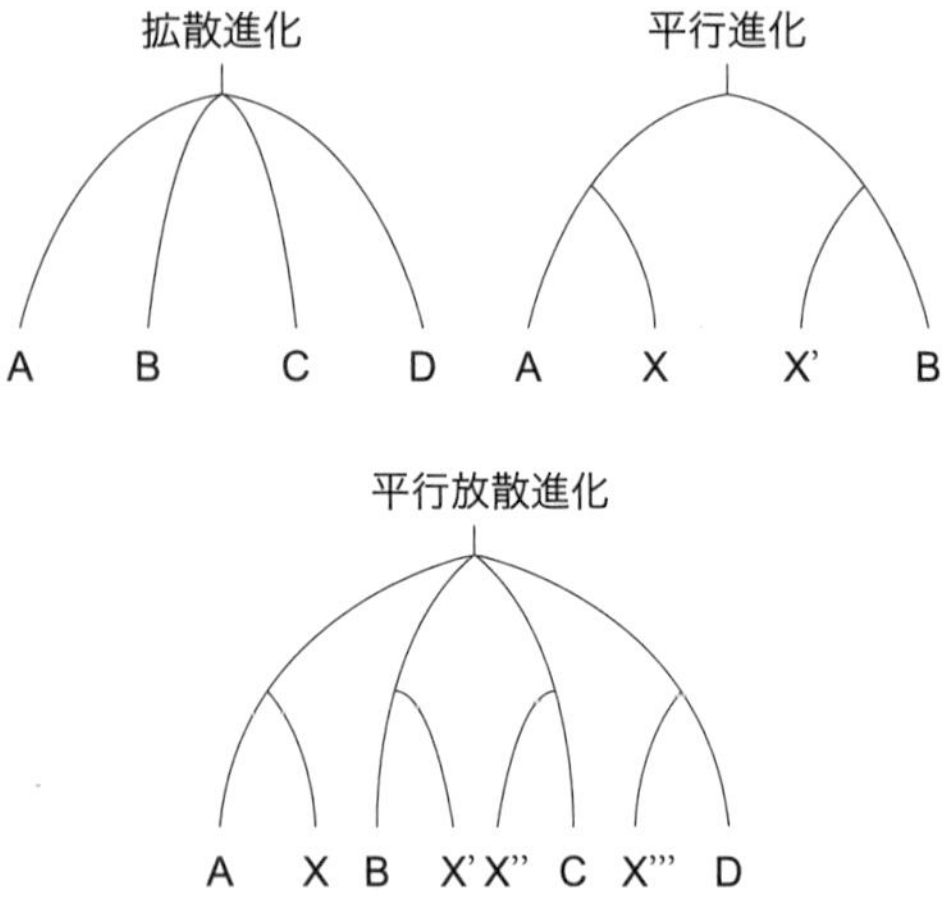

図45　平行放散進化

進化の基本はDNAの変化です。小さなDNAの変化はつねに蓄積しているでしょう。けれど、それが形の変化になって表に現れ、自然選択にかかることはそうしばしば起こるものではありません。環境が大きく変化する、棲み得る新しい場所ができるなどという状況のときに、蓄積された変異の結集が一斉に現れ試される（一例がカンブリア紀です）のであり、不連続な変化が目立ちます。ここで再確認しておきたいのは、DNAの変化はつねに起きてたまっているということです。体の中ではつねに進化しているといういい方もできます。

最近のゲノム解析の結果、DNAはかなりダイナミックに変わっていることがわかってきました。遺伝子が重複する例はよく見られますし、ナメクジウオに始まる脊椎動物の進化では、ゲノムがそっくり四倍になったとしか考えられない増え方も見られます。バクテリアの世界では異種間でＤＮＡのやりとりをする、いわゆる水平移動がしばしば見られます。こうして、進化はなんでもありではなく、ゲノムに存在することができるというポテンシャルが具体化されていくのだということがわかってきました。平行進化はそれを示しています。

少々めんどうな言葉が並びました。けれども、素直に考えてみると、なるほど、生きものってそうなっているだろうなと思わせる性質です。地球上の多様性の六〇％近くを引き受けている昆虫の基本は共通で、頭、胸、腹の三部分に分かれ、六本の脚があって頭に触角をもっています。この形づくりの基本の遺伝子は、昆虫の祖先が誕生したときにすべて整っていたのでしょう。これが、ゲノムのもつポテンシャルです。

もちろん、ＤＮＡは変化しますから、ゲノムも変わっていきますが、全体として昆虫の形を崩すようなものではありません。つまり、形としての全体性を壊すことのない範囲であれもこれもやってみるわけです。オサムシの場合、西でも東でもヤコンやらヒメやらアオやらが現れて生き続けてきているのは、それだけの虫たちが生きられる環境が日本にあったからでしょう。

進化は、まず生物の側の変化していく力があれこれの可能性を試みる（変化はまずＤＮＡに起きますが、それが直接進化につながるのではなく形づくりが必要です)、そしてその結果生じた個体が環境の中で試されるという組み合わせで起こるのですから、大きな変化は、環境に大きな変化のあるときに一斉に起こるというあたりまえのことが見えてきたわけです。あたりまえだからこそ、自然の一部である生きものはこうやって生きているのだろうなと実感します。

他の生物に見る平行進化の例

生きものはこうだろうなという思いは、平行進化という現象が、他の生物でもすでにいくつか報告されているのを知って、さらに強くなりました。

一例が南米のドクチョウで見られます。アンデス山脈を挟んだ一帯は、氷河時代の激しい気候変動で飛び地がたくさんでき、それぞれの飛び地に、まったく同じ紋様のチョウが見られるようになりました。それぞれ独立に進化したとしか考えられないのに、なぜこのようなことが起こるのかふしぎです。一九九四年にオサムシと同じようにミトコンドリアＤＮＡの分析がなされ、離れた場所の同じ形態(紋様)のチョウがＤＮＡ系統樹では別の位置にくることがわかり、平行進化とされました。ヒメオサムシとオオオサムシの場合と同じ説明ができます。

もう一つ、たいへん興味深い例が、アフリカの湖にいるカワスズメという魚で見られます。アフリカ大陸を大きく東西に引き裂く大地溝帯にできた湖であるタンガニーカ湖は、世界最古の湖といわれます（一二〇〇万年）。そこには約二〇〇種のカワスズメがおり、DNA解析によってこれらはみな、湖の誕生時にいた数種の祖先から生じたものとわかりました。

一方、その南東にあるはるかに若い湖、マラウィ湖（二〇〇万年）にもタンガニーカ湖をはるかに上回る五〇〇種ほどがいます。このカワスズメのDNA系統樹を描くと一系統に属し、この湖ができたときにタンガニーカ湖から移ってきた一種から始まったとしか考えられません。つまり多様化はこの湖の中で起きたもので、タンガニーカ湖とは独立の歴史を歩んだことになります。

おもしろいことに、この二つの湖の魚たちを形や紋様で分類し比較すると、両者がピタリと合うのです。マラウィ湖ではたった二〇〇万年（進化の時計で測ると非常に短い時間です）の間に、一種から五〇〇種にも多様化し、しかもタンガニーカ湖のものと同じパターンを示したのです。少し時間をずらして平行進化が起きていることになります（図46）。

これは、オサムシに見られた、ゲノムの中にある種のパターンがあり、新しい場を得られればそれをすべて試みてみるという考え方で説明できます。カワスズメは、繁殖、摂食、子育て

図46　東アフリカのタンガニーカ湖とマラウィ湖に住むカワスズメ科の魚の形態的比較

よく似た形や模様が見られる

（Koche et al., 1993）

などの行動に特徴があり、観察研究がなされていますので、これから興味深いことがわかってくると思います。生命誌研究館の水槽で飼ってみましたら、次々と子どもが産まれ、それを守る親の行動のみごとさに感心させられました。休むことなく子どもの側にいて、敵が来るとどんな大きな相手も追い払います。

平行放散進化の例は、他にもたくさんあります。ゲノムは環境の許す限り必ずあれこれ試すけれど、決してなんでもありではないということの事実が私はとても気に入っています。

マイマイカブリが語る日本列島形成史

再び、オサムシの系統樹に戻り、日本固有種であるマイマイカブリを見てみます。カタツムリを食べるちょっと獰猛《どうもう》な仲間で、DNA分析による分類が、それが棲息している地域とみごとに平行して、北から南へと棲み分けられています。地面を這う虫なので棲み分けはあたりまえといえばそれまでですが、その境は何を意味するのか、これをDNAは教えてくれません（図47）。

ここに、思いがけない情報がとび込んできました。古い岩盤に記された磁気の方角の分析か

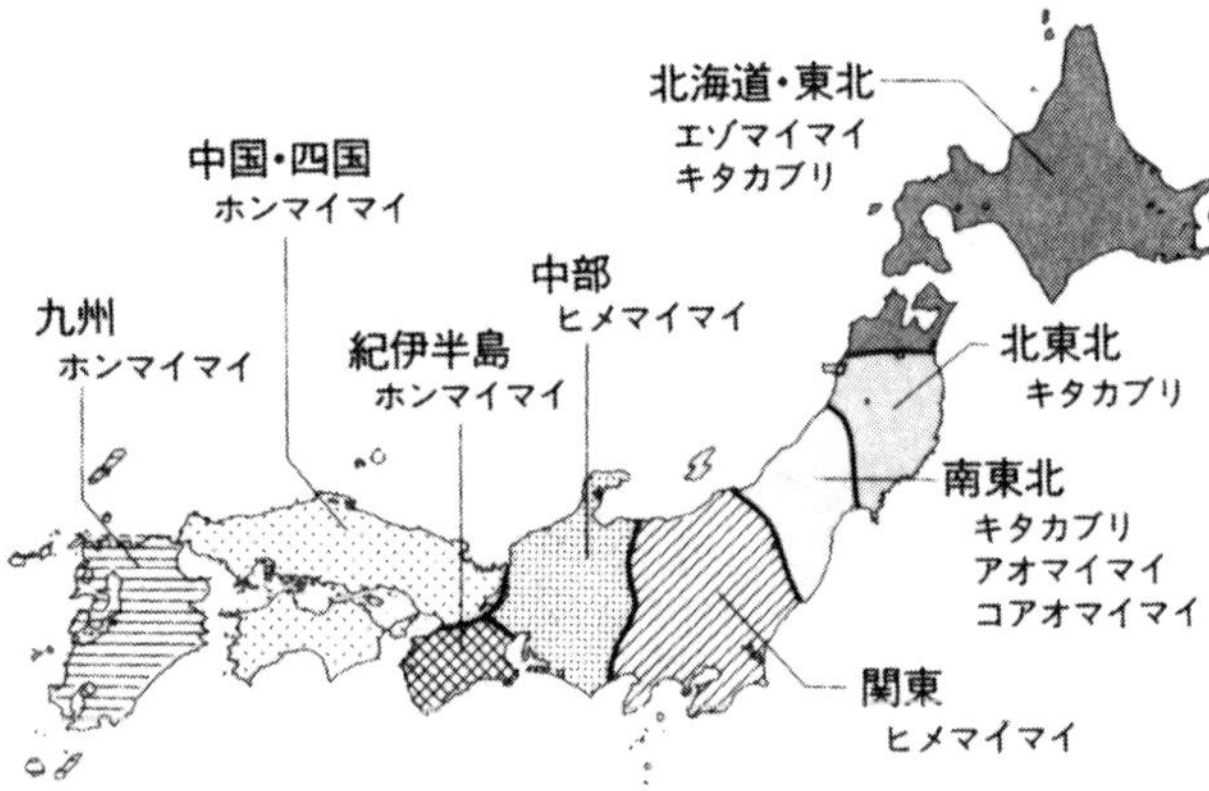

図47　マイマイカブリの分布
同名のものもDNAで見ると異なっている

ら日本列島形成史を研究している地質学者乙藤洋一郎先生が、この境目は、まさに日本ができてきた経緯を反映していると教えてくださったのです。二〇〇〇万年前、日本列島は、アジア大陸の端の一部でした。地殻変動で大きな塊が大陸から離れ、最初は大きく二つに折れました。一五〇〇万年ほど前です。これは、マイマイカブリの系統樹が二つに分かれたときと一致します。その後の多島化を追っていくと、八つの島に八つのマイマイカブリ亜種が分かれていく様子がピタリと重なります（図48）。

みごとな一致に生物研究者と地質研究者はまず驚き、次に喜びました。けれども、よく考えてみるとこれもあたりまえです。虫が乗っていた地面が動いたのですから。それが「自然」というもの

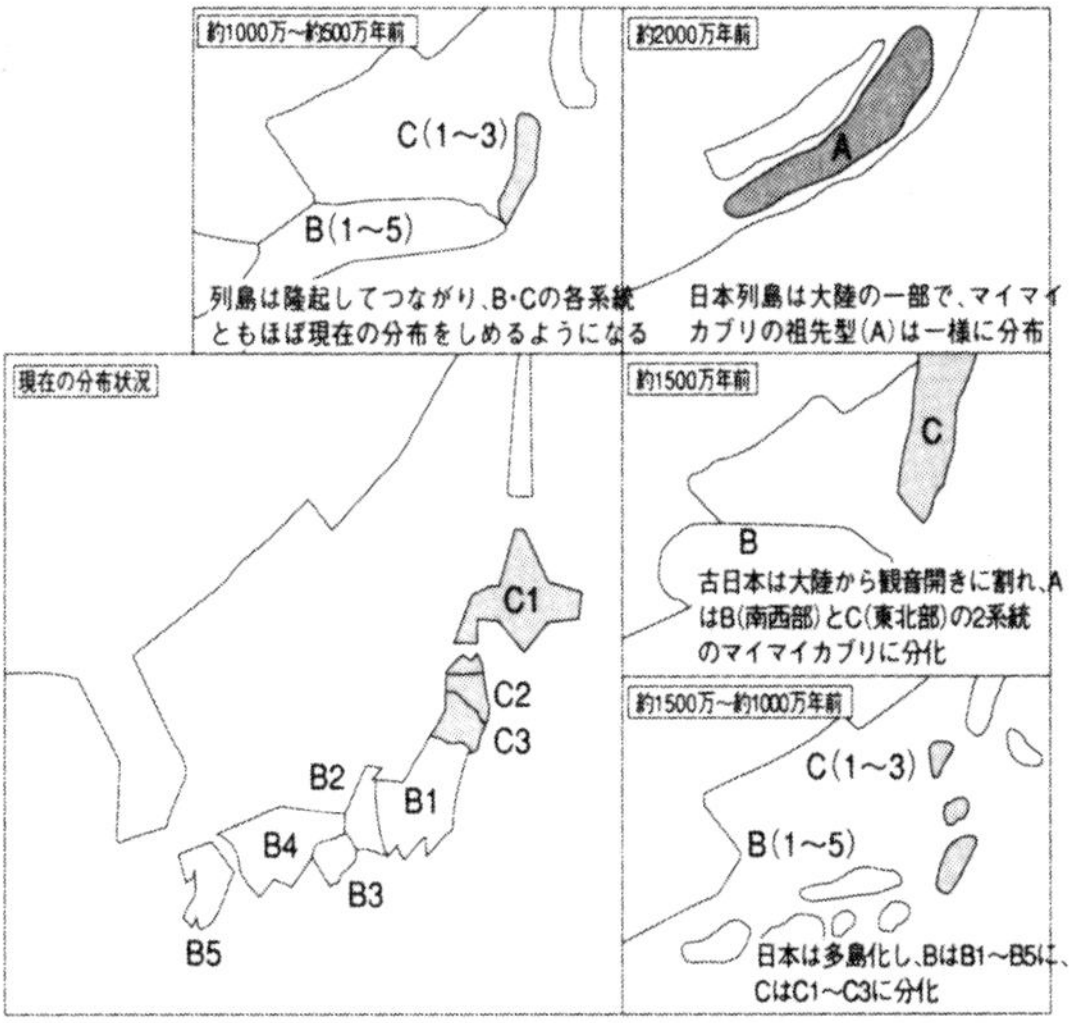

約1000万～約500万年前
C(1～3)
B(1～5)
列島は隆起してつながり、B・Cの各系統ともほぼ現在の分布をしめるようになる
約2000万年前
A
日本列島は大陸の一部で、マイマイカブリの祖先型(A)は一様に分布
現在の分布状況
C1
C2
C3
B1
B2
B3
B4
B5
約1500万年前
C
B
古日本は大陸から観音開きに割れ、AはB(南西部)とC(東北部)の2系統のマイマイカブリに分化
約1500万～約1000万年前
C(1～3)
B(1～5)
日本は多島化し、BはB1～B5に、CはC1～C3に分化

図48　マイマイカブリが語る日本列島形成史

です。自然を見つめれば、地面と虫が一緒に見えてくるのは当然なのに、私たちは学問を細かく分けて、生物学、地質学とし、それぞれの専門家を育て、独自の研究を進めてきました。

オサムシが、日本列島形成史を語ってくれたのをきっかけに、生物だけに注目するのでなく、生きものとそれが関わりあうもの——生物側から見れば環境ですが、生物と環境というより、まとめて自然とよぶほうがよいように思います——まで見ていかなければ生命誌は読みとれないことに気づきました。あたりまえと言うと、どこか否定的な響きがありますがとんでもない。あたりまえを見ていくことこそ本質を見ることだと実感しています。

そこで、一種類の生物で、世界全体を見ることができたらおもしろいと考え、世界のオサムシと地球の大陸形成史との関わり合いを解く研究を始めました。二億年前、地球上には巨大なパンゲア大陸がありました。大陸が移動し始め、オーストラリア、北・南アメリカが分かれた後、ユーラシア大陸に現在のインド半島が衝突しヒマラヤ山脈が形成された四〇〇〇万年前、まさにそのころ、その場でオサムシが誕生し、ヨーロッパへ、アジアへと広がっていったのです。南半球ではチリとオーストラリアにしかいないのですが、この分布も地史と重なりました。こんな小さな虫で地球全体の形成を語れるなどとは思ってもみないことでした。

これにはちょっとしたおまけがあります。宇宙飛行士の毛利衛さんが、二回目の飛行のときにオサムシの標本を一緒に連れていってくれたのです。数千万年もかけて祖先が歩いた地球を遠い宇宙から眺めてきてほしいという思いをこめて送りだしました。宇宙船の打ち上げのときの写真と、乗員全員の署名入りのかっこいい証明書付で生命誌研究館に展示しています。どうぞ会いに来てください。

ところで、この研究の生命誌らしさはもう一つあります。ここであげた一〇〇種一〇〇〇頭を超えるオサムシたちを集めるのはたいへんな作業です（図49）。もちろん研究者自身も採集

図49　オサムシ採集の様子
動物に食べられないように餌に唐辛子などを入れた紙コップ

しましたが、すべてを自分で採ることはできません。適切な時期に適切な場所へ行くための情報を手に入れるだけでもたいへんです。そこで活躍してくださったのが、全国の昆虫愛好家。自然の中でのオサムシについての知恵袋のような方たちです。六〇人ほどのネットワークができ、ニュースレターで情報交換を行なってきました。世界のオサムシ研究には、外国の方も協力してくださいました。

科学は専門家のものであり、その成果を社会の人々に教育・普及・啓蒙という形で伝えていくというのが常識になっています（以前は、これも行なわれず研究成果は専門家の中にだけ閉じこめられていました）。けれども、生命誌では、それは止めようと思います。教育・

普及・啓蒙は禁句にして、みなで知識や知恵を共有できるようにするのが本来の姿だと思うからです。

フナムシはどうだ

オサムシでおもしろい結果が出たので、他の研究の対象だった海岸にいるフナムシ（甲殻類のダンゴムシの仲間）の系統樹も見てみました。日本には五種おり、ミトコンドリアDNAの分析は、やはり基本的には地域による棲み分けがありながら、おそらく海洋性ももつためでしょう、海流に乗った移動を思わせる結果も見えました。

ところで、フナムシでは、ときどきおかしなデータが出ました。北海道・東北にいるキタフナムシが東京湾内にいたのです。外湾にはまったく違う種がいますので、なにかが起きているはずです。東京湾以外にも内湾は近くのものとはずれていて、外国産種と重なる例も見られました。このおかしなデータの秘密は、おそらく港への船の出入りではないでしょうか。船とともに移動したのです。つまり、オサムシは古い時代の日本列島の動きを教えてくれたのに対し、フナムシは人間の社会活動を反映していたわけです。

進化のメカニズム、何千万年の長い間に起きた進化の実態、人間の社会活動などなど……雑多に見えますが、みな関係があり、これこそ自然を知る研究だと実感しました。単なる現象の観察ではなく、生物とはどのような存在なのかという本質を知りたいので、進化のメカニズムを知ることは重要テーマですが、そこだけに入りこんでしまわないように気をつけています。専門家だけでなくアマチュアとも協力する楽しさを味わいながら、生命の歴史物語を少しずつ読んでいきたいと思います。

これらの解析から、ダーウィンが言った変異と自然選択という進化の内容が具体的にわかってきました。進化研究者の中には、ダーウィンに異を唱える人がいますが、私は、ダーウィンは自然をよく観察しており、基本的にはよい方向を示してくれたと思います。

ただ、DNAの分析までできるようになってみると、進化は徐々に起きるというより、変異を蓄積し、表面には一度に出てくると考えられるので、事実に基づいて進化の姿を追っていきたいと思っています。近年ゲノム解析が急速に進んでいるので、ゲノム全体の比較から、進化の解明に進むでしょう。

第2章　ゲノムを読み解く――個体づくりに見る共通と多様

差異はあっても差別はない

生物の歴史を追うには、ゲノム内の遺伝子に注目して分子系統樹を描いていくという方法を用いることができます。藻類を用いての真核細胞の生成、オサムシを用いての昆虫の登場と移動など、私たちが実際に行なった研究例でその一部を見てきました。

ところで、ゲノムから歴史を知るもう一つの方法として、個体づくり、つまり発生を追うという道があります。道があるというより、これまでにも何度も述べてきたように、生きもののの基本はなんといっても個体であり、それがどのようにしてできあがり、暮らしていくかを追うことこそ研究の基本です。ダーウィンの進化論では自然選択が重要な要素で、変異が起きたとき、環境に適応できるかどうかが大事だという見方をしています。

しかし、それ以前に、より厳しい選択があります。ある変異が起きたために個体がつくれないのでは生まれてくることすらできません。一個の遺伝子のはたらきとしてはより強くはたらくほうへ変わったとしても、ゲノム全体で一つの個体をつくろうとしたときに、それが邪魔になったら個体は生まれてきません。まず大事なのは生まれてくることです。逆にいえば、生まれてきたということは、個体として存在し得るという保証です。

よく、遺伝子研究が進むと差別を助長するという声を聞きますが違います。すでに差別のある社会で遺伝子のはたらきがわかると、能力が違うからという理由で差別が生じる危険性があります。けれども遺伝子の研究をしていると、ヒトならヒトという生きものとして生まれてくること自体がたいへんなことであり、生まれてきた人すべてが一様にその存在を認められていることがわかります。そこに差異はあっても差別はあり得ません。

他の生物の場合、その後に環境の中で生きぬく闘いがあり、不利な個体は生きられない場合が多いのですが、人間は私たちの文化として、みなが生きられるようにしようという選択をしました。実は、遺伝子には、すべての人に一〇個近いなんらかの変異があることがわかっているので、答えは一つしかありません。障害をもつ人も暮らしやすい社会のシステムをつくり、私たちの意識から差別をなくすようにすることです。これが、ゲノム研究が教えていることです。

ここでまた生物学に戻りましょう。オサムシのところで生きものの形を決めるスイッチ役をする遺伝子があるらしいことを見ました。同じ昆虫であるショウジョウバエでは、一万二〇〇〇個あるとされる遺伝子のうち、体の形を決める基本の遺伝子はごく少数で、大部分は遺伝子のはたらきや細胞間の相互作用を制御する遺伝子であることがわかってきました。ものをつくることも大事だけれど、それをいつ、どこで、どれだけつくるかという調節がより大事なのです。それが生きものの特徴です。ここでもまた、私たちの社会もこれがうまくできれば、不要な廃棄物などたまらないはずなのにと思います。

個体の誕生

身近にある個体といえば動物と植物があります。

植物は細胞壁のある細胞の集合体であり、葉、茎、根のような構造体をつくってからも、それぞれが、さし葉、さし木などによってまた植物全体になります。比較的独立性の高い細胞集団になっているのです。それはそれで興味深い性質なのですが、ここでは、多細胞の特徴がより明確に出ている動物に注目します（植物を脇に置くのは本当は心苦しいのです。まず植物は、一つひとつの細胞が独立性を保ち、また全能性を保ちながら、なおそれぞれ葉、茎、花などに分化するので、このときゲノムはどのようにはたらいているのかとても知りたいところです。これについてはクローンのところで少し触れます。また、動物との共生関係、生態系、環境などを考えると植物の力は大きく、生きものの歴史の中でも重要な役割を果たしています。けれどもここでは植物にまで手を伸ばす余裕がありませんので涙を呑みます）。

そこで動物に目を向けると、たった一つの細胞（受精卵）から一つの個体ができあがっていく様子は、魔法のようです。しかも、一見同じように見える卵から、チョウが生まれたりカエルが生まれたりするのですからふしぎです。今では、その基本は卵の細胞のゲノムの中に書きこまれていることがわかっていますので、チョウやカエルなどそれぞれのゲノムが、どのようにしてそれぞれの生物をつくっていくのかを調べていくわけです。

まず、個体をもつ多細胞生物はいつ、どんな細胞から生まれたのかを知るために、ゲノム（実

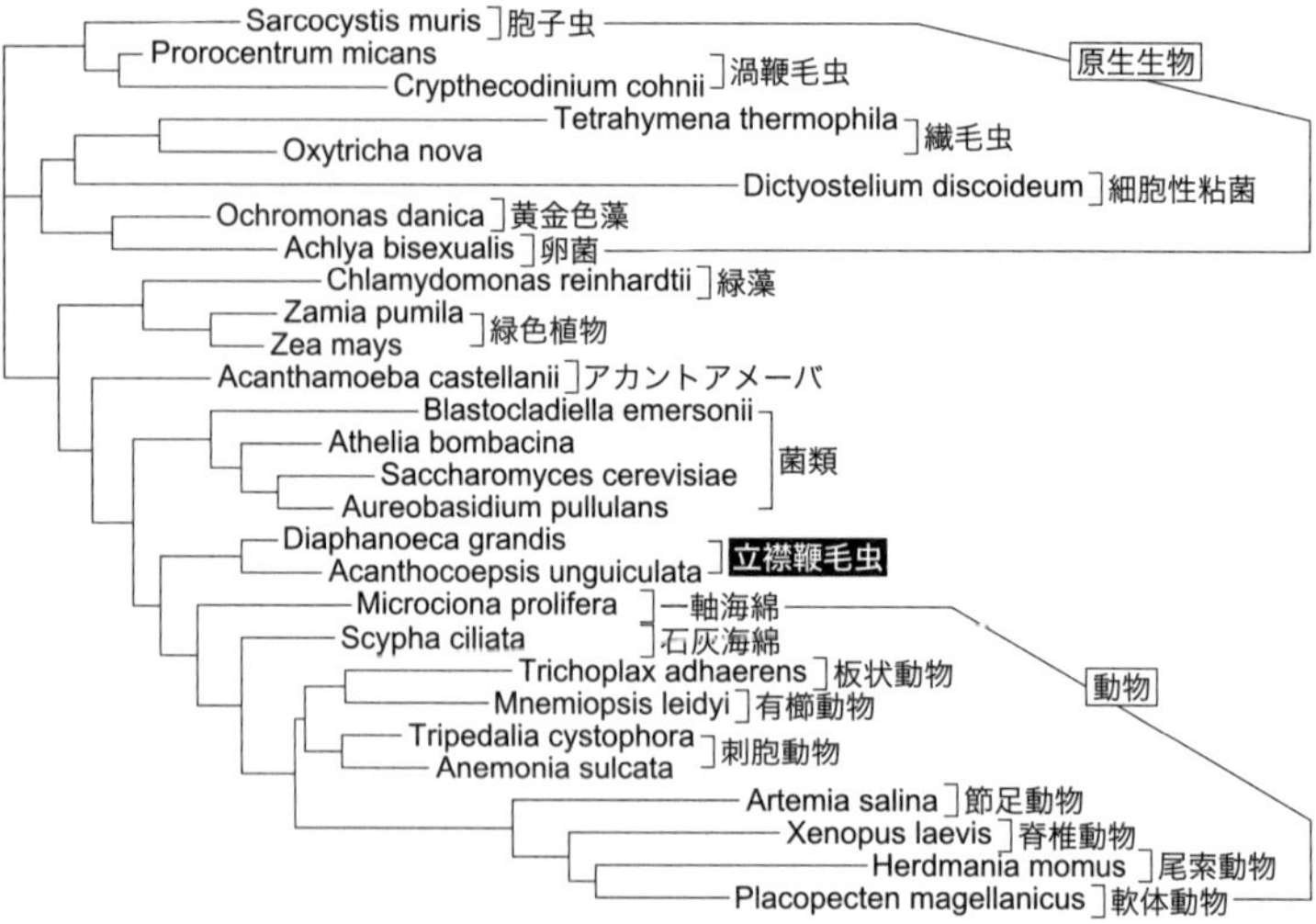

図50 リボソームRNAの分析から見た原生生物、植物、菌類、動物の系統関係

（宮田隆『DNAからみた生物の爆発的進化』岩波書店）

際にはＲＮＡ）分析をしたところ、思いがけないことに動物は菌類（キノコなど）に近いことがわかりました（図50）。菌類といってもいろいろありますから、その中のどれが多細胞のもとになったのか。大きなテーマでまだ答えは見つかっていませんが、分類表を見ると、立襟鞭毛虫が一つの候補のように見え、確かにこの細胞は群体をつくります（図51）。

しかも動物の分類表でその始まりのところにいるカイメンには、これにそっくりな細胞があります。京都大学の宮田隆先生は、動物に不可欠なシグナル伝達系（細胞間コミュニケーション、

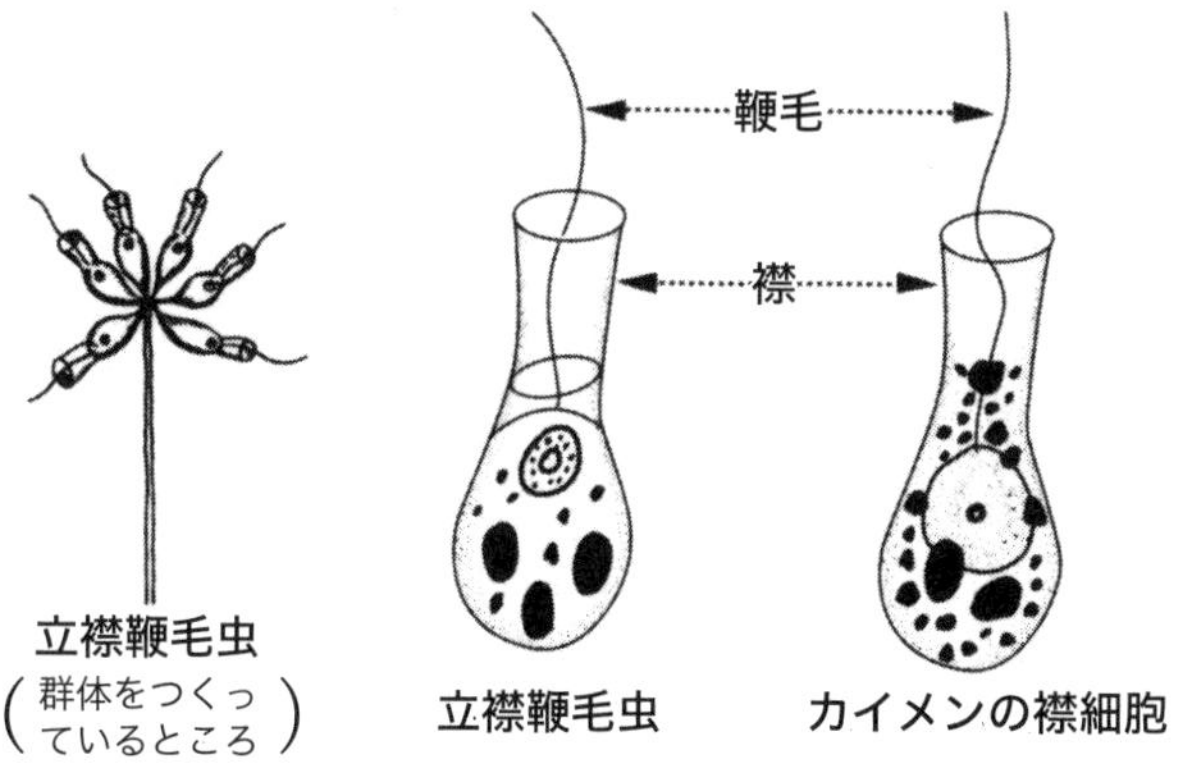

図51　立襟鞭毛虫が動物の起源!?
（宮田隆『DNAからみた生物の爆発的進化』岩波書店）

環境への対応などすべてに必要）や形づくりのための遺伝子のほとんどが、すでにカイメンで整っているというデータを出しています。宮田先生はこのあたりに出発点がありそうだと睨んでいるようですし、生命誌研究館でも興味をもって、カイメンに細胞の接着分子の遺伝子を探しました。この他、単細胞と多細胞をつなぐところにいる生物は、粘菌や前に紹介したボルボックスなど興味深いものばかりです。

粘菌では細胞性粘菌とよばれる仲間の研究が進んでいます。アメーバ状の単細胞でバクテリアなどを食べていますが、食物が不足すると細胞たちが集まって一万個ほどの細胞の塊になります。キノコのような形になって時を待ち、環境がよくなると、そこから一つひとつの細胞が分かれてくるのです。今粘菌のゲノム解析が進んでいますので、ここから近いうちに多細胞化への道について新しいことがわかってくると期待します。

細胞の接着と細胞間コミュニケーション

たった一個で生きていた細胞が多細胞生物をつくるようになったときに新しく獲得した性質は、お互いが接着することと細胞間コミュニケーションです。カイメンや栄養状態が悪くなったためにアメーバ状態を止めて集合するときの細胞性粘菌などでは、すでに接着が見られます。分裂した細胞が離れて独立せずに一緒にいるようになるのです。

細胞をくっつけるものは何か。発見されたいくつかの分子の中で、最もよく知られているのがカドヘリンです。さまざまな生物で、この物質が接着の役割をしており、しかもそれは単に物理的な作用をするだけでなく、情報伝達の役割もしていることがわかってきました。生物がおもしろいのは、構造とはたらきとがつねに関連していることです。接着剤は接着剤、情報伝達は情報伝達となってはいません。その結果、細胞が構造の単位でありながらみごとに機能の単位でもあるのです。

私たちがつくる機械はこうなってはいません。ここでも生物に学ぶことが出てきました。カドヘリンにはE・N・Pなど一〇種類ほどが知られており、同種のカドヘリン同士しか結合しません。生きものはこれをうまく活用し、種類の違うカドヘリンを使いわけて、細胞をくっつけたり、離したりしながら形をつくっていくのです。受精卵が分裂をして胚になったとき、外胚葉には、Eカドヘリンがあって細胞をくっつけています。そのうち、一部の細胞でEカドヘリンが消え、その細胞は離れて中胚葉になり、そこから肺や心臓ができます。

そこではNカドヘリンという別の分子が生じてきます。したがって、たとえば胚から肝臓と網膜部分とを取りだし、バラバラにしてから再び集めると、肝臓は肝臓、網膜は網膜で集まります（図52）。つまりカドヘリンは、できあがったものを肺は肺、網膜は網膜として集めておく役割と、発生の途中でそれぞれの臓器ができていく過程との両方を支えているのです。実にうまくやっているものです。

進化の中ではいつからカドヘリンの遺伝子が登場したのでしょう。粘菌ではどうか。多細胞の中で最も簡単な構造をしているカイメンではどうか。これらの生物たちが、動物の体づくりの基本を考える大事な鍵を握っています。このように生命誌では、思いがけない生物が重要な生きものとして浮かびあがってきます。

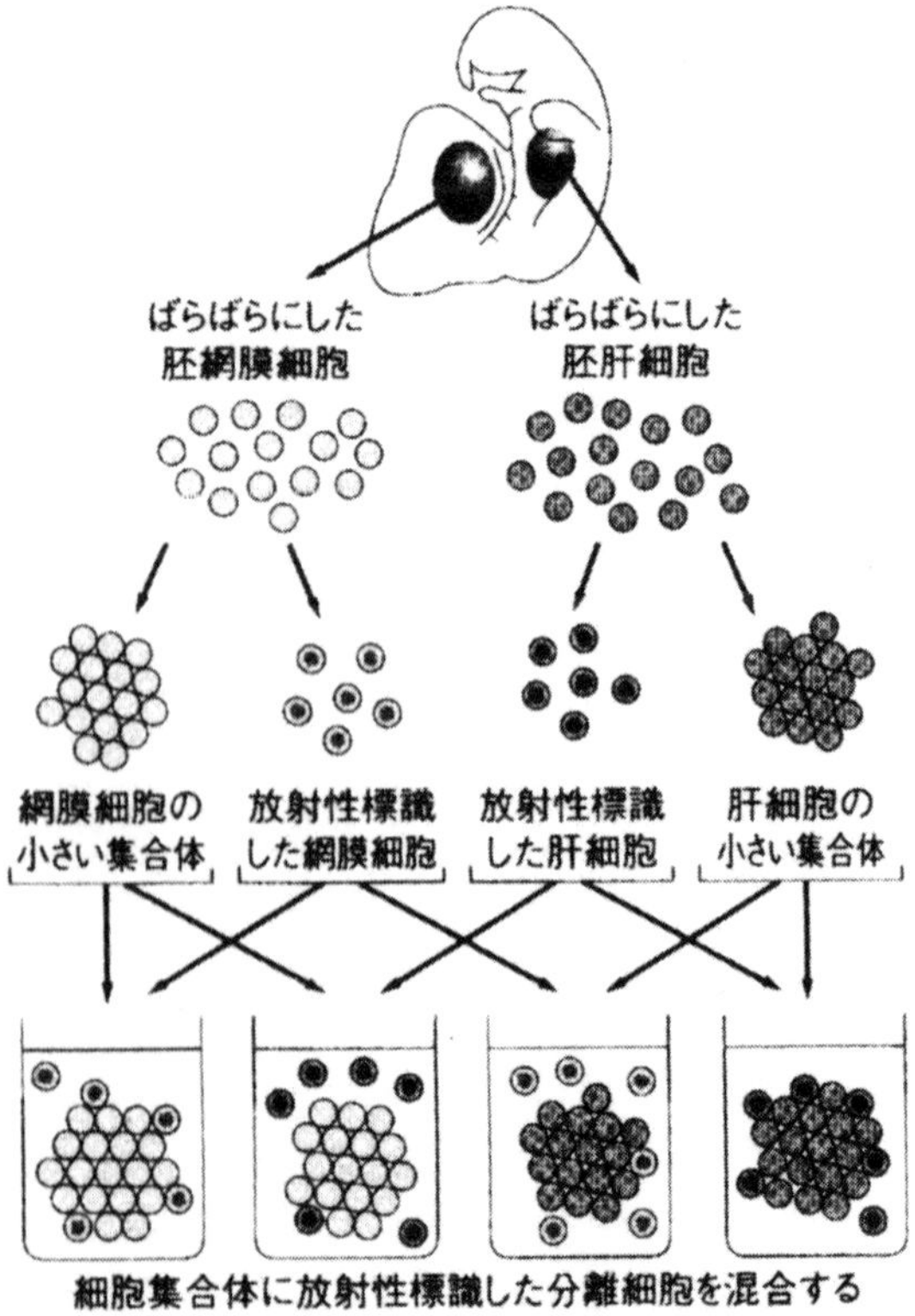

図52　脊椎動物胚での器官特異的な接着

(B. アルバーツ他著、中村他訳『細胞の分子生物学　第3版』ニュートンプレス)

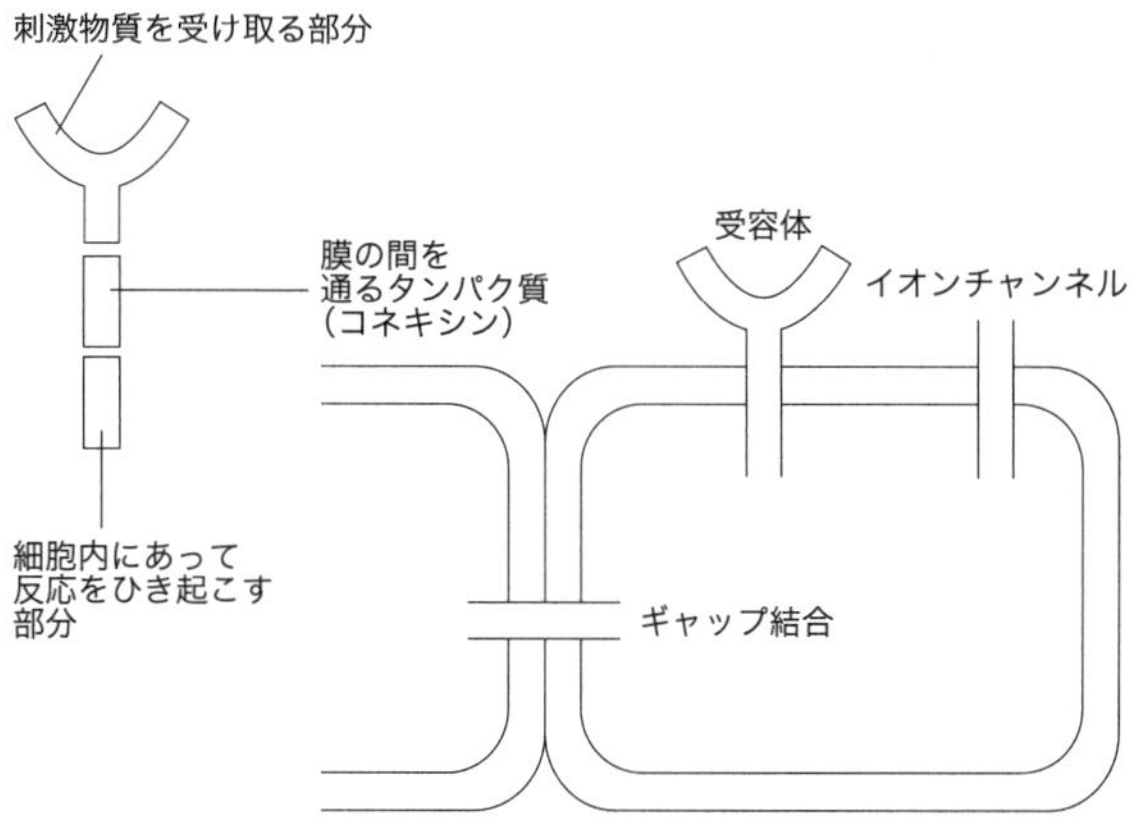

図53　体中の細胞間での物質と情報のやりとり

秘密兵器は受容体

カドヘリンが単なる糊ではないことがわかりましたが、細胞にはそれ以外にも相互のコミュニケーションをする装置が大別して三種類あります（図53）。第一は、隣同士の細胞間での物質のやりとりのときに用いられるギャップ結合です。図に描いたように、細胞膜の間にコネキシンとよばれるタンパク質が入りこんで二つの細胞をつないでいます。こうして細胞はすべてつながりながら、物をやりとりします。

二つめは、ある細胞が分泌した物質が血流などの体液によって流れ、離れた細胞にも影響を与える場合です。内分泌系（ホルモン）による制御はこうして行なわれます。この場合、制御される細胞の側に受容体があることが重要です。受容体によってホルモンの作用を受けた細胞ではさまざまな反応が起き、隣接細胞との間にギャップ結合をつくって物質を送りこんだりします。こうしてホルモンの影響は遠くの細胞に及び、しかもその付近の細胞に行きわたります。

もう一つ、神経系での情報伝達があります。神経細胞は、特徴のある形（図54）で、長い神経線維を電気信号が走って体中に外界の刺激や脳からの指令を伝える役割をしていますが、この信号も最終的に相手の細胞に伝わるところでは、神経伝達物質を出して相手細胞の受容体を

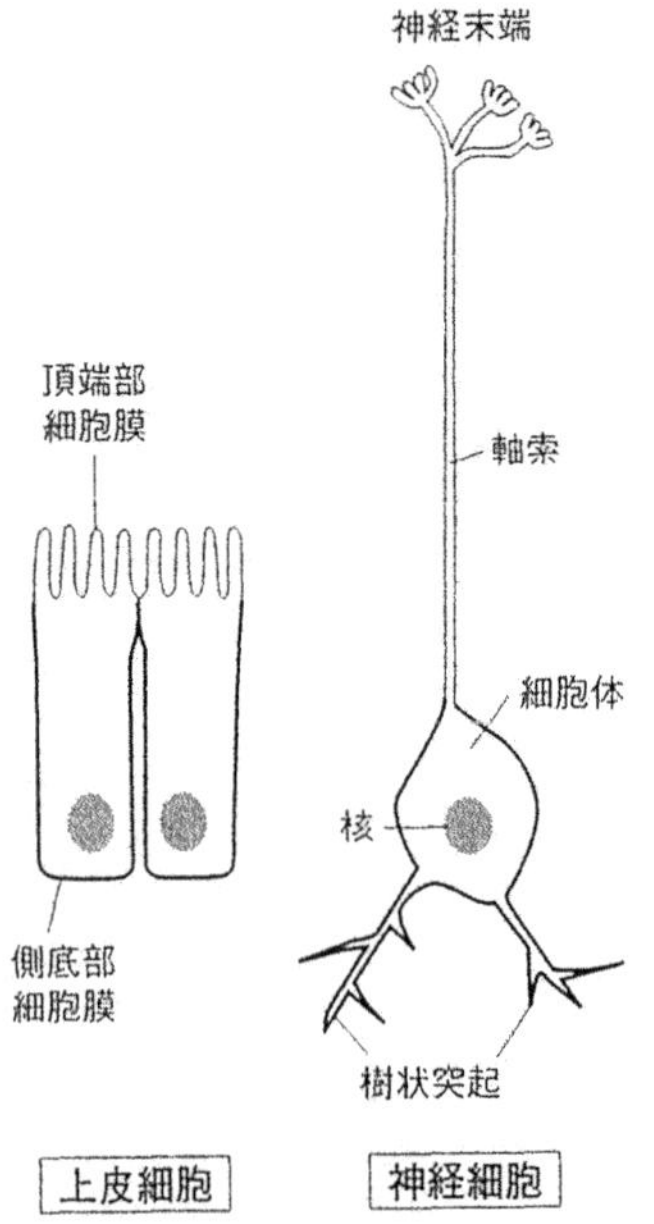

図54　上皮細胞と神経細胞の比較
形は違うけれど基本は同じ

（B. アルバーツ他著、中村他訳『細胞の分子生物学　第3版』ニュートンプレス）

月刊
機
2020
1
No. 334

発行所　株式会社 藤原書店©
〒一六二-〇〇四一　東京都新宿区早稲田鶴巻町五二三
電話　〇三・五二七二・〇三〇一（代）
FAX　〇三・五二七二・〇四五〇
◎本冊子表示の価格は消費税抜きの価格です。

編集兼発行人
藤原良雄
頒価 100円

〈特集〉首里城はなぜ焼失したのか。四人の琉球人がその真相に迫る

画・ローゼル川田

首里城焼失への憶い

首里城が二〇一九年十月三十一日未明、突然焼失した。これまで十三〜十四世紀にかけての創建以来、何度も火災に遭い、建て替えを繰り返してきた。沖縄戦でも全焼し、戦後は、「本土復帰」二十年後の一九九二年に再建されたばかりであった。

首里城は「沖縄の魂」か？　行政も、県・政府ともに、焼失するや二〇二二年五月までに再建する計画の策定を目指すという。

この首里城焼失をめぐって、われわれはどう考えればいいのか。四人の沖縄を代表する詩人、作家、彫刻家、ミュージシャンに寄稿していただいた。

編集部

● 一月号目次 ●

御願不足《ウガンブスク》

詩人　川満信一

今回の首里城火災では、複雑な思いが一度に襲ってきて、言葉を失っていた。視点を変える度に、異なった問題が浮かんでくるのである。そのうちの主要な問題を二、三とりあげてみる。①は**琉球王朝史**から、②は**京ノ内と聞得大君《きこえおおぎみ》**から、③は**沖縄戦**から、④は**文化史全体の視点**から。

①王朝史でみると、四五〇年以上も存続した琉球王府は、独立した一国の統治機関として、自立した政策立案の力を保持していたのか。（例えば韓国の王朝劇などを見ていると、政権のはじめには大義を掲げ、民への慈悲を指針とするが、世継ぎのたびごとに、王も臣も堕落して、王朝は滅びている。）琉球王府が持ちこたえたのは、いまで言えば植民地的二重統治の結果としての事態ではなかったか。

すると、華麗な首里城の背後には、犬小屋のような人頭税制下の祖先たちの住まいがダブってくる。歴史的には首里城は、傀儡政府という傷口を開いてしまうのである。

②聞得大君の位置からみると、災難は起こるべくしておきた、ということにもなろうか。城内には、風水上の屋敷神を祀る〈京ノ内〉がある。復興の際、相応の御願《ウガン》はやったのか。城壁再現の風水判断と地鎮祭に滞りはなかったかが、問題になる。龍柱の位置一つ決めるにも、祖先たちの易学的判断がなされていたはずである。

③沖縄戦史の視点からはどうか。一九五二～五六年まで、私は首里城に通い続けた。占領した米軍が、植民地政策で、戦災廃墟に琉球大学を設置してあったからである。入学当初は中庭広場の砲弾破片や城壁の砕けた石、瓦片をモッコで運び出すのが日課だった。四年生のとき、図書館の夜間貸出のアルバイトにありつけたが、書庫の物音が本を読みに来る戦死した兵隊の霊に思えて、鳥肌だっていた。

第三二軍司令部壕と生死を共にした兵士たちの鎮魂に滞りはないか。志喜屋図書館の火災と思い合わせると〈祟り〉という言葉が浮かぶ。

④文化史の視点からみると、歯ぎしりするほどの無念さである。大交易の交流から創造された紅型《びんがた》や漆器など国宝級の文化財が焼失してしまった。これは制度・運営上の問題であり、こんごの再建には御願不足《ウガンブスク》がないよう魂を込めて欲しい。

翻弄され、消された歴史の痕跡

ライター　安里英子

私は、首里ウグシク（御グスク）の近くで生まれた。実家の門前には戦争で瓦礫となった赤瓦が積まれていた記憶がある。小、中、高校とも徒歩で通学できるほど首里グスクの近くにあった。いずれの学校もグスクあるいは尚家と縁の深い場所だった。グスクの直下にある城西小学校は「御細工所」跡。中学校は、琉球最高神女の「聞得大君御殿」があった場所、首里高校は「大美御殿」であった。

一六六〇年、グスク正殿の火災のさい、王が大美御殿に移居したと言われる。いずれも、琉球処分によって明治政府による財産没収（収奪）にあい、その後公的土地として学校敷地として使用されてきた。

十月三十一日夜中、首里グスクが炎に包まれる様を目の当たりにした。首里グスク内の火災を見たのはこれで二度目である。一九五〇年にグスク内に創設された琉球大学に、図書館が建設された。アメリカの援助で造られた、当時としては立派な五階建てビルで、小学校からは見上げる高台（焼失した北殿のあたり）にあった。五六年、小学二年生のころ、その図書館が燃えた。私（たち）は、教室を飛び出し燃えるのを見た。

その後大学は移設され、九二年に首里城は復元されたが、国の管理となり、自由に出入りすることができなくなった。同時に多くのものが消えた。地域住民の反対運動にもかかわらず観光バスのための道路拡張がなされた。また、現在、駐車場になっている場所は「記念運動場」と呼ばれ、地域のスポーツ競技などが行われた。元々は天界寺という寺があったが、琉球処分後には師範学校の運動場となり、大正天皇即位の時に、「記念運動場」に改名された。また、地方のノロ（神女）を統率する聞得大君に次ぐ高級神女が「首里殿内」「儀保殿内」「真壁殿内」で祭祀を行っていた。琉球処分後、三殿内は廃止され、三か所に祀られていた「火の神《み》」のみが、天界寺内に集められ「三殿内《とんち》」と呼ばれていた。明治以後の琉球・沖縄の翻弄された歴史が刻まれた土地（史跡）はこうして、首里グスクの復元によって消されたのである。

いまや、首里グスクは、沖縄の精神的シンボルではない。かつて首里に統治された宮古、八重山諸島の人々は、複雑な心境を吐露する。新しい自治共和社会の旗を立てたい。

「首里城再建」から琉球の歴史を学べ

彫刻家　金城　実

　何の因果か首里城が火災に包まれ、まさに血を吐くように訴えていたのは何？

　そもそもこの琉球王国があったことを世に訴えた。又どのように琉球国は滅ぼされたかを。日本に併合されたことを印象づけるためにも、政府からの復帰二〇周年記念プレゼントであった。又あれから五十年を迎えるタイミングに起きた悲劇には「イッター《君たち》、ウチナン人よ！　又しても政府に騙されるなよ！」と叫んでいるように思えた。琉球国の滅亡と植民地化が今日まで続いていることに気づけ。

　一五八七年、豊臣秀吉に敗北した島津氏は、秀吉の九州支配下に置かれるや琉球国に貢ぎ物を強要する。一五九一年に秀吉が朝鮮出兵を決めるや、琉球に七千人・十ヶ月分の兵糧米の供出を命じる。その頃琉球は尚寧王即位もあってそれどころではなかった。応えられないことを知ると、島津の琉球侵入の口実にした。

　一六〇二年、琉球船が奥州に漂着。琉球国に対して幕府への聘礼《へいれい》をうながしている。一六〇六年、島津は伏見城で徳川に謁見し、琉球の非礼を申し立て、奄美から南に下って武力行使の断を下している。ついに一六〇九年、島津の樺山久高統大将は、三千の兵と百隻の軍船で最初に今帰仁《なきじん》城を陥落した。

　一八七一年、宮古から首里王府に貢ぎ物を届けて帰る途中で台風にあい、六十人が台湾に上陸、先住民に五四人が斬首され、漢民族に助けられた十二人は那覇に帰る。しかし、この事件を利用して台湾の討伐にでた琉球は日本の領土とされた。

　ついに一八七九年に、琉球国は滅亡し県にされる。これによって歴史の悲劇で、琉球、台湾、朝鮮に及ぶ巨大な植民地が形成されていった。日清戦争で台湾が日本の領有地になるが、琉球、アイヌ、台湾の〝三つの土人〟を属人として誇示した。この「土人」は、辺野古の闘いの現場で沖縄の芥川賞作家の目取真俊氏に対して行われたヘイトスピーチで、しかも警察官の発言で大きな問題になった。

　さてこうした歴史を読み取っていくと、首里城に対する日本政府の甘いことばにうかれているわけにはいかんだろう。「自決権」琉球独立を論じている者として、沖縄人の過去と未来をかけてウチナン人が再建の先頭に立つべきである。これまでの日本政府の沖縄への冷たい仕打に心ゆるしてはならない。

首里城火災のミステリー

シンガーソングライター　海勢頭　豊

昨年十月三十一日未明の首里城火災。四時に起きテレビをつけたら、琉球王国の象徴である本殿が血炎を上げ、崩れ落ちていた。衝撃映像に「そこまでやるか!」の声響く。二〇〇一年9・11ニューヨーク同時多発テロ事件を思い出したからだ。あのときペンタゴンに墜落したというダグラスの機体は見つからず、炭疽菌騒動もうやむやのまま、事件の真相は未だに分かっていない。だがしかし、ブッシュの仕掛けたテロとの戦いやイラク戦争で米国軍需産業が莫大な利益を得たことを考えると、9・11は米国政府の自作自演であった可能性は否定できない。つまり、世の中には平和になったら困る人たちがいるということ。アイゼンハワーの警告を無視、軍産複合体を膨張させた米国民主主義に正義などなかったのである。

首里城火災も同じに見えた。日本政府にとって、戦後民主主義ほど扱いに困るものはないからだ。米国に追随し、戦前の天皇制国家の復権を目指す日本には、憲法九条も、琉球の絶対平和思想も、国の根にある龍宮神ジュゴン信仰も、またそこから生まれた伝統の空手や琉球古典音楽や琉球舞踊などの平和文化も、都合の悪いものだった。

時あたかも令和元年。天皇の即位儀礼が国家の威信をかけて執り行なわれていた最中。沖縄那覇市では首里城祭が盛大に行われ、十月三十日の「世界のウチナーンチュの日」は、国王行列が国際通りに繰り出し、空手演舞や芸能で賑わっていた。さらに翌三十一日は、玉城朝薫組踊上演から三百年を祝う演目が首里城正殿前で演じられる予定であった。特にその中の「執心鐘入」は、大和朝廷に対峙する琉球神女《ノロ》の苦悩を伝えた作品。それを阻止するがごとくに起きた今回の首里城火災ではなかったか。

十一月七日の那覇市消防局は、正殿北東にあった「分電盤」から繋がる延長コードに「溶融痕」が三〇ヶ所以上見つかったと発表。それが火災原因に繋がる「短絡痕」だという。警備員は人感センサーの作動を不審者の侵入と思い現場を見ると、すでに正殿内には煙が充満（もしかして石油がまかれた?）していたという。そこで火災と気付き寝ている同僚を起こしに向かったが、つまりその数分間はモニター監視がされていなかったという。さてこのミステリーをどう解くか。

琵琶湖の百倍の大きさのアラル海が、なぜ消滅していったか?

消えゆくアラル海

石田紀郎

「いちばん低い水の中から」

湖国・滋賀県で生まれ育った私にとっては、目の前にはいつも広々とした琵琶湖の水面があり、そこに流れ込む河川は私たちの遊びの場であった。冬には雪が降り、板切れと竹とタイヤの切れ端だけで作った竹スキーで林を滑り降り、梅雨には雨が降る田んぼの溝でドジョウを捕った。川が涸《か》れることはあっても、湖はいつも蕩々《とうとう》と水に満ちていた。当時の私には、湖は涸れることも、汚れることもない、永遠の存在のように見えていた。時代は戦後復興の工業化のまっただ中にあり、小学校の修学旅行で訪れた大阪で、引率の先生から「あの黒煙を出している煙突の数こそ日本復興の印だから、しっかりと見るように」と言われた。その場面を妙にはっきりと覚えている。

　多くの男子生徒が、工学系に進学を希望する中で、私は遊び慣れた水田への興味を捨てることができなかった。大学では水田で営まれる農業を学びたいと、農学を志望した。そして、大学で学ぶ過程で、農薬に水俣病の原因である水銀を使用していることを知った。農学とは、「安全な環境で、安全な作物を、安定的に生産する」ための科学であるはずだが、水銀を大量に使用する当時の作物疾病防除の潮流は「安全」とは正反対を向いていた。農薬多用の防除法に疑問を感じ、科学技術の意味を問い直したいと、農学を離れて公害問題の現場を歩き始めた。

　一九五〇年代から六〇年代にかけて、少々の悪さをしても許してくれるほどの大きな容量を持っていると思い込んでいた琵琶湖の水が年々汚くなり、とうとう赤潮やアオコが発生するまでになった。多くの公害発生源から放出される毒性物質を追いかけている中で、経済成長をひたすら推し進めようとする社会のありようを変えなければ、次の時代に人はまともな環境下で生きられなくなると思った。

　「水はその地形の中でいちばん低い所を流れています。だから、その地形の上で人間がどんな生活をするかを色濃く映します。いちばん低い水の中から見れば人間の生き方、あり様が見えてくると思うのです」。当時の私のメモ書きである。目新しいことではなく、当然のことでしかない。しかし、多くの公害現場で教えられた大事な到達点であり、その後の私の進む道の原点でもある。

二十世紀最大の環境破壊

　年間降水量が一五〇〇ミリ以上もあり、水に恵まれた日本でさえ、水汚染が多発し、人も生き物も住みにくくしてしまった。それならば、年間降水量が少ない世界に住む人々は、どのような水との付き合いをしているのだろうと、雨の降らない乾期にメキシコを旅した時の驚きが下地となって考えるようになった。沙漠と、沙漠の民と、その生業を、いつか見聞したいというのが夢となった。とは言え、その頃の私の活動の場では、海外での調査活動などできる機会がなかったので、せめて旅行ぐらいはしてみたいと常々考えていた。

▲石田紀郎（1940- ）

　しかし、突然、二〇世紀最大の環境破壊と呼ばれるアラル海環境問題の調査のために沙漠の国に飛び込むことになった。その経緯は本文を読んでいただきたいが、そこで見たものは、かつての沿岸住民が、永遠に広がっているだろうと信じて疑わなかったアラル海の大海原が、ほんの二、三年で湖岸の漁村からは見えなくなり、ついには大沙漠に変わったさまだった。湖面積が琵琶湖の一〇〇倍もある世界第四位の湖が、今ではたった琵琶湖一〇個分にまで縮小したのである。筆者が眺めていた琵琶湖は、飲み水に不安を覚えるほど水質が悪化し、アラル海では水量が激減し、湖自体が死滅した。いずれにしても、湖には責任がない。それぞれの湖の流域に住んでいる人間社会の責任である。そこが降水量の多い地域であろうと、沙漠地帯であろうと、問題を抱える状況は同じであった。アラルの環境破壊の点検作業を通して、地域の環境特性を大事にした人の生き方を模索しなければ、人類に将来はないことを確信した。

　二五年前、アラル海消滅は、我が国ではほとんど知られていない事実であった。そのころから何度もカザフに通い続け、わずかな情報ではあるが発信してきた。それは、琵琶湖の汚染を考えるのと同じように、我々への警鐘になると思ったからである。その軌跡を本書にまとめることができた。

この書は、アラル海流域で発生した諸問題を、日本カザフ研究会という小さな研究者集団が追いかけた記録である。それぞれの項目をさらに詳しく知りたい方は、「中央アジア乾燥地における大規模灌漑農業の生態環境と社会経済に与える影響」と題した日本カザフ研究会の報告書（第一号から一三号）をお読みいただきたい。

（「はじめに」より）

セミパラチンスク核実験場

アラル海の干上がりと地域社会の崩壊は、ソ連邦政府、すなわち、モスクワ・クレムリンの意向で実施された農業政策の結果である。この政策の結果、シルダリアやアムダリア流域の農耕民には恩恵を施しただろうが、アラル海流域の漁業や漁村は壊滅し、ほとんどの恩恵はモスクワに吸い取られた。

セミパラチンスクはといえば、大草原の牧民にはなんの恩恵もなく、爾来、半世紀後の今も、放射能に汚染された大地で、多くの障害を抱えながらの生活が続いている。アメリカのネバダ州の核実験場も原住民にとってはなんの恩恵もなく、苦難の日々だけが続いている。そして、フクシマもまた、もっとも恩恵を受け、利潤を得ている東京からは原発は見えず、これから何十年以上も自宅に戻れない人々が福島にはいる。力のあるものが弱い人々を踏みつけにしているのが公害であり、環境問題である。世界中にあるこの理不尽さを解消し、あらたな価値を創造するのが、環境を冠した科学の最大の課題であり、研究者の使命である。

干上がった湖での植林活動

干上がったアラル海の面積は、琵琶湖八〇個分くらいに相当するであろう。地表面には塩が析出し、衛星画像からも広大な塩沙漠が分かる。この土地をどうするのかを提案できないままに筆者のアラル海との関わりは終わっていくのだろうが、ゴマメの歯ぎしりほどにでも何かを残したいと思って始めた植林活動である。たいした成果などないが、この植林活動は二〇〇六年から二〇一九年の今日まで継続してきた。多くの財団からの助成金と個人的支援者の寄付金に依存した事業である。

そして、前述のように、植栽手法の改善を重ねながらの取組みが在カザフスタン日本大使館にも評価され、現地の自然保護団体にトラックやトラックターなどの購入費が援助された。そして、二〇一〇年の植栽地に近づくと、緑の林が地平線に一直線で見えてくる。現地の住民が

▲干上がったアラル海旧湖底には、放置された多数の漁船や貨物船の残骸がある

喜び、アラル海旧湖底にオアシスができたと教えてくれた。砂と塩が嵐となって飛んでくる沙漠にサクサウールの林ができていた。そして、周りに種子が飛んで行き、発芽し、活着して苗木から成木になったサクサウールが何本も生えていた。

二〇一八年にクジルオルダ市で開催された国際会議の出席者たちも喜んでくれた。この林から多くの種子が飛び出し、アラルの旧湖底沙漠で育ってくれればと思う。そして、このオアシスに棲みつく動物も出現してくれるだろう。満々と水のあるアラル海再生ではないが、アラルの森が広がってくれるならば、アラルに通い続けた意味もあるかなと自分を慰め、現地の人々と喜んだ。（「おわりに」より）

（構成・編集部／全文は本書所収）

（いしだ・のりお／京都大学元教授）

ブルデュー社会学の集大成、大好評で邦訳刊行中！

「国民戦線」の女性活動家の声

――ブルデュー『世界の悲惨』第II分冊より――

フレデリーク・マトンティ

社会学者P・ブルデュー編の大作『世界の悲惨』邦訳刊行中。様々な社会的立場の人々の「声」を掬い上げる本書から、本号では、極右「国民戦線」の活動家〝マリー〟へのインタビューの解説を紹介する。（編集部）

極右政治活動に身を投じた背景

マリーの政治活動は、おそろしく一貫しているように思われる。彼女はその政治参加の根元の部分で、ロシア人だった母親の物語、ポルトガルにおける彼女自身の経験、自分の職業的経歴に忠実であり続けている。一般の政治の世界で彼女ほど一貫した活動歴を持っている人間は少ないかもしれないが、フランスの極右の世界ではそれほどまれなことでもない。たとえば、マリーがその著作を売っていたフランソワ・ブリニョーも一時「新秩序」にいて、次いで国民戦線の設立に加わり、その後「新しい力の党」を設立に加わり、最後に再びジャン＝マリー・ル・ペンのところに戻ってきている。

むろん私はマリーの以前の職業を想像してみた。それは、国民戦線の活動家たちが、一般党員たちについておこなう俗流社会学的な考察をなぞったもので、マリー自身、自分の沈黙について私に説明するときには、そういう考え方をとっていた。警察か軍隊に勤務したのなら、もし年金がもらえる勤務年数に達する以前に辞職した――あるいは免職された――のでなければ、社会参入最低所得で暮らすようなことはなかっただろう。レストランのウエイトレスや小売店の売り子の職、要するに零細独立企業での職は、「三六回の貧乏暮らし」という彼女の歩みとも、私が彼女の政治参加に読み取らないではいられない必然性ともうまく釣り合っているように思われる。

「貧しい白人たち」への共感

自分を「頑固」な人間だと言うマリーは、自分自身に忠実でありたいと望んでおり、しかもその忠実さが、積極的な活動をやめたことまで含めて、自分の選択の表現であり、社会から課された拘束ではないという条件がついているのだが、そんな彼女には政治について言いたいことがある。彼女は活動家の仕事について語るときつねに道徳に関わる語彙を用いる。勇気、無私、献身といった語である。

しかしうまく行かない抗議行動やポスター貼りといった活動には、マリーは国民戦線の男性活動家たちほどには興奮を覚えない。確かにマリーは「有力者たち」を忌避するが、彼女の政治参加と、その現在における必然的帰結である活動への消極的態度は、一方に善良な国民戦線があり、他方にほかの諸政党があるといった観念的な図式に基づいているわけではない。小集団で活動していた時代の、革命的気分を持った極右の精神に忠実で、職業集団化した現在の国民戦線に失望しているマリーが、彼女の言い方を借りれば、ほめたたえ、共感を示すのは、無私の民衆的な末端の活動家たちだけである。

外国人に関する自分の態度について問われると、マリーはそれらの質問をただちに彼女が使い慣れたイデオロギー的言語に、すなわち愛国主義とナショナリズムの言語に翻訳し直す。「貧乏暮らしがどんなものかよく知ってる」マリーは、国民戦線のつまらない有力者たちよりずっと、社会にその場を得られるか得られないかの境目にいる「貧しい白人たち」の要求を掲げるつもりでいる。

マリーはあらゆる幻滅を体験した。マリーは不快感を示しながらそうした幻滅について語るが、それを隠したりはしない。なぜなら、こうした幻滅こそが、貧しい白人を擁護することにさらなる根拠を与えるからだ。逆に彼女は自由にふるまえること、すなわち自分で政治的選択をおこなうことを必要とし、また人に認められることを必要とする。それこそ、教会の正面で彼女と別れた時、マリーが私に求めたものだ。「あたしたちのこと、あまり悪く言わないでね」。

（第二分冊より／構成・編集部）
（荒井文雄・櫻本陽一監訳）

「中村桂子コレクション・いのち愛づる生命誌」（全8巻）第4回配本

読む人と書く人の対話

村上陽一郎

まっすぐ読者の心に届く

　本書の文章に少しでも直接接した方なら、何方《どなた》でもお判りのように、中村さんの文章は、真っ直ぐに読者の心に届くような、「やさしい」（この大和言葉に当てたい漢字は、少なくとも二つあって、そのためわざと平仮名にしてありますが、〈易〉と〈優〉とを同時に読んでください）ものです。特段の、事々しい解説はおよそ不用です。だからと言って、内容が高度でないことにはなりませんが。

　中村さん、と私が「さん付け」で書くことが、読んでくださる方に、もし違和を感じさせるとしたら、ここでお詫びしておきます。中村さんとは中学生のとき同じ学校でご一緒でありました。進んだ高校は違いましたが、大学院のころから、お互いの専門の端の部分で、そう「端」ではあるのですが、かなり強く重なるところがあって、「戦友」という言葉が悪ければ、「同志」のような存在（少なくとも私にとって）になりました。そんなわけで、お互い「先生」付けは勘弁してもらうという暗黙の了解が成り立つようになっています。

動詞で語る

　中村さんの持論の一つに、名詞で、よりは、動詞で語ろう、というのがあります。例えば彼女が意図して避ける名詞の一つが「啓蒙」なのですが、こうした名詞のなかに含まれるある種の権威性（ああ、これも名詞ですが）、「上からの」見方（一言拘《こだわ》れば、私は今時の流行言葉、〈目線〉という名詞を使いませんが、その表現に問題を感じられない読者は、そう読んでくださっても文句は言いません）を、できるだけ避けようとする主張が、その後ろにはあるのだと思います。いつも、読み手の地平に視点を据えて、一緒に話を交わそうという姿勢で、ことに臨む。それが、中村さんの文章の特徴の一つです。だから、私は先ほど、中村さんの文章は「やさしい」と書きましたが、「判り易い」とは書きませんでした。読者は素人《しろうと》なのだから、専門の難しいことを、判り易いように工夫して差し上げて、話す、書く。中村さんが最も嫌うのが、こうした態度であり、姿勢です。

人間も生き物の世界の一員

本を読むということは、確かに自分の知らなかった知識を学ぶ機会です。この書物でも、生き物の世界について、私たちはとても多くのことを教えてもらいます。生き物の世界、と書きました。普通、それは人間を含みません。人間はその世界の外にいます。科学の特徴の一つは、世界を「外から」眺める立場に立つことです。通常それは「客観性」という言葉で表現されます。眺める存在は、眺められる「世界」の外にいるわけです。生物学でも、当然学問する視点は、対象とする世界の外に据えられています。学問するのは人間ですから、必然的に、人間は、眺められる世界の外にいることになります。勿論人間を対象にした科学もあります。（自然）人類学や、心理学の一部などがそれに当たります。こうした学問は、もっぱら人間だけを相手にします。自分は、語られる世界から一歩引いて外に出ることに変わりはありません。

この本は、私たちが、生き物の世界を成り立たせている様々なことについて知るべきこと、つまり生物学的な知識を広汎に伝えてくれます。しかし、類似の多くの書物と、中村さんの書物とが決定的、根本的に違うところがあります。そういう目でお読みになれば、だれでも気付かれるでしょうが、生き物の世界を相手にした科学、つまり通常言われる生物学の書物でありながら、観ている自分、観察し、考えている自分、つまり人間も、その世界の一員であることが、つねに根底に置かれたうえで、物事が語られている点です。（後略　第Ⅱ巻解説より）

（むらかみ・よういちろう／科学史家）

「公共」とは何か？　公共論はなぜ輝いているのか？

公共論の再発見

東郷和彦

国際政治と「公共」

　残念ながらこの三年間の国際政治の動向を見る限り、世界は更なる混沌の中に投げ入れられているように見える。既存の大国たる米国と台頭する大国たる中国との対立は、貿易戦争という姿をとりながら、技術と情報をめぐる覇権の追求という、一見調和と共存を不可能にしかねない対立に私たちを押しやり始めた。サイバー・宇宙・ビッグデータといった新しい技術と情報の世界は、一見世界を、これまでとは全く異なった戦争と相互分離（mutual decoupling）においやり始めたように見える。

　しかし、本当にそうだろうか。本当にそれだけだろうか。国際社会におどりでてきたこの対立と覇権の激突状況だけで、今世界を考えることでよいのだろうか。

『日本発の「世界」思想』を上梓した時、私たちがこれから起きる世界の実相を完全に予測していたわけではない。しかし私たちは、情報・技術と国際政治に結晶していく動きとは少しだけ違った「切り口」で、この三年間世界を考えてきた。そして今、どっこい世界は、結構したたかに息づいているという実感を抱いているのである。

「公共」とは何か

　本書で私たちが追求しようしたのは、「公」と「私」の「間」にある第三の領域としての「公共」領域である。本書は、「公共」という問題を、空間軸・時間軸・主体軸の三つの観点より分析した。分析にあたっては、更にこれを、三つの問題にグループ化してほりさげた。

　第一部は、「公共」を問うことの意味をほりさげる。第一章及び〈コラム〉は、理論的・思想的・哲学的観点からの分析を行う。第二章から第四章は、それぞれ、日韓・中国・ロシアにおいて「公共」を問うことの意味を、各国の歴史・社会・文化の中に入り込んで分析する。

　第二部は、分析の対象を、私たちに

とって枢要な意味を持つ日本・中国・アメリカの三か国に限定する。そして、それぞれの国の現場に入り込み、当面問題となっていることの詳細を選択的にほりさげ、これらの国々が、「公共」という問題に直面している中で起きていることに迫ろうとする。

第三部は、今度は国別分析を乗り越え、公共という問題が、グローバルにどのような意味を持つか、かつ、それが国際機関ないしは国際協力という観点からどのような意味を持つかをそれぞれ具体的な現場に入って分析する。第二部の〈コラム〉は第三部への橋渡しの役割を果たしている。第九章と第一〇章はそれぞれ、グローバル・ガバナンス、及びグローバル・コミュニティ形成の観点からの分析を行う。第一一章と第一二章はそれぞれ、戦後の地域共同体形成の中でこれまで代表的な成功例と言われてきた欧州・EUと、国際機関の中の代表例としてのユネスコの現場で起きていることを緻密に分析する。最後の〈コラム〉は、環境問題をめぐる米中協力の現場をカルフォルニアから分析する。

三部の分析を総合し、本書で提起する「公共」の最終的な結論は何か。私たちの結論は、以上の多種多様な「公共」において、実に多くの人たちが、まったく異なった立場から全く異なった問題について、強烈なエネルギーを持って取り組んでいるということだった。その元気さと輝きの源は、結局のところ「公共」の問題が私たち一人一人に還ってくる問題だということにあるのではないか、——それが私たちの共通意見となった。

（構成・編集部／全文は本書「序章」より）

（とうごう・かずひこ／京都産業大学教授）

公共論の再発見

時間・空間・主体

中谷真憲・東郷和彦＝編

A5上製　三四四頁　予三六〇〇円

■目次

＊仮題

時代と格闘し、新しい世紀の日本と世界を担う未来の論客へ！

第15回 河上肇賞 受賞作決定

第一五回「河上肇賞」（主催＝藤原書店）は、八月末の〆切ののち厳正なる選考を進めた結果、このたび下記の受賞作が決定しました。本号では選考経過を抄録します。（事務局）

今回は最終選考に残ったのが本作のみとなった。

「本賞」に推したのは四名。

橋本委員「先行研究に丹念にあたり、フィールドワークによって自らの疑念を一枚一枚はがしていくという学問的に誠実な態度。出産という厳粛な営みの『原初形態』に迫り、定説を覆そうというパッションに打たれた」。

赤坂委員「民俗学者が語るお産の民俗、ケガレの解釈には倒錯めいたものがある。十年以上のフィールドワークによって浮き彫りにされた『ひとりで産む』現場そのものが、そうした倒錯への批判となる。貴重な仕事だ」。

中村委員「二足歩行の人間は生物としてひとりで産むのは難しいという常識の中で、身近に『女がひとりで産む』という事実を掘り起こしたのは衝撃的」。

川勝委員「日常の火と出産の火との独特の区別や、母親ではない上の世代の女性が子育てに関わり世代間の伝承がなさ

本賞

『タビゴヤ――女は一人で子を産む』

松本亜紀 氏

（一般社団法人倫理研究所 倫理文化研究センター 専門研究員／44歳）

●作品概要 「女性が一人で出産することはない」という通説に対して、日本で出産の医療化・施設化への移行が最も遅かった地域のひとつである東京都青ヶ島村における聞き書きと「タビゴヤ」と呼ばれる産屋の調査を通じて、近代西洋医学に基づく出産介助を前提としない出産のあり方に着目し、「産婦と児に触れない」出産介助者の存在と、それを可能にしていた社会背景を明らかにする。

奨励賞

該当作品無し

＊肩書・年齢は授賞決定時。

＊本賞受賞作は小社より公刊、および受賞者に記念品（楯）を贈呈いたします。

れるなど、啓発された」。

　それに対して異論も出された。

　田中委員「論文としては非常によくできているが、最も引きつけるべき聞き書き部分に『読ませる力』が弱い。近代医学・近代的労働観との対立が意識されているが、本稿で肯定的に提示される『女性の自立』と近代性との関係をどう考えるのか。近代批判への戦略がほしい」。

　新保委員「専門分野と離れているため評価しにくいが、聞き書き部分を読むのに苦労した。また、『ひとりで産む』ことと、賞の趣旨である『時代と格闘する』こととの関わりが十分にクリアでない」。

選考委員
赤坂憲雄　川勝平太　新保祐司
田中秀臣　中村桂子　橋本五郎
三砂ちづる　藤原良雄（敬称略・五〇音順）

（著者の指導教授であった三砂委員は、オブザーバーに留まり選考には不参加。）

　本作は「時代との格闘」という課題に十分応えているのか。中村委員からは、著者が着眼した「タビゴヤ」が、①「産む」ことへの集中の場、②産む性の「教育」の場、であることから、病院出産が主流で生き物として「産む」感覚が失われ、教育も「情報伝達」に偏っている現代という時代に対して批判的な視点を提示していると指摘された。他方で、名を冠する河上肇にならい、当賞はジャーナリスティックに時代に対峙する執筆者を見出すべきだという意見も根強く主張され、当賞の選考に際しての課題を残した。

　最終的に、推薦者多数により、本作に本賞を贈呈することが決定した。

（授賞式は三月二八日、アルカディア市ケ谷にて開催予定〔詳細は次号〕）

■河上肇賞　過去の受賞者

●第1回　本　賞＝**安達誠司**氏
　　　　奨励賞＝**小川和也**氏
●第2回　本　賞＝該当作なし
　　　　奨励賞＝**太田素子**氏
●第3回　本　賞＝該当作なし
　　　　奨励賞＝**丹野さきら**氏
　　　　　　　　松尾　匡氏
●第4回　本　賞＝**片岡剛士**氏
　　　　奨励賞＝**平山亜佐子**氏
　　　　　　　　和田みき子氏
●第5回　本　賞＝**鈴木順子**氏
　　　　奨励賞＝**佐藤　信**氏
　　　　　　　　貝瀬千里氏
●第6回　本賞・奨励賞該当作なし
●第7回　本　賞＝**志村三代子**氏
　　　　　　　　西脇千瀬氏
●第8回　本賞・奨励賞該当作なし
●第9回　本　賞＝該当作なし
　　　　奨励賞＝**川口有美子**氏
●第10回　本　賞＝**大石　茜**氏
　　　　奨励賞＝**飯塚数人**氏
●第11〜14回　本賞・奨励賞該当作なし

リレー連載　近代日本を作った100人　70

吉田松陰——地方幽囚者の思索

桐原健真

松陰の「落選」

二〇一七年に高大連携歴史教育研究会から「歴史系用語精選の提案」なるものが発表された。これは、高校歴史の「暗記科目」化を防ぐため、基礎用語を半分以下にすべくまとめられたものである。当時は、「坂本龍馬」や「武田信玄」が消えると喧伝され、山梨県知事が「信玄」の存置を求め文科省に「直訴」（『朝日新聞』二〇一八年三月八日朝刊、山梨地方面）するといった騒動になったことを記憶している方もおられよう。

吉田松陰も「落選組」の一人であり、これまた反発の声が上がったらしい。筆者自身は、用語の精選自体には賛成するものであり、またどうしても松陰の名を教科書に刻みたいという立場ではない。だがその採用基準が少しく政治史中心であった点には違和感を覚えるところではある。すなわち近世後期の「私塾」の激増という文化現象を考えれば、松陰を外すのは妥当ではなかっただろう。しかしながら「提案」には「私塾」自体が存在せず、教育に関する項目は「寺子屋、藩校」のみなのだから、わざわざ松陰が召喚される必要はなかったとも言える。

松陰の「遠さ」

確かに松陰は政治史の主流からは離れている。同じく安政の大獄に刑死した橋本左内とは比べものにならぬほどに、彼は当時の中央政局からは遠かった。しかし、むしろそこにこそ彼の価値がある。

松陰は一箇のサンプルである。とりわけ中央政局とは切り離された地方知識人のサンプルにほかならない。しかもそれは、地球規模の世界に、日本という自己を開いていくための思索を、江戸から遠く離れた萩の地において、幽囚の日々のなか積み重ね続けた一地方知識人としてのサンプルなのである。

幽囚中に思索を重ねた松陰は、「人臣たる者に外交無し」（『礼記』）と強く主張するに至った。むろん原典における「外交」とは diplomacy の翻訳語のそれではなく、君主の関与しない外部との交わりのことを意味する。しかし松陰が問題とした「外交」は、近代的な意味でのそれに極めて近かった。すなわち幕府による「外国交際」を、彼は批判したのである。

なぜ日本は「帝国」なのか

幕末日本は、西洋諸国から「帝国」と呼称された。今日、そのことを不思議に思うものは少ないだろう。なぜならば、皇帝としての天皇がいたからだ——と多くの人は答えるに違いない。だが当時の西洋諸国は、日本には聖俗二人の皇帝が存在し、外交は政治皇帝たる将軍とその政府と行うべきだと考えていた（事実、条約文にはそのように記されている）。

だが松陰にとって、幕府が「日本帝国政府」となり、また将軍が「元首」として諸外国と外交関係を結ぶことは、君臣内外の名分を侵すものであり、許し難いことであった。それゆえ彼は天皇を真の「元首」たらしめ、この「帝国日本」を国際社会に向けて開くべきことを高く掲げたのであった。それは「尊王攘夷」そして「尊王敬幕」を説いた水戸学との決別であり、また朝廷の「鎖国の御定論」（松陰「愚論」一八五八）を「航海雄略」へと転換させようという試みでもあった。

これこそ、松陰があの萩の地で、最大限の情報収集能力を発揮して集積した知識（彼は多くの外交文書を入手していた）と、幽囚中の思索とのなかから導き出した結論であった。そしてこの天皇親政と結び付いた「帝国日本」言説は、松陰が指導した松下村塾生だけではなく、広く幕末志士たちにも共有されていく。それは「国に二帝なく家に二主なし、政刑唯一君に帰すべし」（「薩土盟約」一八六七）といった叫びとなり、やがて王政復古・明治維新へとつながったのである。

（きりはら・けんしん／金城学院大学文学部日本語日本文化学科・教授）

▲吉田松陰（1830-1859）
幕末の尊攘志士。長州藩士杉百合之助の次男として生まれ、数え5歳で山鹿流兵学師範吉田家に入り、翌年家督を継ぐ。家学の精練に力を注ぐも、平戸遊学（1850）でアヘン戦争の詳細を知ると、伝統兵学の無力さを痛感。しかしこの衝撃は兵学上に留まり、西洋に対峙すべき「日本」の観念を手にするには、脱藩後の水戸訪問（1851）での会沢正志斎ら水戸学者との出会いが必要であった。1854年、再来航したペリー艦隊への密航に失敗し下獄。出獄後、松下村塾で高杉晋作や久坂玄瑞らを教えた。1858年、条約勅許問題に際し言動が過激化。藩政府により再投獄される。翌年、安政の大獄のなか江戸に召喚され、政治を論じた点が「不届」として斬首された。

■新連載・アメリカから見た日本　1

敬語から見える日本人の思考法

米谷ふみ子

一九四八年頃、制度が変わって三年制の大阪府女専が四年制の大阪女子大になった。国文科にいた私は大学でも国文学科で学ぶことにした。玉上琢也という京大で博士号を取りたてのほやほやで私たちより五、六歳年上の先生が一二人のゼミを受け持った。ドアを開けて入ってくる時、先生の顔がぽーっと赤くなるのをうら若い私達は見逃さず、下を向いてくすくす笑ったのを思い出す。

先生のゼミは、『源氏物語』の中のこの帖は誰、次の帖は誰と受け持たせ、その帖に出てくる敬語を全部書き出し、各々の敬語はどの官位の人に当てられているかを官位の上下にしたがって変化するのを分類するのだ。

これだけ敬語に多くの種類があり、また多くの官位があることに私は驚いた。こんなことばかり一日中考えていると、肝心な命に関わる病気とか争いとかにどう対処するのかと訝ったのだった。

こんなしんどい詞《ことば》遣いが千年も昔に遣われていたのを、そのときまで気がつかなかった。よく考えてみると、詞遣いで当時の社会の思考法が成り立ち、遣い方を間違えると命を落とすことになりかねない状態だったのだ。

現在でも、日本語を遣って生活している日本人の思考法に残っていると気が付いた。先生は日本人の思考法の根源をうら若き乙女に叩き込んだのである。

たまたま芥川賞を受賞した時、授賞式に出るために日本に帰った。そのとき先生に会って、「昔、先生の敬語のゼミを取ったから日本を飛び出したんですよ」と言って、大笑いした。アメリカでは「Hey, You !」と誰とでも対等に交渉できるのは有難い。

敬語は日本独特ではない。中国語や韓国語にもある。言葉遣いも文化である。千年以上も前に大陸から移ってきたのだ。でも、日本は極東の島国である。なにもかも極端になる恐れがある。二六〇年徳川時代の士農工商の階級制度に従って詞遣いを誤ると首が飛ぶこともあったのだ。今でも関西よりも東京の方の言葉に強く残っている。

（こめたに・ふみこ／作家、カリフォルニア在住）

新連載　歴史から中国を観る　1

中国人とは誰か

宮脇淳子

中国も中国人も、二十世紀になって生まれた言葉である。一九一一年十月に始まる辛亥革命により、一九一二年一月に誕生した中華民国が、史上初めて中国を名乗った国家である。一九四九年に誕生した中華人民共和国は、中華民国とは別の国家であるのに略称中国だから、中国と中国人は国家を越えてずっと昔から存在したかのように我々は思わされている。

　しかし、十九世紀まで中国という国家がなかったのだから、中国人という国民もいなかったことになる。では、誰がいたのだろうか。

　一九一二年二月に滅んだ清朝は、東北アジアの狩猟民出身の満洲人皇帝が、遊牧民のモンゴル人と同盟し、それから漢地の統治を始め、チベットとイスラム教徒の住む土地まで支配を広げた王朝だった。満洲人は漢字ではない文字と話し言葉を持っていたから、モンゴル人やチベット人やイスラム教徒の土地を併合したあとも、彼らの固有の文字や宗教に寛容だった。現地の伝統はそのまま維持したから、二七六年もの間王朝が続いたのだ。

　清朝の平和と繁栄の下、十七世紀初めに六千万人だった漢人の人口は十九世紀には四億人になった。南方の漢人が起こした辛亥革命で誕生した中華民国は、清の領土はすべて継承したと宣言したが、清の故郷の満洲だけでなく、モンゴルやチベットや新疆を実効支配できなかった。

　日本の敗戦後、ソ連のおかげで満洲を獲得した共産党が、国民党に勝利して誕生した中華人民共和国は、その二年前に成立していた内モンゴル自治政府を併合、一九五〇年に東チベット、一九五五年には新疆に武力侵攻し、一九五九年にチベット全土を制圧した。

　中国は、モンゴル人もチベット人もウイグル人も黄帝の子孫の中華民族で、途中で変な文字や変な宗教にかぶれたけれども「祖国に復帰した」と宣伝した。

　その上で、二十世紀まで漢字など使っていなかった異民族に、ここは中国なのだからと漢字だけ使うように強制する。

　これは文化破壊ではないだろうか。

（みやわき・じゅんこ／東洋史学者）

連載　今、日本は　9

視えない戦闘機

鎌田　慧

「日本政府がF35について、決定していた四二機に加えて一〇五機追加調達を閣議で決めたのは、その半月後。(…)防衛省からは『一気に追加購入を決めたのは、対米関係を考慮した結果だ』との声が漏れる」(『読売新聞』十二月八日)

　ここで「その半月後」というのは、二〇一八年十一月末の日米首脳会談から半月後という意味で、このときトランプ大統領は、「日本との巨大な貿易赤字が減っている。F35などの戦闘機をたくさん買ってくれるからだ」といった。

　同紙によれば、トランプ大統領は訪問先のロンドンで、安倍首相に防衛費の増額を求めていることを強調した、という。

　一〇五機追加購入と軽くいわれているが、プラモデルではない。ステルス（視えない）戦闘機一機一二〇億円、垂直離着陸できるF35B型は、一四〇億円ともいわれている。

　一九年五月、三沢基地を飛び立った自衛隊のF35A機は、太平洋に没して行方不明。パイロットのいのちも惜しいが、一二〇億円も惜しい。

　日本の防衛費はすでに五兆円の枠を超えて、五兆三千億円、それに思いやり予算（在日米軍駐留経費）が年間二千億円、年間六千億円の米軍再編関係費もある。

　トランプは「我々は日本の軍事（安全保障）のために多くのお金を払っている。日本は補うべきだ」と主張し、さらに五倍請求する、と脅かしている。

　まるで蛇に睨まれた青蛙。「ノーと言えない」アベ日本は、あたかも町内夜回り反社会集団「トランプ組」の、みかじめ料ぼったくりに震えあがっている。

　この国の政権党の到達目標は、九条改憲、日米同盟強化だけ。福祉、年金、環境は切り捨て。庶民の生活がどうなろうと、心配したことのない悪ガキ集団。党内の批判は表に出ない独裁体制。政治家の家業を継いだ二代目、三代目が牛耳っている。暮れの世論調査で、ついに安倍不支持が支持をうわまった。さしもの悪党も嫌われだしたようだ。

（かまた・さとし／ルポライター）

■〈連載〉沖縄からの声［第Ⅶ期］　2

なぜ首里城は燃えたか？

石垣金星

　琉球文化の拠点首里城が復元されて三十年余、その美しさは琉球文化を象徴してきた。しかし魂の抜けがら首里城であった。首里王府により定められた節祭《しち》は西表では数百年に及び、今日まで継承され盛会に執り行っている。節祭とは一年の節目に当たり、今年は十月二十九日己亥を節祭吉日と定め大晦日に当たり、翌三十日庚子は正日《しょうにち》と称し元旦に当たる。二十九日は各家々では家屋敷内外を掃き清め中柱に「しちまきかっつぁ」を結び、大海より浜へ打ち寄せたザラング（サンゴ石）を家の内より撒き、屋敷全体へ撒き、悪霊《マジムン》を追い払い、浄め、新年を迎える準備を整え、翌三十日は新しい年の始まり、ユークイと称し、二艘のサバニに、大海よりニライカナイより五穀豊穣の神、ミリク世&世果報世を満載し、迎え入れる事ができた。前泊浜では様々な芸能を披露し新年を祝っていた。

　私は節祭行事の総責任者という重責を、緊張しながらも滞りなく勤めを果たすことができた。行事の最中に誰かが「首里城が燃えている？」という声を耳にしたがまさかという思いもあり気にも留めずにいたが、本当であった。何という皮肉な事であろうか？　琉球文化圏の西表祖《そ》納《ない》では新年を迎え神と共に盛会にお祝いしている同じ時間に首里城は燃えていた。私は身震いして頭の中は大混乱状態にあった。燃え落ちるさまをテレビで見た時、信じることができた。首里城は沖縄のものでなく日本国の所有物であることを知った時、ああこれだ？　と私にはピンと来た。大金と時間をかけて立派に復元したが、肝心な「琉球の魂」を入れなかったのだ。かつて琉球国時代には城内外を浄めマジムンを追い払い、新しい年を迎える儀式を執り行っていたはずである。節祭にはマジムンも来るので外へ出歩くな！という昔からの言い伝えである。

　三十年余に及び首里城にはマジムンだけがたまり溜まり、干支の最後の亥年の十月二十九日己亥の日からくすぶり続け十月三十日新年に一気に噴き出し燃えたに違いない？　と私には見えた。防災のプロが調査しても原因不明らしいが、犯人はマジムンであった。

（いしがき・きんせい／西表をほりおこす会会長）

Le Monde

■連載・『ル・モンド』から世界を読む〔第Ⅱ期〕41

フランシスコ教皇の決断

加藤晴久

原子爆弾、核兵器を総称してフランス語で force de dissuasion と称する。「抑止力」と訳される。dissuasion は「思いとどまらせること」だから、「やったらやり返すぞ」という構えでソ連の脅威に備える、同時に米英に依存するのでなく自主独立を主張する意味がある。いまではEU連合の防衛力だとして正当化されている。

カトリック教会の近代化の発端になった第二ヴァチカン公会議（一九六二―六五）以来、歴代教皇はこの抑止力理論を「やむをえない方策」として容認してきた。

ところが、ローマ教皇庁は、この種の問題に対する従来のオブザーバー的姿勢を棄てて、二〇一七年、国連の核兵器禁止条約に署名した（一三二カ国が署名したが、核保有国、そして日本は非署名）。この変化を危惧した諸大国はローマ教会がそれ以上踏み込むことのないよう直接・間接に働きかけた。

そうした中、昨年一一月二四日、長崎、続いて広島で、フランシスコ教皇は抑止力理論、つまり恐怖の均衡論を全面的に否定し、核兵器は「道徳に反する」、その所有は「犯罪」である、と明言した。

「国際平和と安定は相互的破壊の恐怖、あるいは全面的破壊の脅しを頼りにするようなすべての試みと相容れることはできません」。

「原子力エネルギーの軍事目的での利用は、今やますます、人間とその尊厳に対するのみならず、我らの共通の家である地球の未来の可能性そのものに対する犯罪です。原子力エネルギーの軍事目的での利用は道徳に反するものです。原子力兵器の所有もおなじく道徳に反するものです」。

「わたくしたちは責任を問われることになるでしょう。もしわたくしたちが、平和を口にするのみで、地上の諸国間の関係に具体的に実現することを怠るならば、新しい世代の人々はわたくしたちの敗北を裁く者となることでしょう」。

（『ル・モンド』一一月二四日付電子版）

フランシスコ教皇の長崎・広島でのこのような道徳的決断の政治的影響力は計り知れないものがあるのではないだろうか。

（かとう・はるひさ／東京大学名誉教授）

■連載・花満径 46

高橋虫麻呂の橋（三）

中西 進

虫麻呂は長歌につづけて反歌一首（万葉集巻9一七四三番）をよむ。

大橋の　頭《つめ》に家あらば　うらがなしく　独り行く児に　宿貸さましを

「大橋の橋頭にわが家があったら、あの児に泊る家を貸してやりたい」という一首だ。

当時の「家」は氏素性《すじょう》ほどに大事なもので、建物を指すわけではない。だのにここでは、宿れればいいていどの家だから、この「家」は大胆にすぎる。しかもそれを提供しようというのだから、「橋詰」の家が、俄然深長な意味をもって来る。

一体、橋詰（橋のほとり）とは、古代人にとって何者だったのか。

まさしくこの問は、重大な彼らの習俗を語ってくれる。

『日本書紀』（天智九年四月）に載せる、次のような歌謡があるからだ。

打橋の　頭《つめ》の遊びに　出でませ子
玉手の家の　八重子の刀自《とじ》
出でましの　悔《くい》はあらじぞ　出でませ子
玉手の家の　八重子の刀自

玉手（奈良県）地方を流れる川に、当時「打橋」とよばれるほど簡単な橋が架かっていたらしい。

そしてこんな小川でも橋詰で「頭の遊び」が行なわれていて、みなで「八重子奥方　参加して下さい。おいでになっても後悔なんかしませんよ」とよびかける歌が流行っていたのである。

八重女《やえめ》の方《かた》は、この地方の長《おさ》の尊い奥方で、近隣に聞こえた飛び切りの美人だったのであろう。いや、架空ほど話はおもしろい。

当時の流行歌は固有の地名を入れかえて、どんどん歌い広げられていったから、その代表的な一首だったはずだ。

当時はこうした「頭の遊び」に女たちをよび出す男歌、そして答える女歌がたくさん存在しただろう。

虫麻呂はいま、こんな風俗を幻想しながら白昼の大橋の女に向かって「頭の遊び」の歌を口誦《くちず》さんでいるのである。

もちろん歌は、白昼夢に近い。

（なかにし・すすむ／国際日本文化研究センター名誉教授）

十二月新刊

ブルデュー社会学の集大成！

〈ブルデュー・ライブラリー〉

世界の悲惨 I

P・ブルデュー編 （全三分冊）

監訳＝荒井文雄・櫻本陽一

社会は、表立って表現されることのない苦しみであふれている――ブルデューとその弟子ら二三人が、五二のインタビューにおいて、ブルーカラー労働者、農民、小店主、失業者、外国人労働者などの「声なき声」に耳を傾け、その「悲惨」をもたらした社会的条件を明らかにする。

A5判 四九六頁 **四八〇〇円**

仏現代思想〝最後〟の巨人、最重要文献の完訳

存在と出来事

A・バディウ 訳＝藤本一勇

革命・創造・愛といった「出来事」を神秘化・文学化から奪還し、集合論による「存在」の厳密な記述に基づき、「出来事」の〝出来〟の必然性を数理的に擁護する。アルチュセールの弟子にして、フランス現代思想〝最後〟の巨人が、数学と哲学の分断を超えてそのラディカリズムの根拠づけを企図し、後の思弁的実在論にも影響を与えた最重要文献。

A5上製 六五六頁 **八〇〇〇円**

鉛筆画の世界を切り拓いた画家、初の自伝！

いのちを刻む

鉛筆画の鬼才、木下晋自伝

木下 晋 城島徹・編著

人間存在の意味とは何か、私はなぜ生きるか。芸術とは何か。ハンセン病元患者、瞽女、パーキンソン病を患う我が妻……極限を超えた存在は、最も美しく、最も魂を打つ。彼らを描くモノクロームの鉛筆画の徹底したリアリズムから溢れ出す、人間への愛。極貧と放浪の少年時代から現在までを語り尽くす。

A5上製 三〇四頁 **二七〇〇円** **口絵16頁**

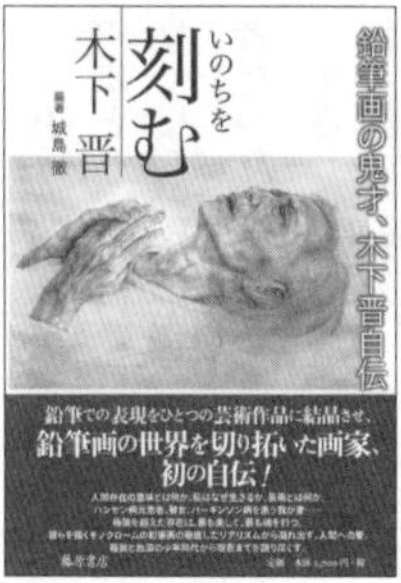

〝最後の文人〟森繁久彌さん没十年

全著作

〈森繁久彌コレクション〉

全5巻 **内容見本呈**

2 人――芸談 ［第2回配本］

〈解説〉松岡正剛

森繁久彌

「芸人とは芸の人でなく芸と人ということではないかと思い始めた。人が人たるを失って、世の中に何があろう。」（本文より）「芸」とは、「演じる」とは。俳優仲間、舞台を共にした仲間との思い出など。

〈月報〉大宅映子／小野武彦／伊東四朗／ジュディ・オング

四六上製 五一二頁 **二八〇〇円** **口絵2頁**

読者の声

全著作〈森繁久彌コレクション〉①
道――自伝■

▼先日は上記コレクションの内容見本、お送り下さいまして、有難うございました。本日、片道三時間のドライブがてら、書店へ行き、貴書、入手しました。一気に読むのではなく、毎食と就寝前の計四回各二ページずつ、森繁さんの人生と文章、味わわせて頂きます。六〇〇ページで二八〇〇円、収益はあるのでしょうか。
（兵庫　浦野美弘　62歳）

中村桂子コレクション「いのち愛づる生命誌」Ⅳ
はぐくむ　生命誌と子どもたち■

▼知人の子どもさんが、引っ越し後、就職すとも、一日で辞め、その後、精神、体調も不安定で、精神科の病院に行くも、先生からも傷つく言葉を言われたとかで、家から出られないとの事。
いろんな本がありますが、大好きな中村桂子先生のこの本に出会い「コレダ！」と決めました。文章が優しく平易で心があたたかくなります。あと「コウペンちゃん」の二冊を送る事としました。
中村桂子コレクション、全部揃えるつもりです。楽しみです♡
（仙場千寿子　64歳）

兜太　vol.3■

▼たくさんの方々のお話で兜太さんの人柄、作意等々を理解できました。
巨人の一端を垣間見て、多くを学びました。ありがたい一日でした。
（兵庫　岩谷八洲夫　85歳）

いのちの森づくり■

▼災害に強い森づくりに関心があり、
・樹木で土砂災害を防ぎ、雪崩をも防ぐ
・樹木による防火機能
・樹木による津波被害軽減策
樹木による防災・減災に関係する本を教えて下さい。宮脇方式を実践中。
（新潟　林の手入れ（林業は成り立たない）松澤邦男　72歳）

長崎の痕（きずあと）■

▼長崎県人として生まれ、戦争を体験していなくても、原爆の事は、少なからず耳に目にしておかなければ～という思いが、間にあわなくなる！という危機感から手にした本です。ページをめくると、一人一人の人生が写真と共に端的に綴られていて、一度に全てのページをめくる事は出来ませんでした。しっかりとカバーをつけて、大切に持っていたい一冊。二度と原爆が使われない地球に（祈）
（長崎　隈部多恵子　62歳）

兜太　vol.1■

▼インタビュー読んでいるうちに元気が出て来ました。金子兜太という存在がもつエネルギーでしょうか。
底の抜けたようなこの時代に、良質な本を出し続けてくださるのが、ありがたいです。
（新潟　吉田詩子　70歳）

「海道東征」とは何か■

▼日本人としての精神性の原点がここにはありました。情報が入りみだれる現代には、不動の言葉による物語りが必要です。古事記は既に読んでいました。若い頃、最終に読む本は「古事記伝」と考えていましたが、違う方向が見えました。
（兵庫　高畑裕司　72歳）

プーチン　外交的考察■

▼木村汎先生の訃報を知り誠に残念に思い、お悔み申し上げます。
「プーチン」三部作の人間的、内政的考察を二回読み、北方四島返

還問題を理解する上で本当に勉強になりました。この度追悼の辞を述べられた袴田茂樹先生（新潟県立大学教授）の紹介で、外交的考察を知り求めました。愛読したい。又その言葉の中にふれられている木村先生の恩師猪木正道先生のことがあります。その猪木先生と佐瀬昌盛先生を、旧豊栄市（現新潟市）戦没者追悼平和祈念式の講演会講師にお願いしたことで、終了後共産系の人達から、手厳しいお叱りを受け、人生の想い出としております。

（新潟　**佐藤主計**　84歳）

完本　春の城■

▼神仏に対する信仰にはたえず中間を行き、底辺の生きとし生けるものへの信仰を貫いた石牟礼さんの苦海浄土に次ぐ代表作に感服しました。

（北海道　施設指導員　**中島啓幸**　49歳）

葭の渚／苦海浄土 他■

▼『岐阜新聞』「追想メモリアル」でくまもと文学・歴史館前館長井上智重さんの記事を読んで、石牟礼さんが「絶対音感の持主で」とあり、私ピアノをかじりましたがありません。六歳までに訓練をしないと身につかないそうです。衝撃でした。お名前は知っていました。三冊注文して、『葭の渚』から読んでいます。

本がぶ厚すぎて困りました。又『苦海浄土』は字が細かいので、八一歳の私は苦しんでいます（目のつかれ）。多くの人に読まれることを希望します。大好きな作家です。

（岐阜　**市川三千子**　81歳）

「移民列島」ニッポン■

▼住みこんだことで見えるルポ内容で面白く読んだ。自分も移民を専攻にしているので、フィールド調査の手本としても触発されるものがあった。作中の逸品火鍋は中国人留学生にすすめられたことがある。他の店も、まずは都内のモノから行ってみたい。

（栃木　宇都宮大学三年　**藤﨑**　21歳）

多田富雄の世界■

▼医療従事者として、そしてエッセイの語り口に魅せられた一ファンとして、とても楽しく読んでいます。仕事の上でも、生き方の面でも、納得できること、しきりです。

（静岡　看護師　**山田恵美子**　64歳）

いのち愛づる姫■

▼九月十六日津市で中村桂子先生の講演会がありました。会場でこの本を見つけ、堀文子氏の絵も好きなので、迷わず購入しました。大変楽しく、理科の勉強にもなる内容でした。奇しくもこの日永眠した人があり、遺族の grief care としてプレゼントしました。年齢を問わず「愛づ」べき本です。

（三重　**島津陽子**　74歳）

機■

▼本誌連載中の王柯氏の「今、中国は」と、鎌田慧氏「今、日本は」を興味深く読んだ。

国家体制を異にする両国を単純に比較することはできないのだが、それにしても中国のすさまじさに比べ、我が国の何と穏やかなことか。

つくづく〝日本に生まれて、まあよかった〟という、平川祐弘先生の言葉を噛みしめた次第である。

（北海道　**村山功一**　75歳）

大沢文夫さまへ■

▼『「生きものらしさ」をもとめて』を読ませて頂き、とてもうれしく気分快く気持（感謝）を素直にお礼の葉書きを走らせています。

良く生き永く生きるとこの気持ちに会えて、七三歳の平凡な老人ですがパーッと明るく輝いた心になりました。

自然と共に歩いて行きます。散歩、本、絵、音楽、この世はパラダイスですね。生まれて来て最高です！　ありがとうございました。合掌

（兵庫　浅川賀世子）

藤原書店へ■

▼マルクス理論は、都市論と技術論を欠いている為有効性を失いました。五〇年前に戻ると若き我々は、マルクス理論を批判するべきでした。きざしは現れたのですが大勢ではありませんでした。良い本を出版され、とてもうれしく思います。

（東京　木村修）

※みなさまのご感想・お便りをお待ちしています。お気軽に小社「読者の声」係まで、お送り下さい。掲載の方には粗品を進呈いたします。

書評日誌（一〇・五～一月号）

㊂書評　㊗紹介　㊎関連記事
㋑インタビュー　Ⓣテレビ　㋶ラジオ

一〇・五　㊗東京新聞「全著作〈森繁久彌コレクション〉発刊記念シンポジウム」

一〇・一七　㊗統一日報「『地政心理』で語る半島と列島」（「読書」／「新しい概念で韓日の関係を読み解く」／「対照的な地理と風土が織りなす影響」）

一〇・一九　㊎読売新聞「全著作〈森繁久彌コレクション〉発刊記念シンポジウム」（「森繁さんとの思い出語る」／「没後一〇年でシンポ」）

一〇・二三　㋑読売新聞「資本主義の政治経済学」（「『レギュラシオン理論』ロベール・ボワイエ氏」／「経済危機は内部からの変容」／小林佑基）

一一・一　㊂東北歴史博物館　友の会だより「声の文化と文字の文化」（「私のおすすめこの一冊」／佐藤和道）

一一・二　㊎読売新聞「全著作〈森繁久彌コレクション〉」（「五郎ワールド」／「『倚門の望』は母の原点」／橋本五郎）

一一・一七　㊗読売新聞「全著作〈森繁久彌コレクション〉」

一一・二四　㊗北海道新聞「いのちの森づくり」（「相次ぐ災害　解決への指針に」／「気候変動専門家推薦の九冊」／大沢祥子）

一二月号　㊂音楽現代「詩情のスケッチ」（浅岡弘和）

一二・一　㊗日中文化交流「雑誌　兜太」（「今年九月に生誕一〇〇年　金子兜太氏を追悼する著書多数刊行さる」）
㊎日本翻訳家協会「死とは何か」（「第55回日本翻訳出版文化賞」（「選評『欧米三作とメキシコ先住民文学の翻訳』／浅野洋）・（「仏歴史家ヴォヴェルと藤原社長の慧眼」／立川孝一）

一二・六　㊎朝日新聞「全著作〈森繁久彌コレクション〉」（「文化・文芸」／「森繁久彌さんの全著作集を刊行　来年六月までに五巻」／山根由起子）

一二・八　㊗上毛新聞「メアリ・ビーアドと女性史」（「新刊ガイド」）
㊗東京新聞「全著作〈森繁久彌コレクション〉」（「出版情報」）
㊎毎日新聞「セレモニー」（「二〇一九　この三冊」／池澤夏樹）

一二・一三　㊗新文化「河上肇賞」（「第15回『河上肇賞』決まる」）

一二・一六　㊎朝日新聞「地中海」／「リオリエント」（「文化の扉」／「地球規模の新・世界史」／「『システム論』が土台」／「環境問題も視野に」／大内悟史）

一二・二二　ⓉNHK-Eテレ　ETV特集「いのちを刻む」（「日々、われらの日々――鉛筆画家　木下晋　妻を描く」）

一二月号　㊎月刊俳句界「金子兜太百年祭」

一月号　㊗正論「全著作〈森繁久彌コレクション〉」（「桑原聡　この本を見よ」／桑原聡）

二月新刊予定

＊タイトルは仮題

ブルデュー社会学の集大成、完結！

〈ブルデュー・ライブラリー〉

世界の悲惨 III

（全３分冊）

ピエール・ブルデュー編

監訳＝荒井文雄・櫻本陽一

ブルデューとその弟子二三人が、五二のインタビューにおいて「声なき声」に耳を傾け、その「悲惨」をもたらした社会的条件を明らかにしたベストセラー、全三分冊が遂に完結。最終巻では、移民、女性、農民らの切実な声に加え、社会学における「聞きとり」のあるべき姿を問う終章を収める。

〈附〉訳者解説・用語解説・索引

アイヌとして生きた生涯を振り返る魂の書

大地よ！

アイヌの母神、宇梶静江自伝

宇梶静江

幼年期から思春期、アイヌモシリで差別を受けつつ、貧しくも豊かな時を過ごした少女が、勉学を志して村を離れ、職を求めて北海道を飛び出す。東京で日々を重ねた著者は、やがて自らがアイヌ（人間）であることに目覚め、同胞へ呼びかけ、自らの表現を求めて苦闘し、〝古布絵《こふえ》〟を見出す。壮絶な生涯を振り返り、アイヌとしての生を問う、魂の書。

第10回「河上肇賞」受賞作品

近代的家族の誕生

天皇制・キリスト教・慈善事業

大石　茜

女性による慈善事業の先駆、東京四谷の「二葉幼稚園」は、明治・大正の貧困層における「家族」の成立と生存戦略にいかに寄与したか？

訳業を通して、親鸞の真意を追究

中国人が読み解く

歎異抄

〈中国語訳付〉

張鑫鳳 編

親鸞と格闘した野間宏の文学を通して親鸞と出会った中国出身の著者が、原文、読下し、現代日本語訳、中国語訳（大陸、簡体字）、中国語訳（台湾、繁体字）をなしとげ、全く新しい解釈で親鸞の真髄を示す。

「在日」を問い、「日本」を問う詩人の言葉

金時鐘コレクション　全12巻

10 真の連帯への問いかけ

「朝鮮人の人間としての復元」ほか講演集Ⅰ

［第６回配本］

金時鐘

在日朝鮮人と日本人の関係を問い直す。七〇年代〜九〇年代半の講演を集成。〈解説〉中村一成

口絵２頁

〝最後の文人〟森繁久彌さんの集大成

全著作

〈森繁久彌コレクション〉　全５巻

内容見本呈

3 情――世相

［第３回配本］

森繁久彌

めまぐるしい戦後の変化の中で、古き良き日本を知る者として、あたたかく、時にはちくりと現代の世相を見抜く名言を残した。

〈解説〉小川榮太郎

口絵２頁

1月の新刊

タイトルは仮題、定価は予価。

消えゆくアラル海 ＊
再生に向けて　写真・図版多数
石田紀郎　カラー口絵8頁
四六上製　三四四頁　二九〇〇円

世界の悲惨 Ⅱ（全三分冊）＊
P・ブルデュー編
監訳＝荒井文雄・櫻本陽一
A5判　六〇八頁　四八〇〇円

中村桂子コレクション　いのち愛づる生命誌（全8巻）
2 **つながる** ＊
生命誌の世界　〈解説〉村上陽一郎　口絵2頁
月報＝新宮晋・山崎陽子・岩田誠・内藤いづみ　内容見本呈
四六変上製　三五二頁　二九〇〇円

大地よ！ ＊
アイヌの母神、宇梶静江自伝
宇梶静江

近代的家族の誕生 ＊
天皇制・キリスト教・慈善事業
大石茜

歎異抄
中国人が読み解く〈中国語訳付〉＊
張鑫鳳 編

全著作〈森繁久彌コレクション〉（全5巻）
3 **情──世相** ＊
〈解説〉小川榮太郎　口絵2頁

金時鐘コレクション（全12巻）
10 **真の連帯への問いかけ** ＊
「朝鮮人の人間としての復元」ほか　講演集Ⅰ
金時鐘　解説＝中村一成

2月以降新刊予定

公共論の再発見 ＊
時間・空間・主体
中谷真憲・東郷和彦編

世界の悲惨 Ⅲ（全三分冊）＊　完結
P・ブルデュー編
監訳＝荒井文雄・櫻本陽一

好評既刊書

世界の悲惨 Ⅰ（全三分冊）＊　発刊
P・ブルデュー編
監訳＝荒井文雄・櫻本陽一
A5判　四九六頁　四八〇〇円

存在と出来事 ＊
A・バディウ　藤本一勇訳
A5上製　六五六頁　八〇〇〇円

いのちを刻む ＊
鉛筆画の鬼才、木下晋自伝
木下晋　城島徹・編著
A5上製　三〇四頁　二七〇〇円　口絵16頁

全著作〈森繁久彌コレクション〉（全5巻）
2 **人──芸談** ＊
〈解説〉松岡正剛　口絵2頁
月報＝大宅映子／小野武彦／伊東四朗／ジュディ・オング　内容見本呈
四六上製　五一二頁　二八〇〇円

都市と文明 Ⅰ（全三分冊）
文化・技術革新・都市秩序　発刊
P・ホール　佐々木雅幸監訳
A5上製　六七二頁　六五〇〇円　口絵16頁

崩壊した「中国システム」とEUシステム
主権・民主主義・健全な経済政策
F・アスリノ／E・トッド／藤井聡／田村秀男 他　編＝荻野文隆
四六上製　四〇八頁　三六〇〇円

ベルク「風土学」とは何か
近代「知性」の超克
A・ベルク＋川勝平太
四六変上製　二九六頁　三〇〇〇円

大陸主義アメリカの外交理念
Ch・A・ビーアド　開米潤訳
四六上製　二六四頁　二八〇〇円

＊の商品は今号に紹介記事を掲載しております。併せてご覧戴ければ幸いです。

書店様へ

▼橋本五郎、高田文夫、小林信彦各氏絶賛紹介の『**全著作〈森繁久彌コレクション〉**』が、さらに12／6（金）『朝日』、12／22（日）『読売』「本よみうり堂・二〇一九年の3冊」にて戌井昭人さんが紹介。既刊**第1巻『道──自伝』・第2巻『人──芸談』**あわせてご展開ください。▼12／21（土）Eテレ・ETV特集「日々、われらの日々──鉛筆画家 木下晋 妻を描く」にて、『**いのちを刻む**』著者木下晋さんを特集。▼12／16（月）『朝日』「文化の扉 地球規模の新・世界史」にて、「二〇二二年度より高校必修新課目『歴史総合』が新設される」とウォーラーステインの「近代世界システム論」をはじめ、ブローデル『**〈普及版〉地中海**』（全5巻）、フランク『**リオリエント**』を紹介。▼月刊『正論』1月号で湯浅博さんが、後藤新平『**国難来**』を「まるで現代日本に警告しているかのよう」と紹介。▼12月刊ブルデュー『**世界の悲惨Ⅰ**』、バディウ『**存在と出来事**』が刊行直後から話題沸騰。POP等拡材ございますのでお申し付けを。（営業部）

出版随想

▼今年も新しい年が明けた。暮れから久しぶりにインフルエンザに罹りなかなか復調しなかったが、仕事始めにはなんとか体調が戻った。今年は、創業三十周年の年。この大変な時代に起業し、多くの方々に支えられて何とか継続して書物を出版できてきたことに感謝申し上げたい。一口に三十年といっても、出版業界にとってこの平成の三十年間ほど厳しい変化のある時代はなかったのではないか。印刷からみると、活版の時代は終わりを告げ、電算写植、コンピューータの時代へと変化し、今や手書きの原稿は、一割はおろか数%に過ぎない状況になった。あと数年内には、完全に無くなるだろう。このハードの変化によって、印刷業界は翻弄されてきた。出版業界では、流通・小売面の劣悪化、倒産があげられるだろう。本が売れない状況からどうしたら脱出できるかを、出版界全体で総力を上げて議論しなければならない時が来ている。

▼快適で便利な社会を求めて人類は生きてきた。二十世紀の後半には、そのマイナス面が沸々と湧き起こってきた。しかも、科学技術《テクノロジー》の進歩で、その極限まで突っ走ってきた。我々人類を取り巻く自然環境は、その生態系が今や崩れ始め、予測のつかない想定外の事故が頻繁に起こるようになってきた。「地球は病んでいるよ」「地球は悲鳴を上げているよ」と少数の人が声を上げても、「資本主義社会」はピクリともしないで前進する。前進こそが与えられた宿命であるかのように。昨年だけを見ても、自然災害の規模、回数はこれまでとまったく違う。地球の温暖化によって、これからのわれわれの生活は、どう変化を余儀なくされるのだろうか。専門を横断する科学者たちの真剣な討論の場を期待したい。

▼前世紀は戦争の世紀だったが、すべてのメディアは声を揃えて〝二十一世紀は平和の世紀〟と唱えた。ところが、二〇〇一年秋には、九・一一事件が起こり、戦争に突入した。爾来この二〇年、戦争は止まることを知らない。核戦争になると、この地球上の生命体はすべて死滅するだろう。先日初来日したローマ教皇フランシスコは、この核使用の危機を世界に訴えた。核の軍事利用の最初の被災国であり平和利用の事故を起したわが国は、核の選択をどうするのか？　原発事故後も原発を稼働させ、これからも原発稼働への道を歩もうとする政府、財界の考えを明確にしてもらいたい。又、廃炉への道を選択するにしても、そう簡単ではない。想像不可能な費用が発生する。しかし、国家のエネルギー政策として、この核の平和利用をどうするのかを明確にしないと国の将来が見えてこない。

▼今最も大切なことは、日本が一国家として、これからどういう道を選択しようとしているのか、次世代に何を遺そうとしているのか、を明確にすることではないか。負の遺産ではなく、そして一人一人の日本人が、自治的自覚をもって、世界に恥ずかしくない誇りを持った人間として生きていくことではなかろうか。今年を期待したい。（亮）

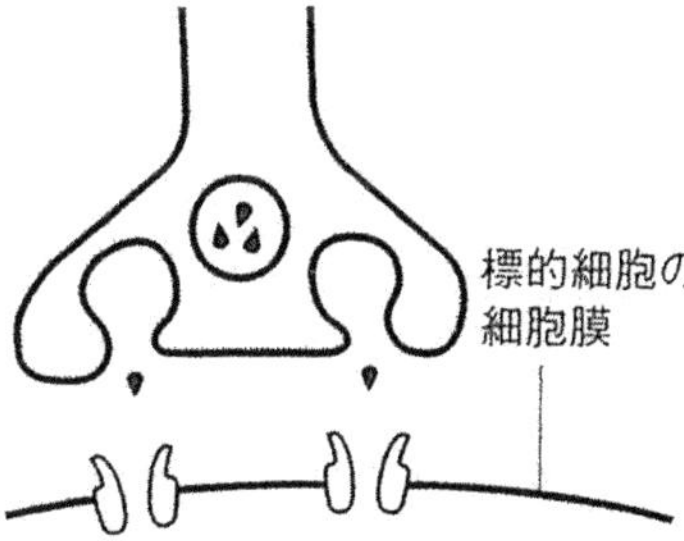

図 55　神経細胞末端での伝達物質のはたらき
（B. アルバーツ他著、中村他訳『細胞の分子生物学　第 3 版』ニュートンプレス）

刺激します（図55）。それにしても、神経細胞の細胞体で合成された物質を一メートルを超える距離の神経末端までどうやって運ぶのか。この秘密は東京大学の広川信隆先生が解きました。神経線維の中にちょうど高速道路のようにアクチンというタンパク質でできた線維が通っており、その上をモーター分子という分子が必要な物質を運んでいくのです。細胞はよく都市にたとえられますが、こういう場面を写真で見るとまさに都市のような気がします。

このように、それぞれの細胞に特定の受容体ができることは、それぞれの細胞が特定の役割をもつことであり、ここに細胞の役割分担、つまり分化が見られるのです。分化は、細胞間のコミュニケーションとのセットで起きています。こうして細胞に受けとられた情報は、細胞の中で必要な場所に届けられなければなりません。その詳細は省きますが、ここでのシグナル伝達は、あらゆる生命現象の基本ですから、今、さかんに研究されています。そこで興味深いのは、免疫、がんなどという現象のいずれもが結局は同じシグナルの伝達系につながることです。どうも基本は同じようです。

こうしてみると、私たちの体は〝モノ〟でできているということを実感します。小さな小さな物質の微妙な構造の違いを巧みに使って、お互いを区別したり、話しあったりするのですから。私たちはよく、生きものを〝モノ〟のように扱ってはいけないと言います。その意味はよくわかる一方で、生きものが、〝モノ〟のもつみごとな能力を使っているのだということに驚き、そこに目を向けないと、人工物をどのようにつくるかという基本ができあがらないと思います。化学物質の使い方など、この延長上で考えて生態系にうまく合う系をつくっていく必要があります。

多細胞生物の秘密兵器は膜を通過して存在する共通の構造体に帰しますし、発生、分化、内分泌系、神経系、免疫という複雑なはたらきは、ほとんど同じメカニズムで行なわれているのです。そこで、受容体、カドヘリン、ギャップ結合、イオンチャネルなどを構成している物質の構造を見るとどれもよく似ています。これらはおそらく、真核細胞（二倍体細胞）が誕生したときにもっていた遺伝子が重複し、その中のどこかが変化するという方法で生まれたのだろうと想像できます。ここからも進化は小さな変異で起きるよりもむしろ、大きくゲノムの一部が重複するというような変化が基本になっていると考えられます。そこで最初に生まれた真核細胞に、あらゆる可能性があったと考えたくなります。

だから生きものなんて大した存在ではないというつもりはありません。むしろ基本構造は単純なのに、それを用いて多様な姿を見せるところがすばらしい。だからこそ、このメカニズムがちょっとおかしくなるとめんどうなことになります。たとえば、受容体の微妙な変化が細胞増殖の制御を変え、細胞をがん化させますし、免疫系でそれが起きると自己免疫疾患という困ったことが起きます。

後で触れる、環境にホルモン様物質が存在することの問題もこのメカニズムと関連します。巧妙さと同時にもろさももっているこのようなシステムをつくりあげてきた過程（系統発生）は、生物そのものが生まれてくる過程（個体発生）につながっているに違いありませんし、その背後にあるゲノムの中にそれを関連づけるはたらきがあるはずです。個体をつくる基本、つまりボディ・プランを知って、その基本を解明してみたいと強く願います。

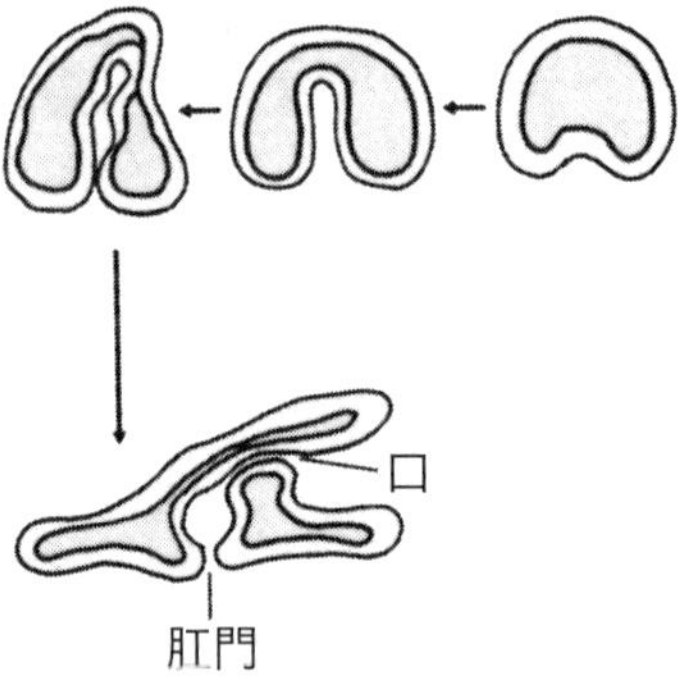

図56　ウニ胚発生の模式図
（本多久夫『シートからの身体づくり』中公新書）

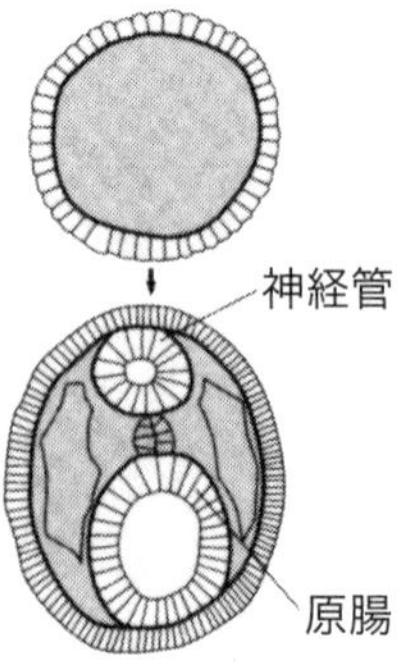

図57　ナメクジウオの発生
（本多久夫『シートからの身体づくり』中公新書）

シートをつくる

多細胞生物の形はすべて、細胞が並んだシート（上皮）からできています。多細胞生物の細胞は、接着できるというより、必ず隣とくっついていないと落ち着かないので、細胞が集まると自然に閉じたシートができます。

このような、シートを出発点とした生物の形づくりの基本をウニに見ることができます（図56）。まず消化管ができて食物をとり、細胞内に栄養分を取りこんで生きていく一つの形となります。次に、上皮シートの一部が凹んで外側が融合し細長い管ができ、それが神経管になりました。ここにあげた例はナメクジウオ（図57）ですが、消化管と神経管のあるこの形は、私たち人間でも同じです（神経管は脳の始まり）。

大ざっぱにいうと、上皮というシートが、折れまがったり、凹みをつくったり、ときにはその一部がはがれてまた別のシートをつくったり（血管や生殖器などはこうしてつくられる）していけばほとんどの生物の形はできます。重要なのは、シートにならずにはいられない細胞の性質であり、どんなに複雑になろうとも基本は変わりません。ここでまた、真核細胞あっての私たちであり、ウニやナメクジウオあっての私たちだと思うのです。

形づくりを追う——ヒドラに見る基本

シートから形をつくり、細胞間でコミュニケーションをとりながら分化し、全体として一つの個体をつくっていく点はどの生きものも同じです。その中で特別に生殖細胞をつくり有性生殖をして次世代をつくっていくようになった多細胞生物の基本を腔腸動物のヒドラで見ていきます（図58）。

ヒドラは、五〜一〇ミリほどの大きさで一〇万個ほどの細胞から成り、細胞の種類は六種類（人間だと三七兆個二〇〇種類）です。外胚葉、内胚葉の二胚葉性（二枚のシート）で、主として外

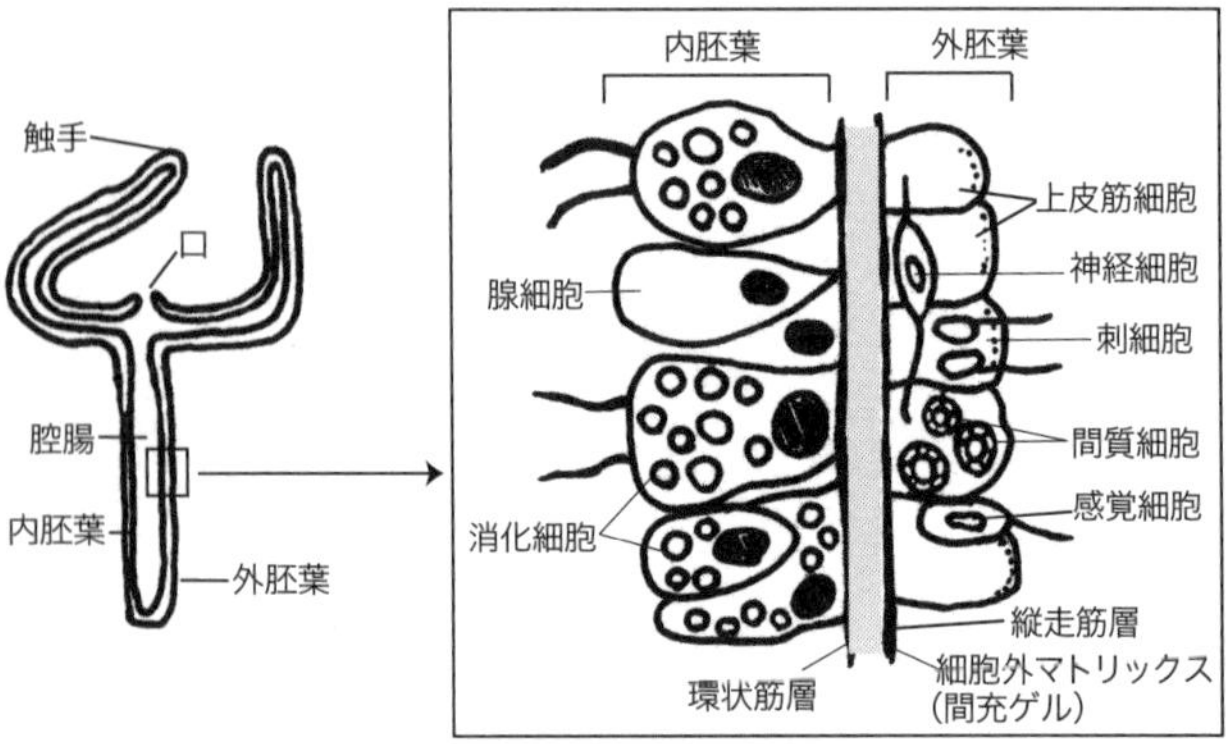

図 58　ヒドラをよく見ると
(B. アルバーツ他著、中村他訳『細胞の分子生物学　第 3 版』ニュートンプレス)

胚葉からできる外層は表皮、筋肉細胞、刺細胞、主として内胚葉からできる内層は、腺細胞（消化酵素を分泌）と消化細胞（一種の筋肉細胞だが食物の吸収に関わる）です。外層と内層にまたがって神経細胞があります。間質細胞とよばれる「幹細胞」もあり、ここから神経細胞、刺細胞、腺細胞、さらには生殖細胞も産みだします。こうして見ると、私たちの体をつくっているものはすべて備えており、「ヒドラ君、生意気にも小さいくせにちゃんとしているじゃない」と思ってしまいます。ここでつい生意気にもなどというところが、人間の不遜なところなのですが。

幹細胞は体づくりの中で興味深い存在です。細胞死のところでも述べましたが、体をつくる細胞がそれぞれの役割に分化し、はたらきを終えると

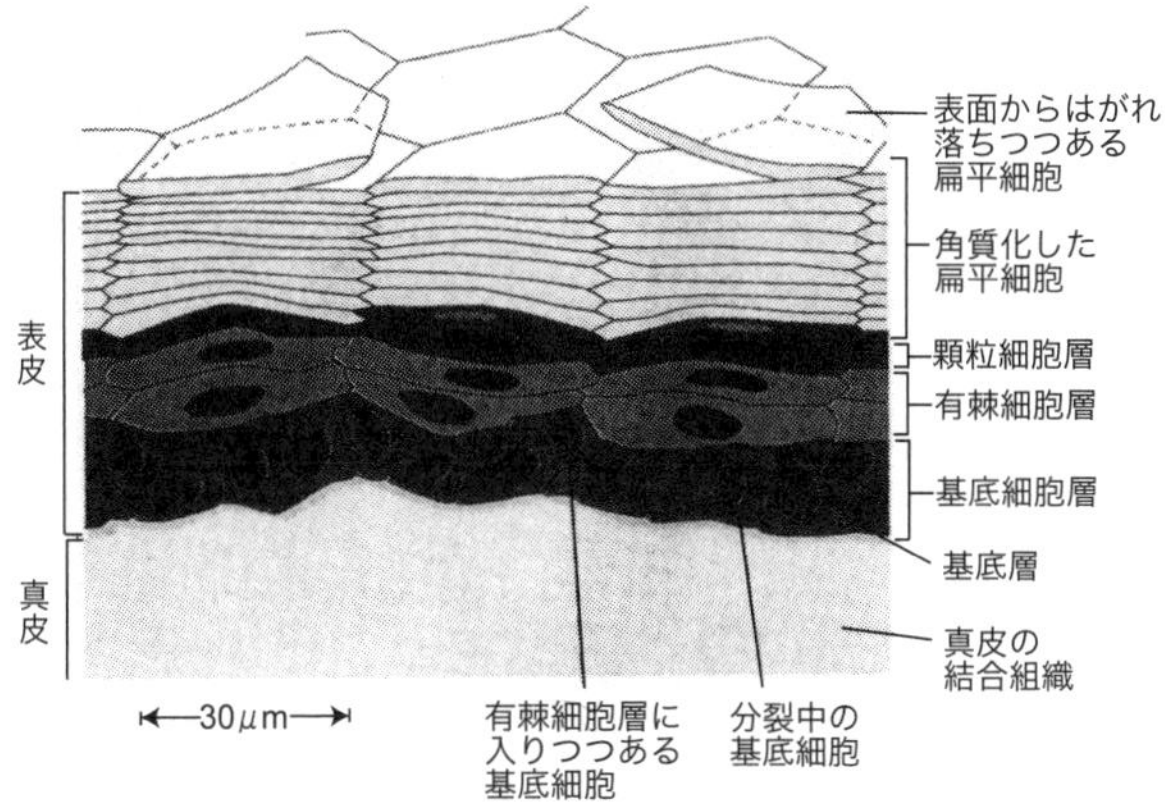

図 59　皮膚ができるときの単位
ここに見られる柱が増殖単位で柱の底にある
10 ～ 12 個の細胞の中の 1 個が幹細胞
（B. アルバーツ他著、中村他訳『細胞の分子生物学　第 3 版』ニュートンプレス）

死ぬという運命の中で、幹細胞は新しいものを産み続けます。よく知られているのが皮膚です（図59）。表皮細胞は角質化してはがれ落ちますが（アカ）、内部にある幹細胞が分裂し、その一部が表皮細胞としてしばらくはたらいた後、また死んでいくのです。幹細胞は一生の間、新しい皮膚を供給するわけで、その意味では個体が生きている間は不死です。

これまでにも、生と死が共存する様子をいろいろ見てきましたが、形づくりと維持の中での生と死を細かく見ていくととても興味深いことが見えてきます。

その一つが再生です。トカゲのシッポは再生しますし、プラナリアはかなり小さく切っても再生します。プラナリアの場合、幹細胞が体中に分布しており、条件が悪くなると自分で体を切って無性的に増殖することも知られています。

私たち人間は、怪我をしたときに皮膚や骨が再生してくる程度であり、複雑化の代償としてそのような生命力は失ったと考えざるを得ません。ここではプラナリアと同じ能力がもてたらなあと羨ましくなります。生きものとしての能力をどのようなところで見るかによって、どの生物がうまくできていると考えるかが違ってくるわけです。第1章で複数の時間をもつ大切さに触れましたが、それは同時に複数のものさしをもつことでもあります。なんでも人間中心に見るのでなく、再生という面から見れば「プラナリアってすごいんだ」と思うものさしも大事です。

体づくりの遺伝子

生きものの形は多種多様ですが、ボディ・プランとしてみると思いがけない共通性があるというのが、今、急速に進んでいる研究から感じることです。体の基本構造を支える遺伝子のはたらきを探り、さらにその先の多様性に向かう部分ではたらく遺伝子を探るという二段構えで研究を進めていけば、ゲノムの進化と形づくりとが関連づけられるだろうと思います。最近、研究者の中でエボ・デボという言葉が口にされるようになりました。エボは進化（Evolution）、デボは発生（Development）です。この二つが深く関係していることが実感されはじめたのです。一つひとつの生きものの形づくりと生きもの同士の関連とが同じところから追えるようになった。まさに、生命誌の視点が生きてきつつあります。

体づくりのさまざまな試みとして有名なのが、約六億年前に起きたカンブリア紀の大爆発といわれる時期ですが、遺伝子はこの時期には増えていません。遺伝子の大爆発は九億年前にあり、そのときに動物特有の遺伝子のほとんどができてしまったというデータがあります。その後は、既存の遺伝子をいかに組み合わせてネットワーク化していくかという変化によって、多様性を生んできたと考えられるわけです。遺伝子と形づくりの関係が少し見えてきた興味深い話です。おそらく進化はすべてこのようにして行なわれているのでしょう（オサムシのところでその一端が見えましたし）。こうして少しずつ生命の物語ができあがっていきます。

前後軸・背腹軸・体節

シートから形づくりをするには、前後、背腹、左右の軸が大事です。まず生じたのが前後軸であり、ヒドラですでに決まっています。動物にとって最も大事なのは頭、胴、尾を決めることであり、プラナリアになると背と腹が決まる。このあたりの遺伝子のはたらきは次々と解明されつつありおもしろいのですが、細かいので省略します。

前後、背腹の決まった後、それに沿った位置情報が生じ、それに従ってどのあたりに何をつくるかが決まっていきます。私たちが日常目にする動物のほとんどを占める脊椎動物（魚類、両生類、爬虫類、鳥類、哺乳類）と節足動物（昆虫や甲殻類など）の体は体節によってつくられていきますが、そこにも驚くほどの共通性が見られます。ショウジョウバエとマウス、ヒトでの形づくりを支配しているHOX遺伝子は共通です。マウス、ヒトでは、ショウジョウバエには一つしかない遺伝子の組みが四つ重なっているという違いはありますが、そのはたらき方がまったく同じ（図60）ということがわかったときは、研究者はみな驚きました。ハエもヒトも同じなんて。でもウニやヒドラに形づくりの基本は同じと感じさせるものがあるのですから、

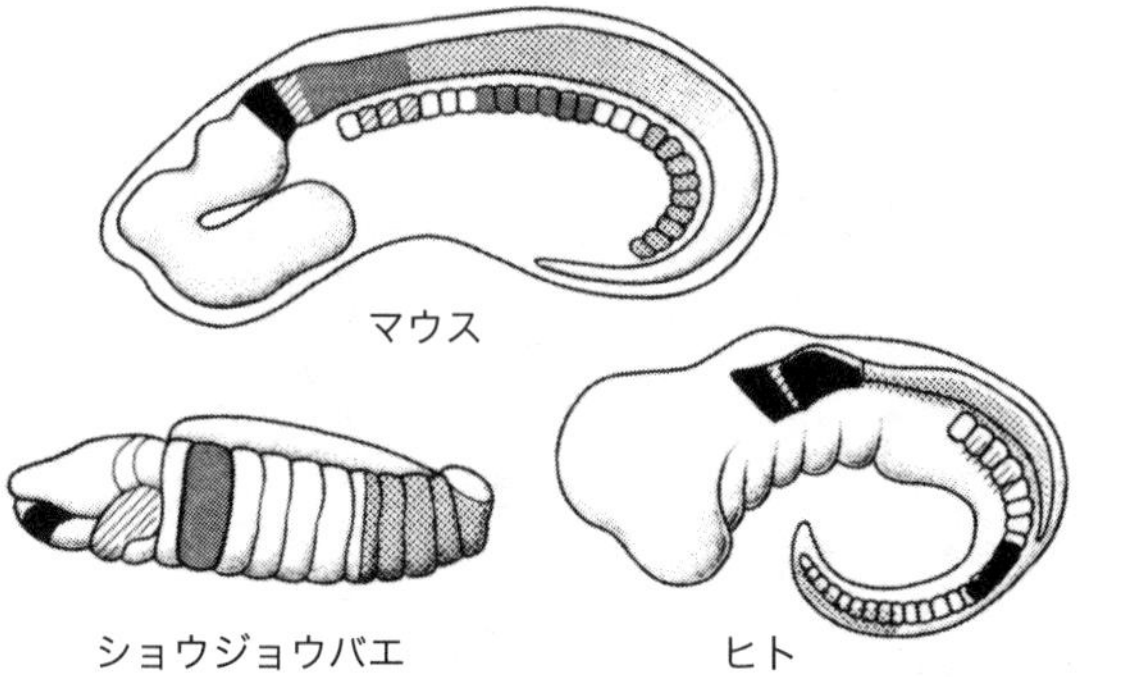

図 60　ヒト・ショウジョウバエ・マウスの HOX 遺伝子
(M. ホーグランド・B. ドッドソン著、中村桂子・中村友子訳『Oh ！生きもの』三田出版会)

その背景にある遺伝子に共通点があってもふしぎはないでしょう。ここからボディ・プランの基本が解けるに違いありません。

生きものづくりをするのは「鋳掛け屋」

多細胞生物すべてに共通の形づくり、脊椎動物と節足動物に共通の形づくりが見えてきたということは、その基本はかなり保守的に続いてきたことを意味します。その中で新しい機能を加えていく際に興味深いのは、元々ある機能をもっていたものが、後から出てきた生物でまったく別のはたらきをする例が少なくないことです。植物の光合成に関係するクロロフィルと私たちの体の中のヘモグロビン、バクテリアの中にあってチーズづくりに使われているレシチンという酵素と私たちの目にあるタンパク質など、いい加減に流用したとしか思えない例がたくさんあります。生きものづくりは鋳掛け屋さんだとつくづく思います（もっともこの商売のたとえは若い人には通じなくなっているようで、しゃれていうならブリコラージュ［寄せ集め細工。レヴィ＝ストロースの用語］でしょうか）。

脊椎動物の発生を追いかけていくと、胚の段階ではほとんど区別ができず、そこから徐々に魚は魚、鳥は鳥という独自の形ができあがっていくことは昔からよく知られていました（六八頁、図10）。形の基本を決める骨格を見ると、その変化がよくわかります。人間の脊柱《せきちゅう》は、図61のように頸椎《けいつい》（七個）、胸椎《きょうつい》（一二個）、腰椎《ようつい》（五個）、仙骨《せんこつ》（五個）、尾骨《びこつ》（三〜五個）となり、首と腰はよく動くようになっています。この形の始まりは魚類ですが、この場合同じ骨が頭のすぐ下から尾まで並んでいて、首はありません。

体全体を動かして泳いでいる魚の姿を思い起こしてください。次いで両生類になると、陸に上がって四肢をもち、脊柱の一部が肢とつながるようになりました。首の部分は上下には動きますが左右には動きません。サンショウウオが左右に動くときは体全体を動かしています。爬虫類になると頸のところの肋骨《ろっこつ》が短くなり頭が自由に動くようになります。哺乳類で腰の部分の肋骨が短くなったことがわかります。

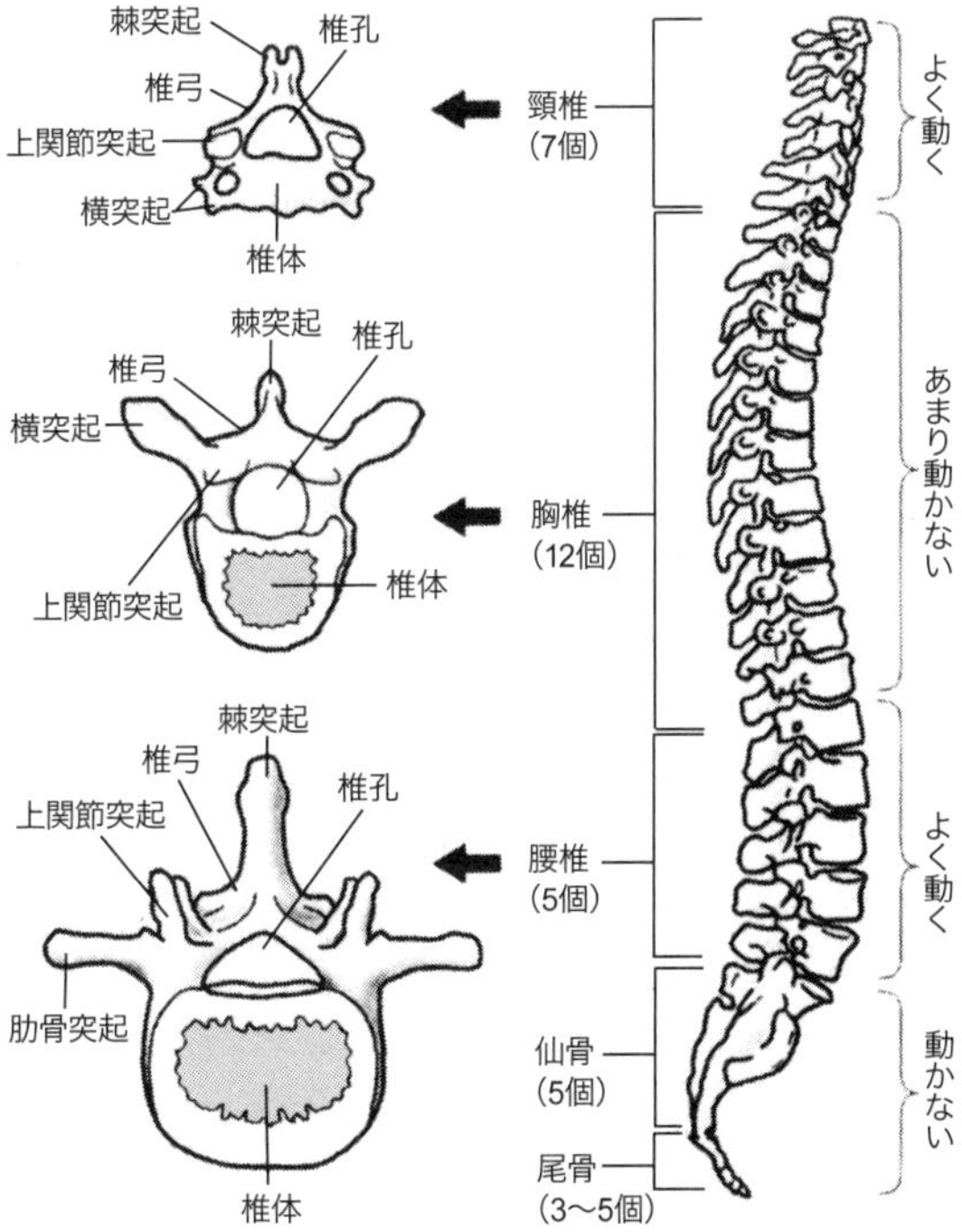

図 61　人間の脊椎と各椎骨の構造
（坂井建雄『人体は進化を語る』ニュートンプレス）

こうしてみると、ほんの少しの変化が、形やはたらきの大きな変化につながっていく様子が見え（図62）、共通性をもちながらうまく多様性を出していくことがわかります。形づくりの研究は、同じ遺伝子がはたらいているという発見を具体的な形の共通性と違いとにつなげなければ意味がありません。それには、形づくりの遺伝子のはたらきと、実際の形、たとえば骨の形の変化との両方を追っていくことが大事です。

近年はDNA、DNAといわれ、DNAさえ調べればなんでもわかるように思われがちですが、それは違います。ある遺伝子が、いつどこではたらいてどんな形をつくっていくのかを追わなければ、生きもののことはわかりません。骨の形は解剖学の基本であり、昔からよく調べられてきましたので、それを新しい目で見るととてもおもしろいのです。

細かなところを見ていくとまたまた興味深いことが見えてきます。形態学、発生生物学、解剖学など、生物の形をよく見ている研究者は口をそろえて、一番おもしろいのは、そしてもしかしたら人間にとって最も大切な変化は顎ができたことではないかと言います。脊椎動物の始まりである最初の魚には顎がありませんでした。エラで水をこし、そこにあるプランクトンなどを食べていました。無顎類です。そこに顎ができて有顎類となります。

昔、生物の分類でこれを聞いたときは顎に深い意味があるなどとは教えられず、無顎類、有

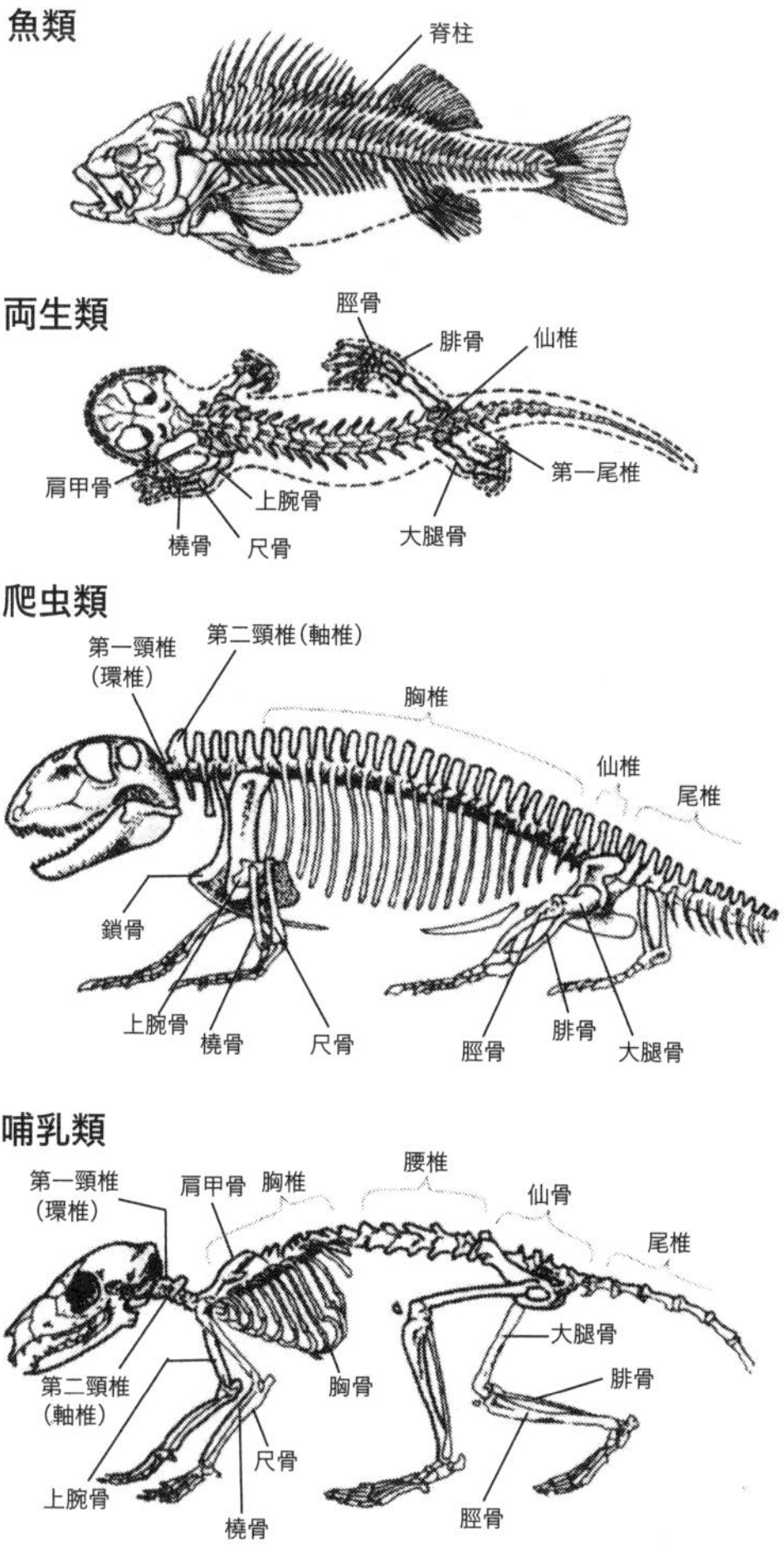

図 62　脊椎動物の骨格の比較

（坂井建雄『人体は進化を語る』ニュートンプレス）

顎類と覚えさせられたので、ちっともおもしろくありませんでした。研究者になって外国の教科書を読み、顎ができて初めて動物は自分で餌をとれるようになり、積極的に生きることになったのだと書いてあるのを見て、なるほどと感心し、これを教えてくれれば、生物学がもっと好きになったのにと思ったものです。

最近になって顎はもっとおもしろいと教えられました。顎は、エラから変化します。詳細はめんどうな骨の名前、神経の名前を使わないと語れませんので、大ざっぱなところだけにしますが、図63は顎がエラからできてきた模式図です。そして顎の関節がだんだん音を伝える役割をもち、哺乳類ではこれが中耳になるのです（図64）。

しかも、この付近にはたくさんの神経が走っていますから、顔や頭（脳）ができていきます。感覚として脳で処理される最も基本的なものは音とされています。人間の言葉も、もちろんまず音です。そのための耳は、こうして顎からできていったのです。

ここでR・オーウェンの描いた脊椎動物の原型を見るとユニークです（図65）。これは頭で考えたものですし、実際に原型の動物がいるわけではありません。ただ、肋骨がズラッと並んでいる脊椎動物が、それをうまく変えてエラへ、そして顎や耳へと鋳掛け屋仕事をしていく様子をみごとに表現しています。

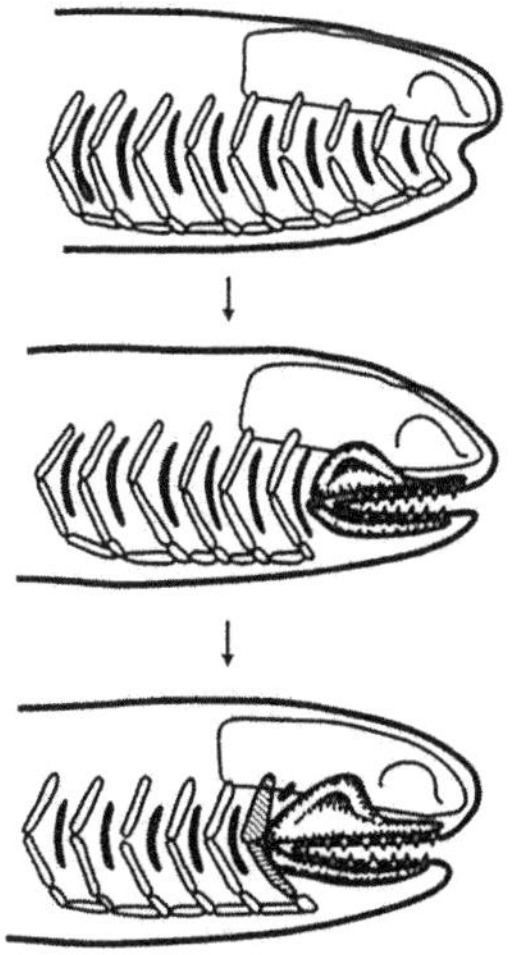

図 63　エラから顎ができてくる
（倉谷滋『かたちの進化の設計図』岩波書店）
（A.S. Romer, Vertebrate Paleontology, 3rd ed., Univ. Chicago Press <1974> より改変）

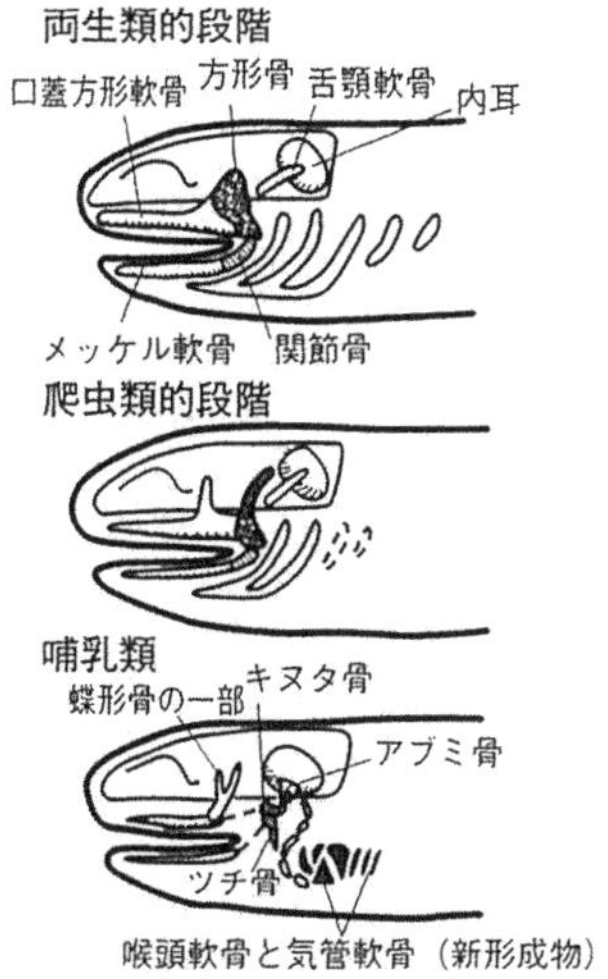

図 64　顎の関節が中耳に変化していく
（倉谷滋『かたちの進化の設計図』岩波書店）
（H.M. Smith, Evolution of Chordates Structure, Holt, Rinehart and Winston <1960> より改変）

私は、生物が鋳掛け屋だということがとても気に入っています。なんとかやりくりしていくところがなんとも楽しい。決して前の存在を否定したり、徹底的に壊したりせずにきたので、生きものはみな仲間となっているわけです（だからめんどうなのだと思う方もいるかもしれませんが）。ここでまた現代の人間社会に目を向けると、このような柔軟性を欠いているように見えます。新しいものが古いものを追い出していきます。

生物は工夫してきた記録をゲ

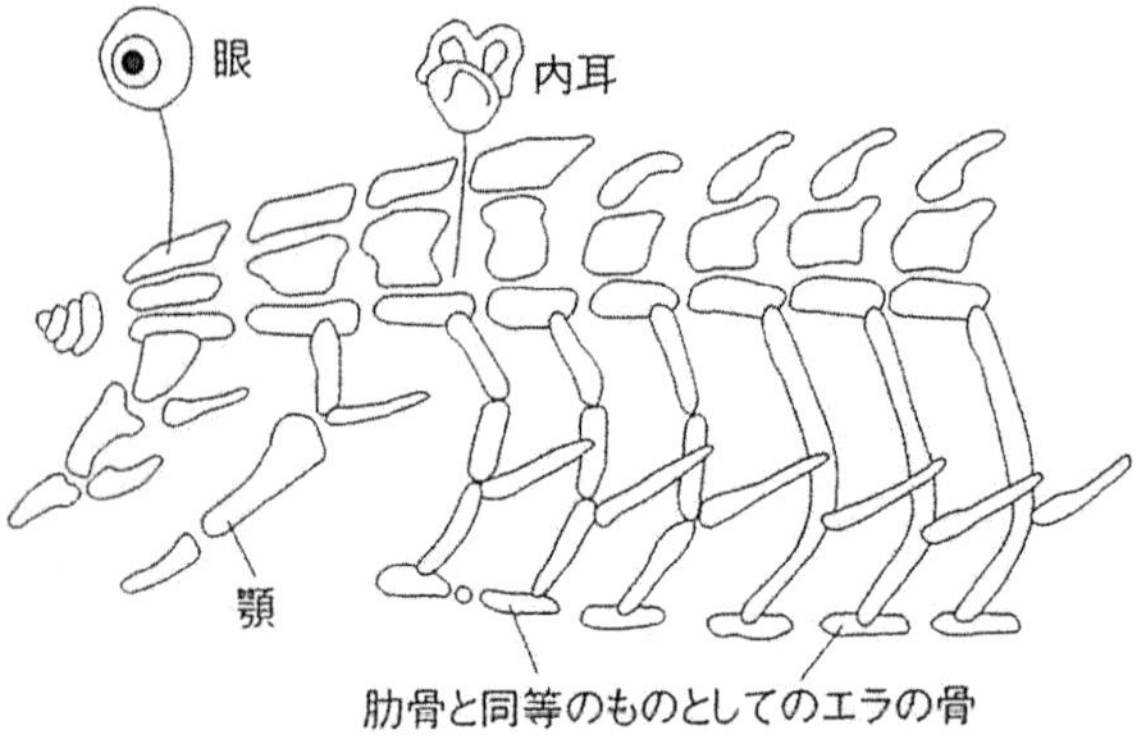

図65　オーウェンによる脊椎動物の「原型」

（倉谷滋『かたちの進化の設計図』岩波書店）
（Jollie, Am. Zool., 17, 323 <1977> より改変）

ノムに残しており、過去の知恵を生かしながら新しいものもつくりだしている。そこにはそれゆえの制約もあるわけで、人工の世界はそれを脱け出そうとしたのでしょう。しかし、人間が生きものだということを考えると生物のもつ知恵にもっと目を向ければよいのにと思います。

第3章　心を考える——ヒトから人間へ

ヒトの特徴を知り人間の生き方を探る

長い生命の歴史の中で、「私」はどこから来たどういう存在なのかを考えるのがこの本のねらいの一つです。これまでに、バクテリアとも同じというところから始まり、唯一無二のゲノムをもつ個体を産みだす自己創出系としての多細胞生物までたどりつきました。多細胞生物はまた、免疫系を通して他を排除し自己を確立していますし、神経系で外からの情報に対応した反応をしながら自己を創っていきます。

「私」の中には、何層も何層もの重なりがあり、どの層もそれぞれ「私」にとって大切な意味をもっていることがわかりました。

ここでいよいよ、ヒトという生物について考えなければなりません。他ならぬ「私」はヒトという生きものなのですから。生命誌は出発点を共通性に置きます。地球上のあらゆる生きものは、共通の祖先をもつ仲間だというところが基本です。これは、思想としても、環境問題への対処などの実生活上でも重要なことです。人間だけを特別な存在と見るのではなく、他の生きものに具合の悪い環境はヒトにも、そして私にも具合が悪いという素直な考え方です。

しかし一方、やはり私たちは、ヒトの特徴は何かを知りたいと思いますし、またそれを知らなければ、人間を知り、人間の生き方を探ることはできません。人間となると、最も興味深いのは脳のはたらきであり、さらにはそれとつながる心の問題です。生命科学でも、脳研究は重視され、脳の構造や機能の研究がさかんに行なわれています。とくに、記憶、学習、意識などの高次機能を是非知りたいという気持ちが強い。ここにこそ人間らしさが潜《ひそ》んでいると思うからです。

けれども、脳、しかもその高次機能だけに注目すると、生命誌が重視している他の生きものとのつながりが見えにくくなります。そこで、ヒトが特徴ある脳をもつにいたった経緯を、二つの面から見ようと思います。一つは、霊長類の中でヒトが他の仲間と違う存在になってきた過程を見ること、もう一つは、脳が生命の歴史の中で、いつごろどのようにできてきたのかという経緯を追うことです。こうして、脳だけを特別扱いせずに、体の一部としての脳、他と関連した脳という位置づけをしてから、人間の特徴を考えたいのです。

二足歩行から始まったヒト

霊長類の中でヒトと最も近いのがチンパンジー、分子系統樹で見ると五〇〇万年ほど前に分かれたことがわかります（図66）。DNA分析、化石、地質学などを総動員すると、そのころ、気候条件が悪くなりアフリカ大陸東部の熱帯雨林で果物などの食べものが不足気味になりました。その中でヒトは、弱い立場にあり、少しずつ森のはずれへ追いやられたようなのです。ついには森でなくなったサバンナに出ていくことになったという物語が考えられます。苦労して探した食べものを家族のところに運ぶために手を用い、直立二足歩行を始めたのではないか。ヒト化への道の始まりはここにあるという考え方が強くなっています（図67）。

最初の挑戦をした仲間、アウストラロピテクスについては、三五〇万年前の若いメスが、こ

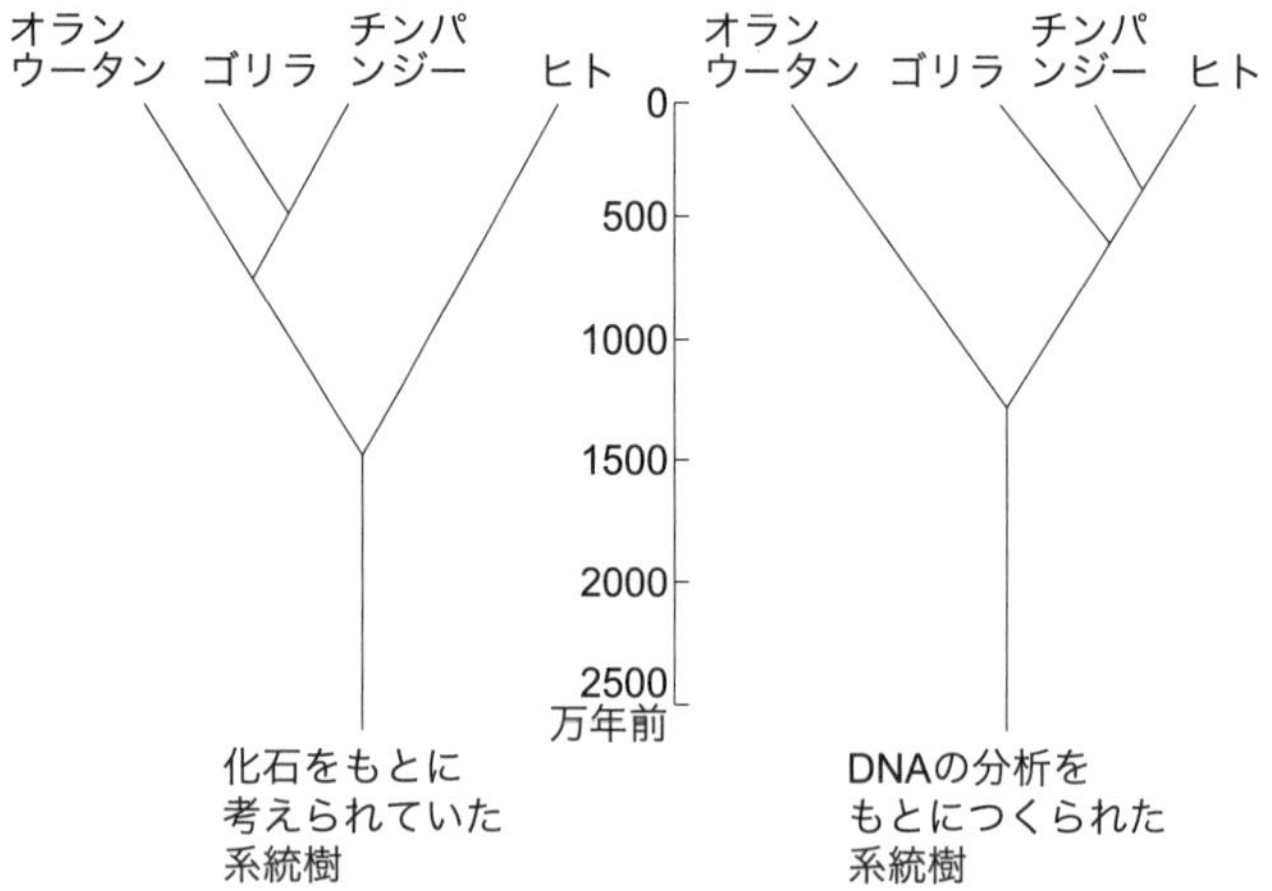

図 66　DNA から見た霊長類の類縁
（長谷川政美『DNA に刻まれたヒトの歴史』岩波書店）

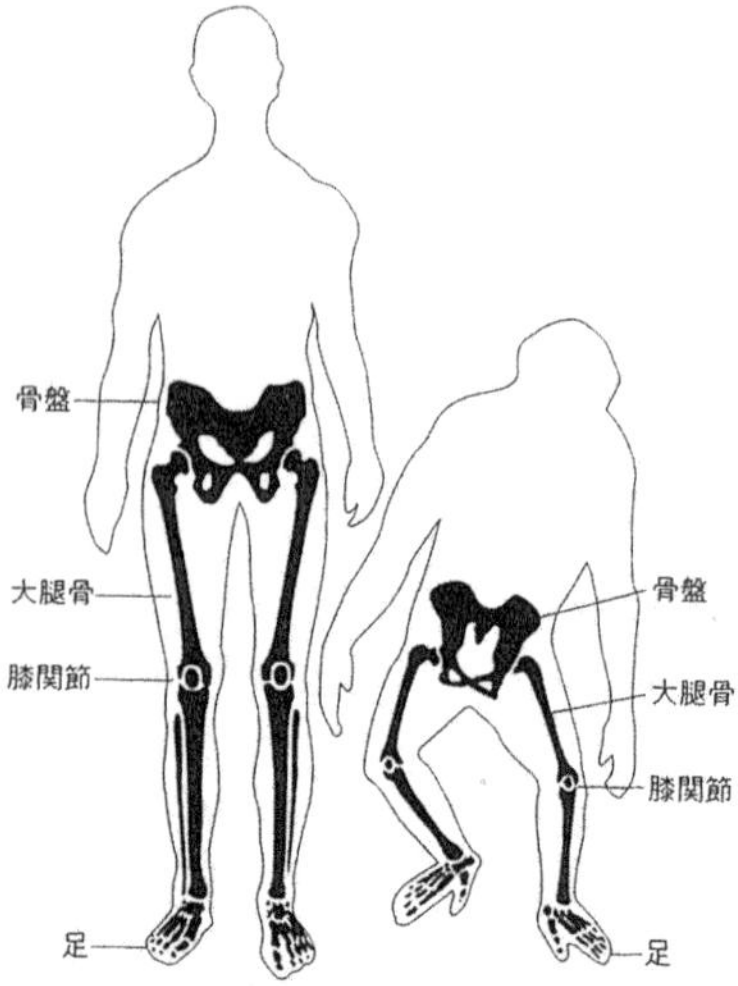

図 67　ヒトとチンパンジーの下肢

れまでになく完全な（というより最も不完全でない）化石として発見され、それは二足歩行をしていたとされます（図68）。「ルーシー」と名づけられたこのメスは、二〇歳ほどで亡くなったらしいのですが、腰の骨を調べると、どうも腰痛があったようで、ご苦労さまと言いたくなります。これは私たちの直接の祖先ではありませんが、とにかく二足歩行への道は始まりました。

二足歩行がなぜ重要か。それが、私たちが文化をもち、人類がついには科学技術によって人工の世界に住むにいたる始まりだからです。人間の特徴として「手」のはたらきがあります。脚としての役割から解放された手は、親指が他の四本の指と向かいあい、指の関節も細かく動く、いわゆる「器用な手」になりました。そして頭がしっかりした脊柱の上に載ったので脳が

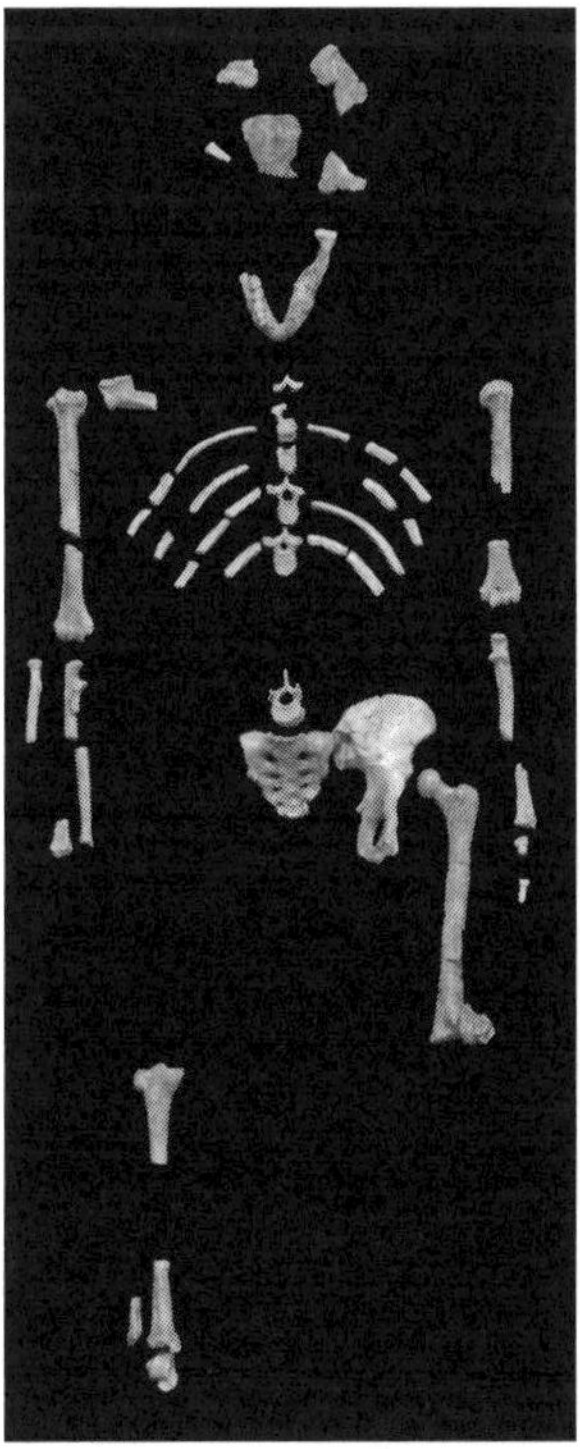

図68　ルーシーの部分骨格
（レプリカ、国立科学博物館蔵）

大きくなれた（その中で大脳が大きくなり、とくに前頭葉が発達した）ことも大事です。

もう一つは喉の構造。鼻だけでなく喉でも空気の出し入れができる構造になったために、空気を吐くことができ、そこで複雑な音声が出せ、言葉が話せるようになったわけです。喉がもののの飲みこみ専用でなく息を吐くところにもなったために、お餅で喉をつまらせるなどという困ったことも出てきたわけですが、言葉の恩恵には代えられません。また、視覚が重要な感覚になり、顔の前に二つ並んだ立体視のできる目で、空間をしっかり認知していきます。しかも、幸いその目は色を見ることができるので、一つひとつの物の区別もよくできます（図69、70）。

ちょっと横道にそれますが、私はヒトになって、色を感知する能力がなんとうまく戻ってきたものかと感心し、感謝します。実は、脊椎動物が誕生する前に、目で光を感じる役割をする視物質の遺伝子も多様化しました（〝も〟というのは、前にも述べたように、ここでゲノムの重複が二回も起こり、さまざまな遺伝子が多様化したからです）（図71）。赤（波長の長い光）を感じる視物質をつくる遺伝子がまず分岐し、次いで短波長の紫、さらに青、緑用の遺伝子が分かれ、最後に弱い光を感じる視物質ロドプシン遺伝子が分かれました。カラフルな世界が見えるだけの準備は整ったわけです。

ところが、哺乳類が現れた後、その中で緑と紫の視物質遺伝子を失って赤と青の二色性になっ

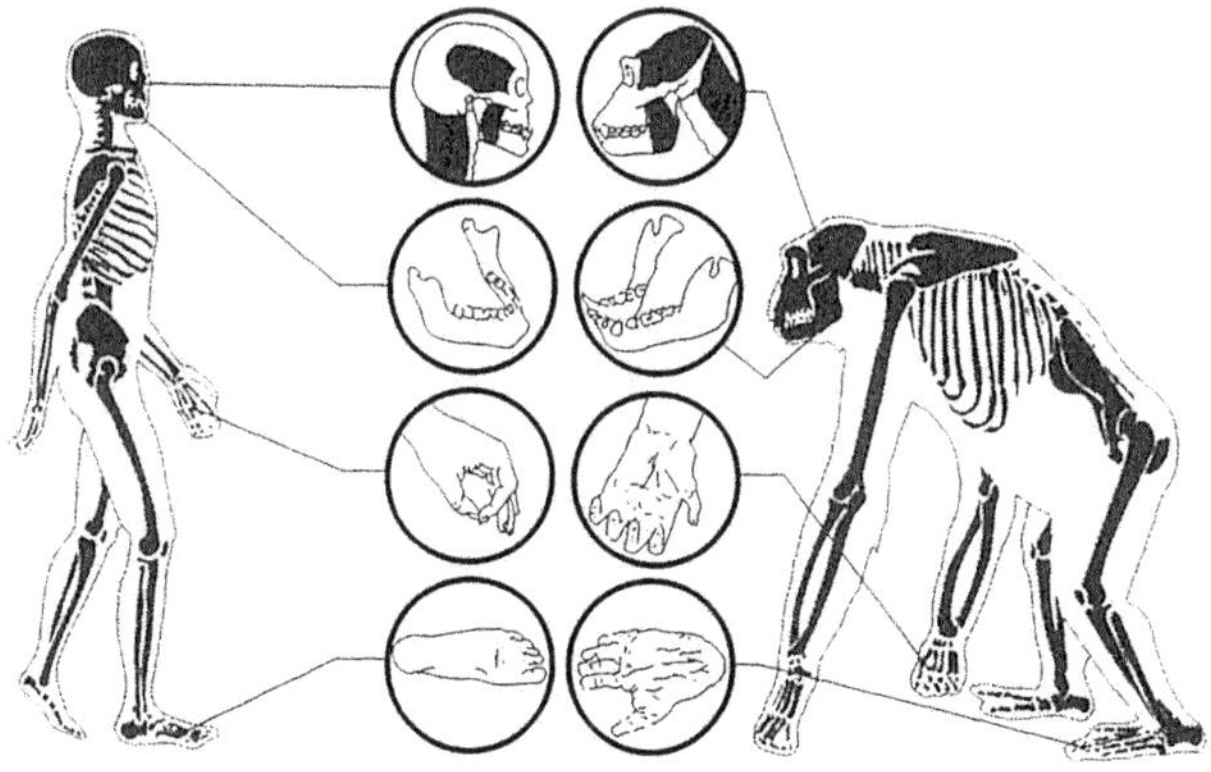

図 69　ヒトとチンパンジーの比較

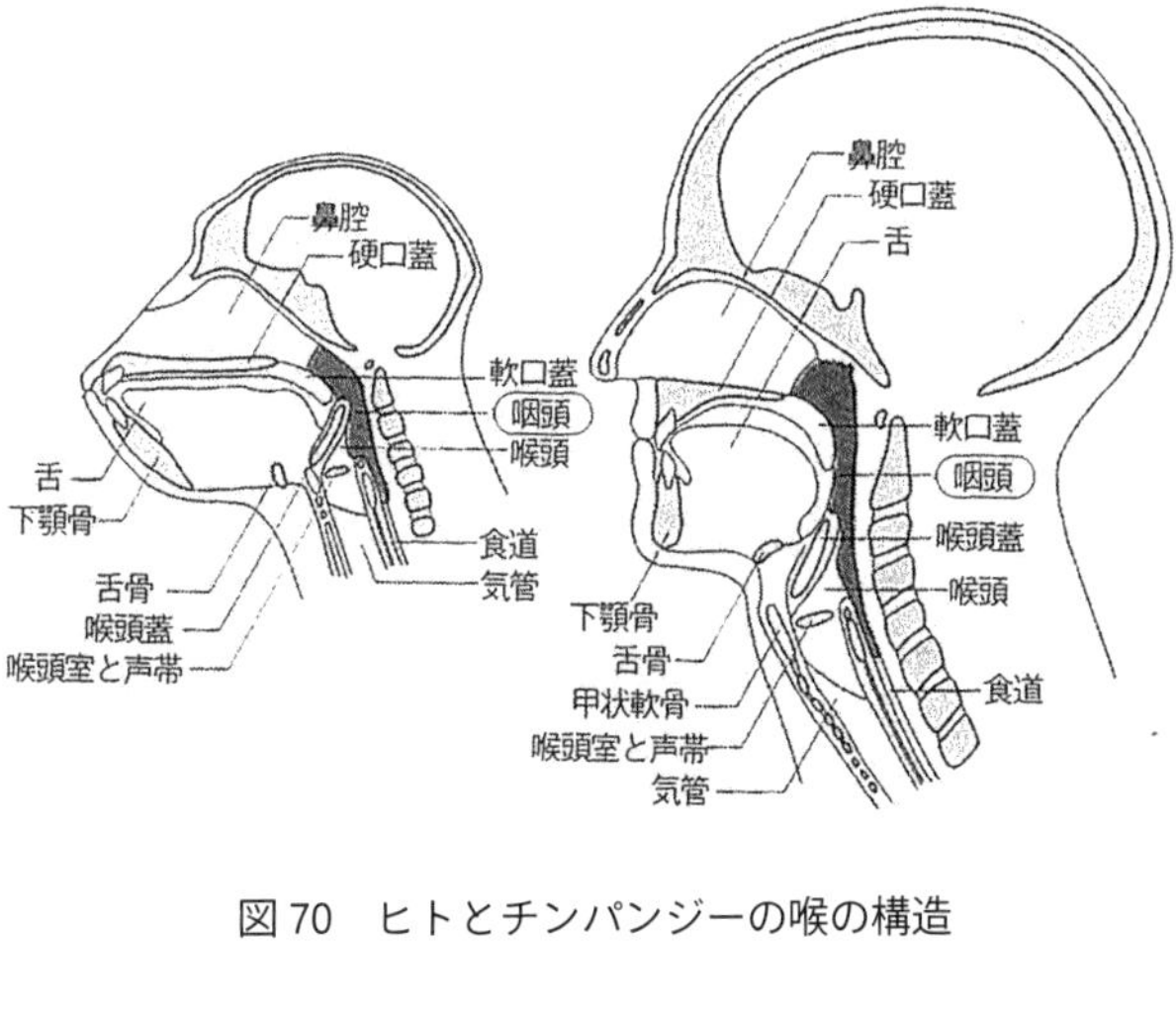

図 70　ヒトとチンパンジーの喉の構造

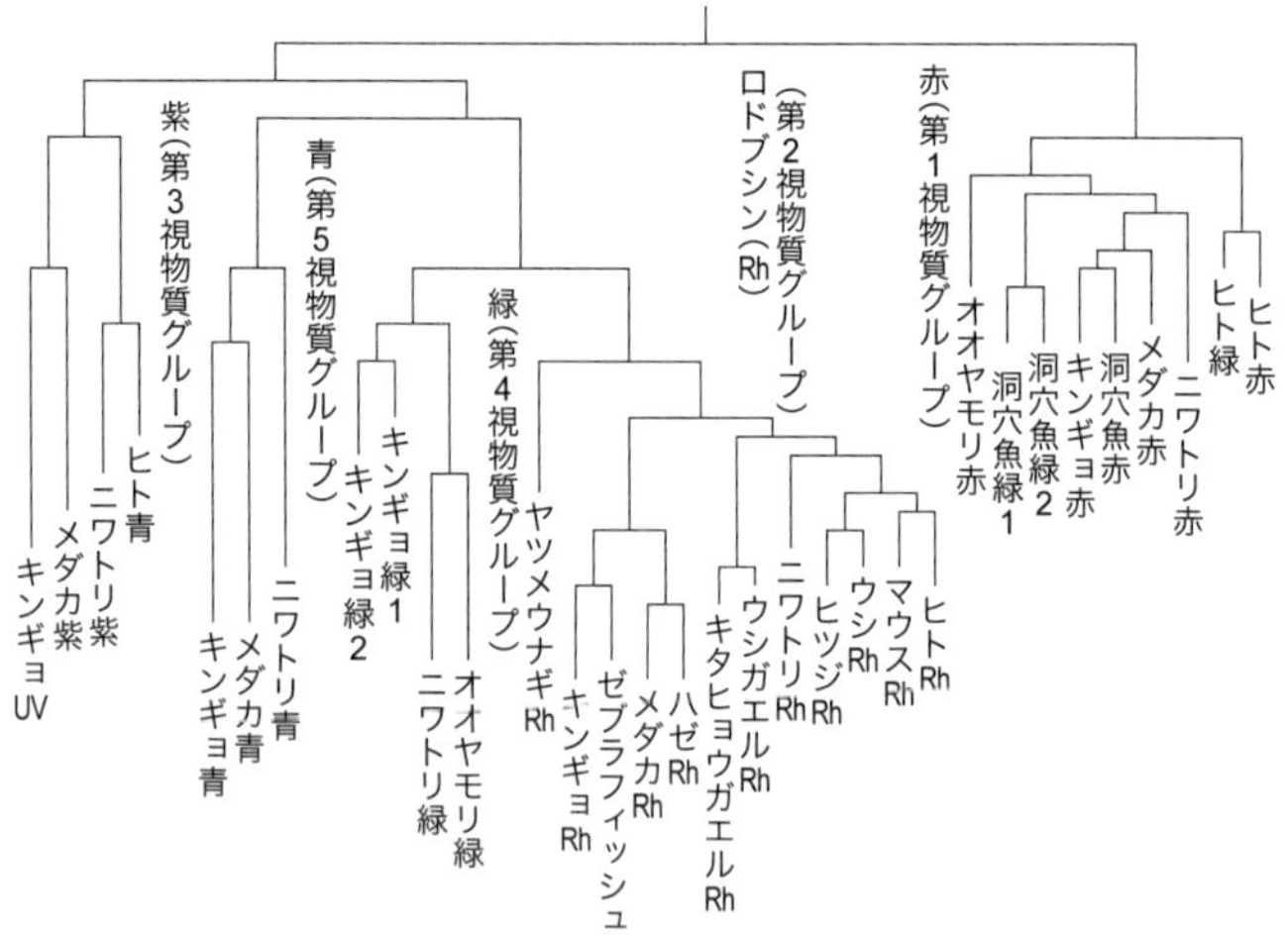

図71　視物質遺伝子の分子系統樹
（『生命誌』12号、徳永史生による）

てしまいます。夜行性だったので、色を見る必要がなく不要なものは消えてしまったのでしょうか。現存の夜行性のサルの仲間には一色性のものもいます。しかし幸い、ニホンザル、類人猿、そしてヒトも赤、青、緑の三色性になりました。ニワトリやキンギョは四色のみごとな世界を見ているというのに、一色性のままだったら変化のない世の中で芸術のあり方などもずいぶん違っていたことでしょう。

ここで述べた能力、つまり手、脳、言葉、視覚が総合化されたものが、生きものとしてのヒトの能力の特徴です。手だけでもなく、脳だけでもない、すべてが連動しています。一方、走る、泳ぐ、飛ぶなどの能力を見ると、たいしたことはありません。このような能力では、はるかに優れた他の生きものがいるサバンナや森で生きていくのはなかなかたいへんです。生きものはそれぞれもてる能力を生かして懸命に暮らしています。その中でヒトも特有の能力を活用する他ありません。

それが、技術をもち、社会をつくるということになるわけで、現代科学技術社会は、まさにその延長上にあります。自然と人工を対比させ、人工があまりにも多くの問題を抱えているので、科学技術を否定する動きが出るのもわかりますが、数ある生きものが、それぞれ特徴ある暮らし方をしている中で、人間は、お前は技術を使って上手に暮らせよと言われているのですから、科学技術を否定するのではなく、生きものをよく知り、生物界と矛盾しない技術を開発して、上手に使っていく工夫をするのがヒトとしての生き方ではないでしょうか。

脳とは何か

ヒトの特徴はこれまで述べてきたさまざまなところに見られるので、それを総合的に見ていかなければなりませんが、なんといっても興味深いのは脳です。現在の脳研究の多くは構造と機能、とくに意識などの高次機能に集中していますが、生命誌では、次の四点に関心があります。

第一は、生きものの歴史（進化）の中で脳はどのように生まれてきたかを追うことです。第二は個体の中での発生を見ること。ヒトの脳の発生を見ると、歴史の中で脳が誕生してきた様子がわかってきます。こうして脳における共通性と多様性を調べられるのです。第三は、脳の中でどのような反応が起きているかを見ることです。脳も細胞でできており、その中の物質のはたらきで動いているのですから。第四は脳のコラム構造です。脳にはコラムという単位があり、これが組み合わさって複雑化すると考えられています。ちょうどゲノムが複雑化してきた姿と重なり、なにかあるに違いないと思わせます。

このような見方をすることには、積極的な意味があります。脳の高次機能だけを見ていると、脳と身体とが別のものに見えてきます。とくに体全体を動かす情報系としてのゲノム（DNA）に対して、そこからはある程度自由な脳の情報系（身体の外にさまざまな装置、つまり人工の世界をつくっていくわけですから）が独立に存在するという形で、脳と身体が関係づけられます。そこで私も以前はこのような見方を提案していました。脳情報と遺伝子情報の闘いが環境問題として表面化しているのではないかと考えたのです。

確かにそういう面はありますが、脳とゲノムを対立させたり、自然と人工を乖離させたりせずに、体の一部として生まれてきた脳とは何かと考えることが大事だと思うようになってきました。その延長上で本当に私たちにとって望ましい社会――もちろんそれは他の生きものにとっても望ましいということを含めて――を考えるのが建設的だと思うのです。

外に反応し、外にはたらきかける

残念ながら先にあげた四つの見方を詳細に扱う余裕はありませんので、生命誌の特徴と言える生きものの歴史の中での脳の位置づけを追います。

生きものの特徴は、内と外があることです。ここは自分のテリトリーだぞということをいつも主張しています。細胞一個でも、また細胞が集まった組織でもそうなので、心臓と肺が混じりあうなどということはありません。もちろん個体でも個体の集団でもつねに自己があります。少し大げさな言葉を使うならアイデンティティーでしょうか。

がん細胞は、生きているということを考えるうえで興味深い存在であり、生と死のところでもその特徴をあげましたが、ここでの見方ではアイデンティティーを失っていることになります。肺や腸で生じたがん細胞は本来肺細胞、腸細胞ですが、困ったことにときに他の組織へ移

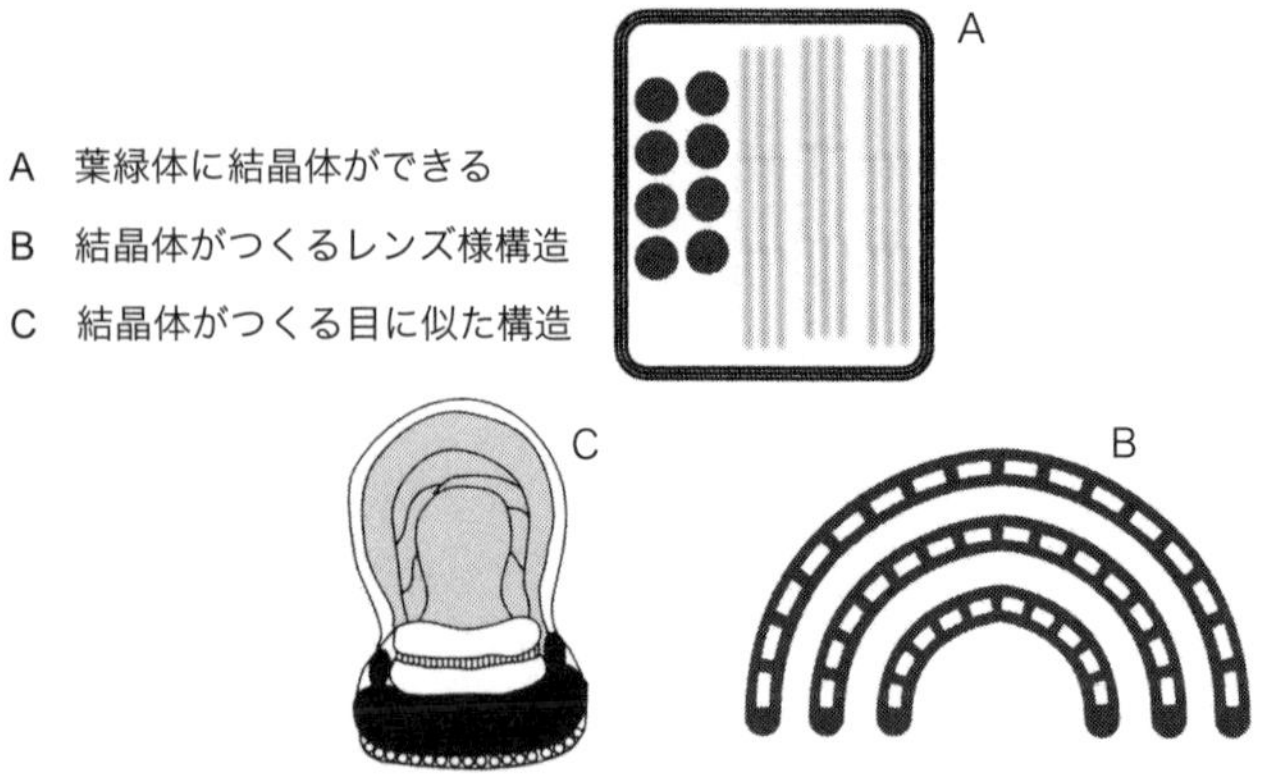

図72 藻の眼点
黒の濃い部分が眼点の結晶体
（『生命誌』20号、堀口健雄による）

動して、そこで増えてしまう転移をします。これほど厄介なものはありません。自分は肺の細胞なのだというアイデンティティーがないからです。

とにかく「私は私です」として内と外とをしっかり区別するのが基本ですが、そのうえでつねに外に反応し、外にはたらきかけるという状態にないと生きているとはいえません。ゾウリムシは（ゾウリムシでさえ、と言いたいのですが、生命誌を研究しているとゾウリムシの能力に敬服せざるを得ないのでそうは言いません）エサに近づき、有害物質（実験では酸などを入れる）があるとそれを避けます。藻の一つである鞭毛藻は光合成をしますので当然光受容部位があり、その付近に光を反射したり遮蔽したりする眼点とよばれる構造をもっています。色素顆粒なのですが、いくつかの藻を観察すると、パラボラアンテナのような形に並んだり、さらにはレンズで光を集める、まさに目のような構造のものまで見られます（図72）。

どうしてこんな構造ができたのかよくわかりませんが、ダーウィンが進化を考えるときに、目のような構造がどのようにしてできるかわからないと悩んだ話を思い出し、生物は思いがけないところで思いがけないことをやってのけるものだと感心します（感心しているだけでなく、ここを解きたいのですが）。また、私たちの目にある視物質の一つであるロドプシンは、すでに細菌の段階から存在し、光のエネルギーを化学エネルギーに変えるはたらきをしています。視覚という私たちにとって重要な情報処理にあずかっている分子は、そのためにつくりだされたものではなく、実は、細菌が光に反応して生きる基本物質として使っていたものなのです。あり合わせを使う鋳掛け屋精神はここでも健在です。

多細胞生物になると、ある細胞が外から受けとった情報を個体全体として処理する必要があり、そのために神経系が登場することは、ヒドラの例で見ました。神経細胞の軸索を通してすばやく情報を送り、最後のところは化学物質に変えるという方法は、ヒトでも同じです。使われる物質の種類が二〇〇ほどに増えてはいますが。

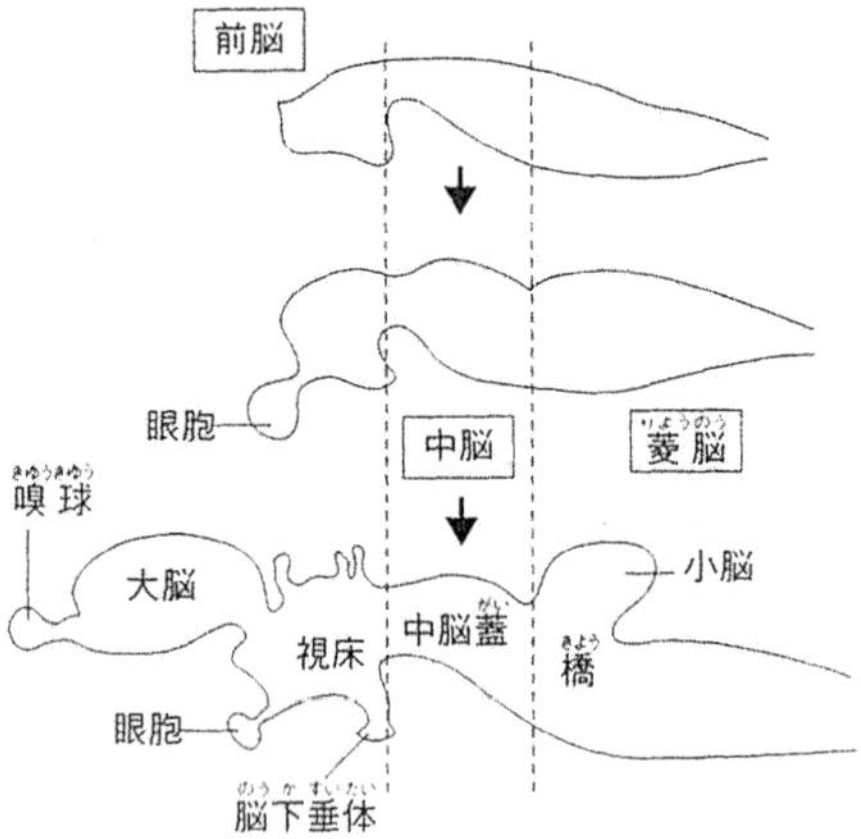

図73　脳の発達

（坂井建雄『人体は進化を語る』ニュートンプレス）

脳の誕生

ヒドラにも神経系はありますが、神経細胞が全身に分散しており、それが一カ所に集まった中枢としての脳はありません。脳が登場したのはいつか。すでに脳をもっている生物で発生の様子を追うと、まず神経管という構造ができ、その前方がふくれて脳ができていくのがわかります（図73）。最前方部が大脳、やや後が小脳、それに隠れたように存在する脳幹。神経管が脳の出発点だとすると、これがいつ登場したかに興味が向きます。すると、思いがけないことに、ホヤが浮かびあがってきます（夏に北国を旅すると、旅館で出てくるホヤです）。

およそ六億年前に地球上に現れた原索《げんさく》動物であり、成体になると海底の岩について動かないので脳があるとは思えないのですが、卵から生まれたばかりの幼生は、オタマジャクシと似た姿で尾を振って泳ぎます（図74）。神経管は外胚葉由来の上皮細胞のシートが円筒形に巻いたものであり（二〇〇頁、図57）、この細胞が各部分でそれぞれ独自の増殖と分化（神経細胞やグリア細胞など）をして、増殖のさかんな場所が脳になっていきます。このメカニズムは、ヒト、トリ、ホヤでそれぞれ脳ができあがっていく様子を追うとすべてに共通であり、ホヤですでに脳形成の基本はできているといってよいことがわかります。

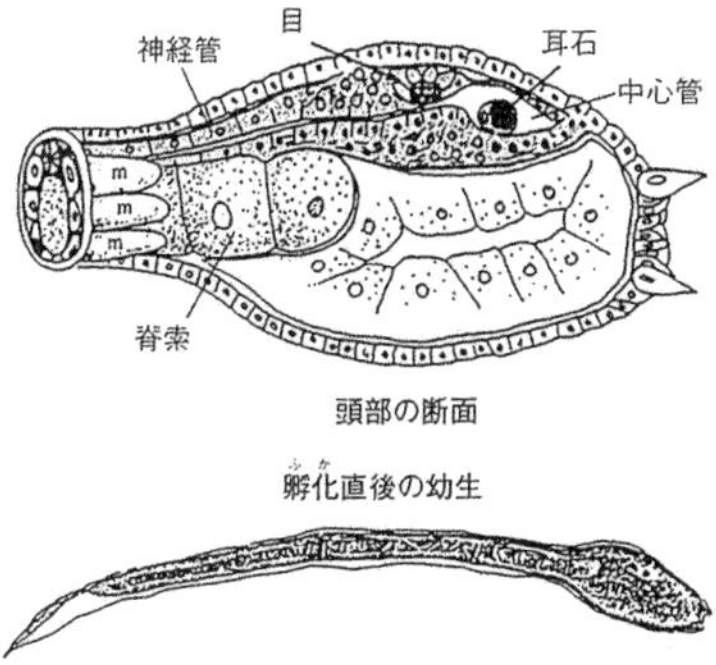

図74　ホヤの幼生と頭部の構造

幼生には、平衡器官である耳石（細胞一個）と網膜細胞（二個）があり、上下感覚と光の方向を脳に伝えています。そこで水深五〇メートルもの海底から海面のほうへ泳いでいくわけです。最近は、プラナリアでも、頭部に神経細胞の集まった箇所があり、そこで脳に特有の遺伝子がはたらいているという報告が出されています。集中的な情報処理は、意外に早くから行なわれてきたらしいのです。私たちは脳というと、いわゆる高等生物に特有のものとしてきましたが、多細胞動物であればどこかでまとめた情報処理をするほうが全体として望ましいということなのでしょう。

ところで、ホヤの幼生の神経管では神経体節が一つですが、その後の進化の過程で神経体節が重複し、神経管が長くなり、神経管の各部で細胞がそれぞれ特有の増殖、分化をし、構造が複雑化していきました。遺伝子でも、複雑化の基本は重複だったことを思い出します。既存のものを重複で増やし、その一部を変化させて新しい機能を獲得していくという方法が生物の基本としてあるようです。

今も初期の脳をそのままに残していると考えられるのが、脊椎動物につながる生物として知られるナメクジウオです。体づくりにはたらくホメオボックス遺伝子のうち、脳に関連するHOX3という遺伝子のはたらきをナメクジウオと脊椎動物（マウス）とで比べた結果、ナメクジウオの脳胞（脳にあたるところ）に脊椎動物の中脳にあたる構造があることがわかりました。脳といえども体の一部ですから、体全体の秩序を決める遺伝子のはたらきでつくられているのは当然で、しかもそのはたらきは保存されているのです。神経体節が重複すると各部分が自由な大きさをとれるので、魚類、鳥類、哺乳類のように動きまわることが大事な仲間で運動を司る小脳が発達するという特徴が生まれ、ヒトにいたっては大脳が巨大になったのです。

神経管の各所がふくらんで神経細胞の塊である脳ができるわけですが、そこにどのような神経が集まっているのかが問題になります。人間の顔に備わっている神経を見ると、生物の歴史の中で脳がどのようにして生まれ、脳はなんのためにあるのかが見えてきます（図75）。

脳から出ている神経は一二本（脊椎動物に共通）、三群に分けられます。一群は、嗅神経、視神経、内耳神経で、すべて頭にある感覚器官の神経です。第二は、三叉《さんさ》神経、顔面神経、舌咽《ぜついん》神経、迷走神経とその副神経で、これは魚のエラから進化してきたものです。第三は、脊髄神経です。

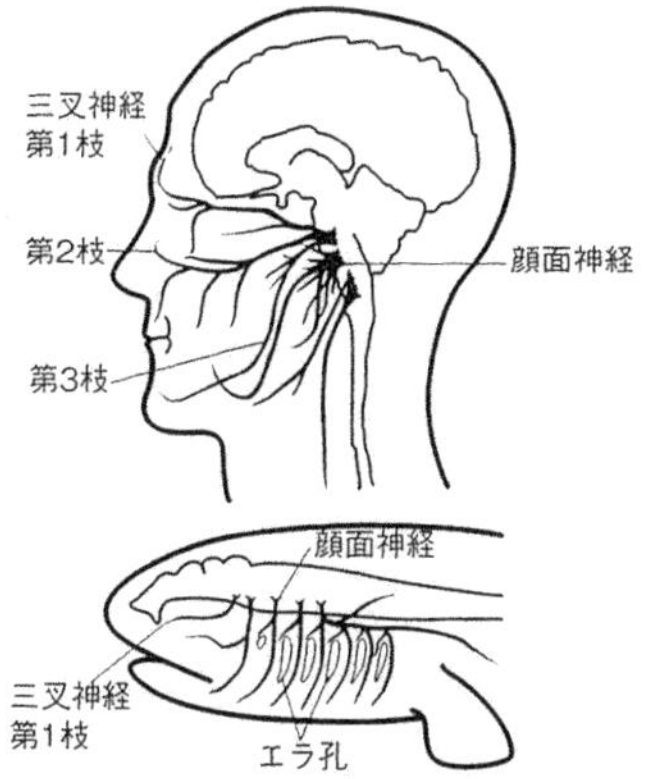

図75　ヒトとサカナの神経
（倉谷滋『かたちの進化の設計図』岩波書店）

こうしてみると、脊椎動物の前のほうがふくらんで頭ができてきた意味がよくわかります（図73）。一つは、嗅覚、聴覚、視覚（鼻と耳と目）という三つの重要な感覚器官を体の前のほうに集め、外から入ってくる情報をできるだけ素早く、また正確に処理しそれを体の各所に伝え、的確な対応をするということです。脳の大切な作業はこの情報処理です。もう一つは、前にも述べましたが、魚類のエラから始まって顎ができ、顔ができてきた形づくりの歴史を踏まえたもので、積極的に食物をとるところから始まる生きるための基本構造です。第三群の神経は、脊髄神経の延長にあたり、骨格と筋肉から成る体壁（内臓を包んでいる）を支配しています。

ここから、頭は体全体が巧みに外部に反応し、積極的に行動する方向へと進化してきた結果、体の一部として生まれたものだということがよくわかります。脳というとどうしても人間の大脳新皮質に注目が集まり、思考、記憶などの高次機能こそ脳の特徴だとされます。けれども脳という臓器は、体全体を巧みにはたらかせるために生じてきたものであり、脳を体と切り離して考えないというのが生命誌の視点です。

エラには第一から第六までありますから、転用してできた器官（鰓《えら》器官）はたくさんあり、顔のほとんどがそこからできました。なんと都合よく魚類の時代にたくさんのエラをつくっておいてくれたものかと思い、ちょっとエラを見る目が変わりました。

中枢神経は末梢神経によって育てられる

神経系のありようを知るには、これまでのように、進化の中で生じてきた脳の様子を知る以外に、発生を追う方法があります。進化と発生が深く関わりあっているという点では、脳・神経も同じです。脳については、ヒトでの観察が詳細に行なわれています。ヒトは受精後二八〇日の間に進化の歴史をたどるのですが、二二日目に神経管（ホヤにあった脳の始まり）が生じ、脳ができ始めます。四九日目になると前脳、中脳、菱脳《りょうのう》（後の小脳）、延髄《えんずい》ができ、神経細胞をつくり始め、五〇日目には前脳がふくらんで大脳が大きくなり始めます。

こうして二カ月目までに基本ができ、後はそれぞれが大きくなっていくわけです。出生までに神経細胞はできあがってしまい、その後も確かに数は増えますが、大事なのは神経細胞間の配線です。脳構造の基本は遺伝的に決まっていますが、配線は誕生後に外から入った刺激によってできていきます。赤ちゃんが、一カ月ほどすると目でものを追うようになり、二カ月になると手もそちらへ動くようになるのは日常よく見るところです。

そのころの赤ちゃんが、自分の握りこぶしを上にあげてじっと眺めているのはかわいいものですが、こうして視覚と運動とが統合されて初めて、日常の行動ができるようになっていくわけです。このような脳の形成の背後にどのようなゲノムのはたらきがあるのかを知りたいのですが、まだ物語になるまではいかないのが実情です。

中枢神経は体全体を統合する人間の中心ですが、脳が生まれてくる過程を追っていくと、それは一方的に統合、命令するものではなく、感覚器官から入り末梢神経を通して入ってきた情報によってつくられていくという、逆の関係も大事であることがわかります。脳は、感覚器官や末梢神経によって育てられるといっても過言ではないでしょう。私たちの脳の基本は、このような背景でつくられたものであり、現在も、この基本から逃れてはいません。

哺乳類になっての脳の急成長

脳の進化を見ると、魚類、両生類、爬虫類までは、体重に対する脳重量がそれほど変わりません。動物によってどこが発達するかは環境との関係で決まりますからそれぞれ違いますが、総体としての脳は変わっていないのです（図76）。

それが大きく変わるのが哺乳類です。体重との比で脳が大きくなる。それは主として大脳半球の成長であり、爬虫類の脳には見られない新しい神経細胞が生まれてきます。新皮質の誕生です。旧皮質、古皮質とよばれる爬虫類時代から続いている皮質は嗅覚入力が主体であるのに対して、新皮質は視覚、聴覚、触覚、体感覚（筋肉や関節の知覚）を受け、しかも脳幹、延髄という脊椎動物のすべてに共通の部分のはたらきを支配する制御系をつくっていきます。哺乳類

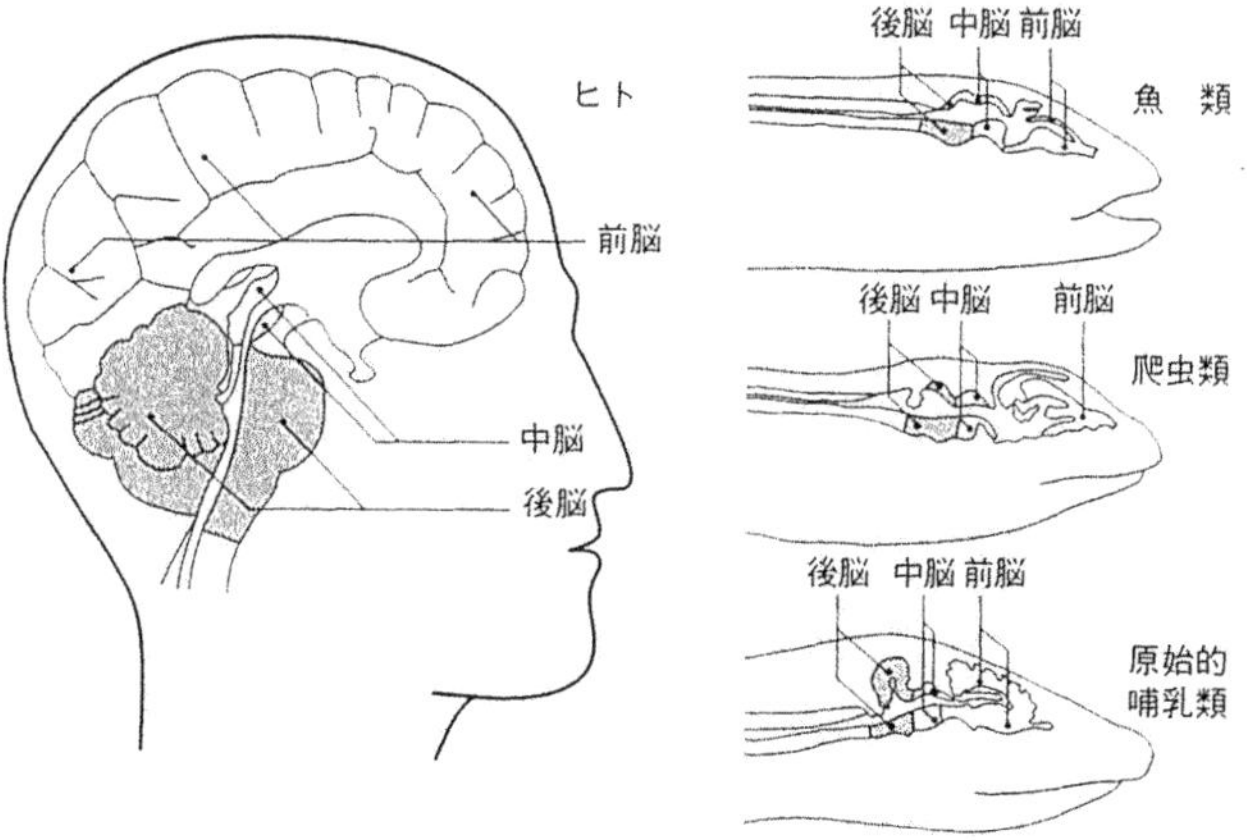

図76　さまざまな生きものの脳

が進化してきた七〇〇〇万年ほどの間にこのような変化があったのですが、この間に他の生物で脳容積が増加したのは鳥類だけで、なかでもカラスは大きいと聞くと、そういえば街を我がもの顔で動きまわっているのは哺乳類である人間と鳥類であるカラスだなどとおかしな納得のしかたをしてしまいます。

哺乳類の中でも霊長類がとくに大脳皮質を発達させ、その中でもヒトは特別です。ここまでくると、人類学、考古学、心理学など多くの学問の助けが必要になりますし、しかもまだ、それぞれの分野で明確な考え方が出ておらず、いずれも仮説を立てて考えているところです。学問としてはこのような状態にあるときが最もおもしろいのでこれからが楽しみです。

ヒトでは大脳新皮質部分が格段に大きく、それが人間特有の高次機能につながっていることは確かです。ここで、大脳新皮質の細胞が増えるのは、神経細胞をつくる細胞が、分裂回数を増やすからだろうと考えてみます。脳科学者の藤田哲也先生はこれをコンピューターシミュレーションして、ヒトの大脳の細胞の分裂回数を二回減らすとマカク（ニホンザル、アカゲザルなど）、一〇回減らすとマウスと同じ大きさになることを示しています。もっとも細胞数が増えるだけでは意味がありません。独自の機能をもたなければならないわけで、これもまたヒトとチンパンジーやマカクとの比較があります。

機能を見るには、領野の種類と大きさを見る必要があります。領野は、大脳皮質を構造と機能によって区分したもので、ヒトの場合四八あり、たとえばその中の一七野は視覚の第一次中枢であり、霊長類の誕生以来ヒトまでほとんど変わっていません。一方、ブローカ野（運動性言語野）にあたる四四と四五領野、高次の言語処理に関わる四七領野や三七領野はヒトにはあるけれど、オランウータン、マカクには存在しないことがわかっています。

また各領野で処理した情報を総合化する前頭連合野は、ヒトに最も近いチンパンジーでもヒトの三分の一ほどしかないことがわかっています。とくに近年、長期記憶の中から必要なものを引き出してきて一時ためておき、そこからいくつかのことがらを連関させて使っていくワーキングメモリーという機能が連合野の四六野にあることがわかり、ここもヒトで特段に発達していることが明らかになりました。でもこれはほんの一部です。こうして大脳の構造と機能を対応させた研究が進み、いずれ脳の全体像が見えてくるでしょう。

領野は、コラムとよばれる単位（細胞集団）をもっていることもわかってきており、領野が生まれたり、大きくなったりするのは、単位であるコラムが重複し、それが変化したり組み合わさったりするのだという考え方が出ています。これを聞くとまた思い出すのがゲノムです。最初の少しの遺伝子群が一部重複し、それが変化したり組み合わさったりして複雑化してきました。おそらく脳も同じだろうと思います。「生物は鋳掛け屋」という基本は脳にもあてはまるに違いありません。

心はどこにあるか

人間の脳だけをとりたてて特別なものと思わずに、生物の長い歴史の中に位置づけて見てきました。

その中でどうしても考えなければならないのは心の問題です。心は脳の機能である。生物や人間を研究している人の多くはこう考えており、脳という複雑な対象を研究するのも、そこに人間の本質を解く鍵があると考えているからでしょう。でも脳は、生物が地球上に誕生して以来試みてきた、ある環境の中でできるだけ上手に長く生き続けようとする試みの中からおのずと生まれてきたものであり、つねに体の一部としてさまざまな選択をしてきました。脳は体と離れて体を支配しているものではなく、つねに体からのメッセージを受け止めています。しかも体からのメッセージは、環境（外部の物質や光や他の生きものたち）からのメッセージを受けて出されたものです。つまり脳・体・環境は一体化しているのです。

ヒトの脳は、なぜか二〇万年近く前の新人といわれる段階で急速に前頭葉を発達させましたが、それでも、ホヤから引き継いでいる古い脳はそのままです。決してそれを捨ててまったく新型の脳をつくりだしたわけではありません。古い脳は、体の機能と密接につながっています。ただ、人間の行動を見ていると、急速に発達した新しい部分と古い脳とがせめぎあっており、自分の脳の中をきちんと整理できていないように見えますが。

こう考えると、心を脳の機能と言いきることに抵抗が出てきます。脳もそれ以外の身体もすべて含めた私という存在の機能が心なのではないか。心は、自分自身にも、外にも向きます。他の人間、他の生きもの、いや生きもの以外のものにも向けられます。心は、そのような関係の中にあるような気がします。自分との間、イヌとの間、ときには大事にしているお皿との間。お皿そのものに心があるとは思いませんが、自分とお皿との間には心があると思えます。

ヒトに特有の大脳皮質、しかもその中の前頭連合野に注目して高次の精神活動から心を考えていく脳研究に期待するところ大ですが、生きもの全体の中での脳のはたらきを考慮して心を考えていくやり方も悪くないと思います。その考え方が正しいか正しくないかはわかりませんが、私はこの考え方で進んでみようと思っています。

脳とゲノムの関係

生物の長い歴史の中にヒトを位置づけ脳を他の体の部分と関連づけて見ることによって、脳と心の一側面が見えてきました。ここで、ゲノムと脳について少し考えてみたいと思います。以前私は、ゲノムが出す情報、つまり生きものの長い長い歴史の中にあり、ヒトといえども決して特別でない部分と、脳の情報という二つの系統が私たちの体の中にあると感じていました。脳のほうは言葉を用い、制度や学問などをもとにして人工の世界をつくっていくわけで、これは必ずしも生きものとしてのヒトが求めているものとは合致しません。環境問題などはまさにゲノムの情報と脳の情報の間の葛藤であるように見えました。生きものとしての人間にとって具合の悪いことを脳が勝手にやってしまうと。

しかし、ゲノムの研究を進めているうちに少し見方が変わってきています。ゲノムは決して単なる遺伝子の集まりではなく、ゲノムを単位として見なければ、生きものは見えてこないというのが生命誌の基本です。それはすなわち、DNAという分子ではなく、細胞や個体こそ生きものの基本だという見方です。細胞を細胞たらしめ、個体を個体たらしめる構造があり、それは、ゲノムのはたらき方の中に見えてくるだろうということです。ゲノムの中の遺伝子が、いつ、どこで、どのようにしてはたらいた結果、細胞が生き、個体が個体として存在するのかということを知ることによって、生きものに特有の構造が見えてくるだろうと思います。

一方、脳もそれと同じような構造をもっており、その構造は重なりあうはずです。人間が言葉を話し、芸術を創出し、科学や技術を産みだした過程に脳の機能がどのように関わりあっているのかを解明し、そこから構造を探しだし、人間の本質に迫れないかと思います。これはまだ単なる予測、それも希望的予測にすぎませんが、ゲノムの中での遺伝子のはたらき方も言語の中での単語のはたらき方もそれぞれの文法をもっていると考え、ゲノムと脳を対立させずに全体を包みこむ基本を探したいと思っています。

ホヤから続く枠の中にありながら、大きな可塑性を示すのが大脳です。とくにヒトの脳特有の前頭葉のはたらきの可塑性に期待します。ゲノムも長い目で見ればかなり柔軟性があり、鋳掛け屋をしますが、個体の一生に関しては、それほどの幅はもちません。そこに大きな柔軟性を与えるのはやはり脳です。イギリスの科学者でジャーナリストのJ・ブロノフスキーは「私たちはヒトとして生まれ人間になっていく」と言っていますが、この過程こそ、生命誌の次のテーマです。脳研究から新しい素材が出てくるのが楽しみです。

Ⅳ　生命誌から未来を考える

第1章 「クローン」と「ゲノム解析」

クローンとゲノムを考える

ここまで、地球上の生物の四〇億年近い歴史を追い、生物界が現在のようになってくる中での人間を見てきました。あるときには行きあたりばったりに、あるときはしぶとく生き続けてきた八〇〇〇万種ともいわれる生きものの中に、最新参者としてのヒトを置いてみることで、人間とはどのような存在かが少し見えたようでもありますし、逆にわからないことが増えたような気もします。ただはっきりしていることは、生きものは非常に魅力的であり、これからも研究を続けていきたいということです。

生命誌で人間はどこから来たのかという問いを立てると、それは人間はどこへ行くのかというテーマにつながります。過去は事実を語ればよいのですが、未来はむずかしい。ただ、これまで述べてきたような、長い時間と広い空間を意識し、共通性と多様性の関係を身につけた生き方が必要だということは言えると思います。生命誌の研究を生かして、生命論的な生命観、人間観、世界観をつくり提案していくことが重要だと思っています。

現在の社会は機械論的世界観になっていますので、移行の期間には、悩ましい問題がたくさん出てきます。そこで、当面生じているさまざまな問題をとりあげ、具体的な形で、どのように生命論的世界へ移っていくかを考えていく必要があります。

とりあげるべきテーマはたくさんありますが、まず最近話題になったクローンを、次にゲノムを例として見ていきましょう。

生きものに操作を加える

生命誌を知るには生きものの「実験」が必要です。とくに、一九七〇年代以降は、DNA組換えや核移植など遺伝子の操作が研究上不可欠になってきました。特定の遺伝子をはたらかないようにして、その結果欠けた機能からその遺伝子のはたらきを知るノックアウトマウスづくりなど、個体の性質を変えることも大事な研究法です。このような遺伝子の操作は、研究だけでなく、遺伝子組換え生物（具体的にはバクテリアや農作物など）やクローン動物づくりという産業用にも使われています。

実は、操作といっても、結局は生きものの力を借りずに生きものをつくることなどできるはずもありませんし、生きものづくりのルールに反するような存在はできるはずもありません。ただ、変化の時間を速めていることは確かであり、生きものにとって大切なのは時間であると考えている生命誌の立場からは、そのチェックの必要性を感じます。しかしＤＮＡ（遺伝子）があらゆる生きものの基本物質であることを強調するあまり、あたかもすべてがＤＮＡで決まってしまうかのように考え、そのＤＮＡを操作するとはとんでもないことだと決めつけることはしません。

生命誌は（というより現代生物学は、といってよいでしょう）、安易な遺伝子決定論を否定します。これまでの章でも、生きものは決して遺伝子ですべてが決定してしまうような単純なものではないことを示してきました。とはいっても、ＤＮＡ操作の意味、とくにその結果できた生きものを、研究室内だけでなく日常に持ちこむことの影響は考えなければなりません。クローンを例に、生きものの本質を考えるとともに、技術としてどのように用いたらよいかを考えていきます。

クローンとは何か

クローンというと、一九九六年に誕生したクローン羊のニュースを思い出す方や、クローン人間を思い浮かべる方が多いでしょう。もちろん最後にはその問題の検討をしますが、話を正確にするために、まずクローンとは何かという基本から入ります。

クローンは「無性生殖（栄養生殖）で増えた遺伝的性質がまったく同じ一群の個体」と辞書にあります。なんだかわかりにくい書き方ですが、分裂、つまり無性生殖で増えるバクテリアは、すべて同じゲノムをもつ、つまり遺伝的資質がまったく同じ一群の個体、クローンです（図77）。また、植物の場合、自然界では有性生殖をしていますが、さし木をすれば、元の木とまったく同じ性質で、しかもお互いも同じという植物がたくさんつくれます。実は「クローン」というのはギリシャ語で「小枝」という意味なのですが、図77を見るといかにも小枝のように見えますので、それが語源かもしれませんし、さし木を考えてのことかもしれません。

　このように、そもそも無性で増えるバクテリアや植物では、クローンは決して特別のものではありません。問題は動物です。動物の場合、受精卵が分裂をして個体をつくっていく初期に、二つに分かれた細胞がなんらかの拍子でそれぞれ独立し、それぞれから個体ができることがあり、こうしてできた一卵性双生仔がクローンです。人間の場合もある割合で一卵性双生児は生まれます。

　しかし、ある程度発生が進むと体をつくる細胞はそこから一つの個体を産みだす能力、つまり全能性を失います。もちろん動物でも、前に紹介したプラナリアのように、切っても切っても再生してくるような場合は、体中に全能性をもった幹細胞が分布しているのですが、生物が複雑化していくにつれて再生能力は失われてきました。

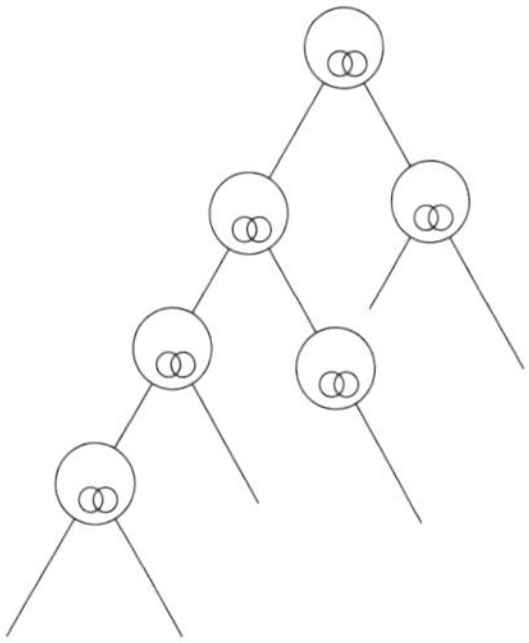
図77　バクテリアはみなクローン

　なぜ動物では全能性が失われていくのか。全能性を失うとはどういうことなのか。生命誌を考えるうえでの基本図である図25（一二〇頁）を見ると、全能性を保っている生殖細胞は生き続けるのに、それを失った細胞は死への道をたどるわけですから、生と死を考えるにあたってもこれは是非考えたい本質的な問いです。

体をつくる細胞はクローン

動物のクローンを実験的につくった最初の人は、イギリスの発生生物学者のJ・ガードンです。一九六六年にアフリカツメガエルの卵から核を抜き、そこにオタマジャクシの小腸上皮細胞の核を入れたところ、七二六回の試みのうち三一個の卵からオタマジャクシが生まれ、四匹はカエルにまでなりました。オタマジャクシでは、まだ体の細胞も完全に分化していないかもしれないので、次にカエルの皮膚や肺などの細胞の核を移したところ、オタマジャクシは生まれましたが、カエルにはなりませんでした（図78）。少なくともカエルではクローンが生まれるということ、つまり動物の体細胞は、分化後も受精卵と同じゲノムをもっていることがわかったのです（この研究は二〇一二年、ノーベル医学生理学賞を受賞しました。同時受賞がiPS細胞を作成した山中伸弥京都大学教授でした）。

肺細胞、皮膚細胞などに分化した細胞も、自分のはたらきに不必要な遺伝子は捨ててしまうことなく、すべてもっており、なんらかの方法で、それぞれの細胞に不要な遺伝子ははたらか

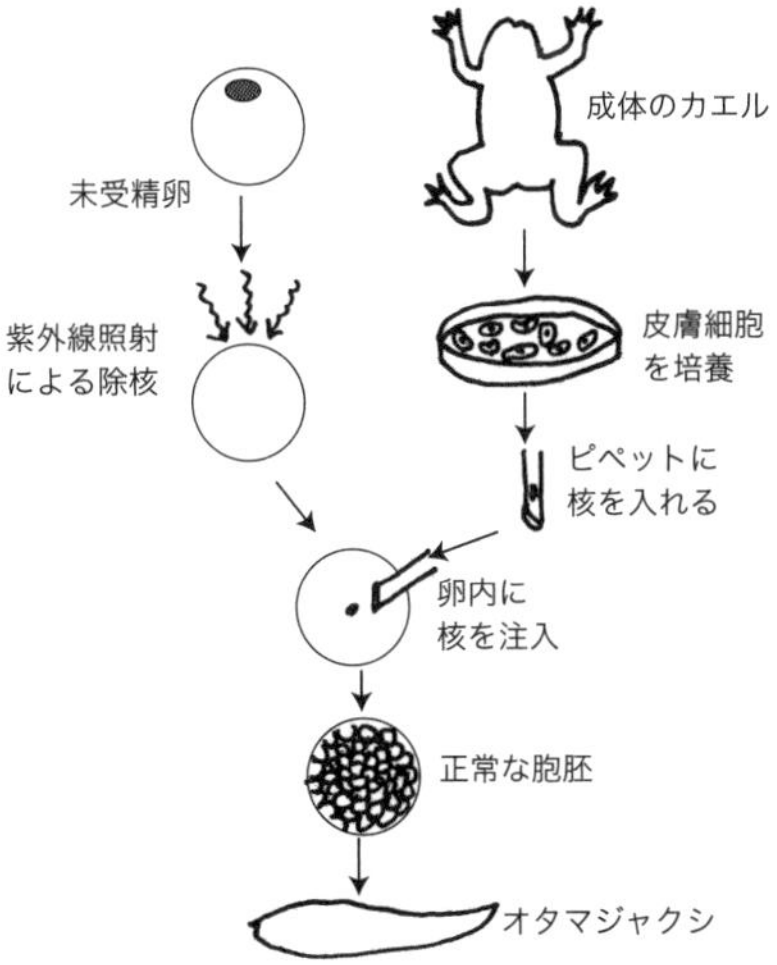

図78　アフリカツメガエルでのクローンづくり
(B. アルバーツ他著、中村他訳『細胞の分子生物学　第3版』ニュートンプレス)

ないように抑えているのです。そこで、はたらきを抑えている鍵をはずしてやれば、またゲノムのすべてがはたらき始め、新しい個体ができるのです。

私たちの体をつくっている細胞——成人で三七兆個ほどといわれます——はすべて、自身の出発点である受精卵とまったく同じゲノムをもっている、つまりクローン細胞です。脳の中の神経細胞も足の裏の皮膚細胞も同じクローンですが、それぞれ自分の役割に従ってはたらいています。ここから、同じゲノムをもっていても表現する性質が同じということにはならないことがわかります。なぜかクローンというと、まったく同じ性質をもつ生物と思われてしまいますが、細胞のレベルですでにそうではないということがわかっているのです。

カエルでクローンが生まれるのなら哺乳類でもできるのではないかという問いが出るのは当然ですが、代表的な実験動物であるマウスやラットではそれがどうしてもできませんでした。実は成功したという報告もあったのですが、追試ができないままスキャンダルめいた話になってしまったという経緯もあります。

個体の中にあってまったく同じゲノムをもちながらも、生殖細胞、完全に分化した体細胞、まだ完全に分化しておらず増殖能のある幹細胞は、それぞれ違った運命をたどることをすでに述べました。体細胞でも、うまく幹細胞にあたればまた新しい個体が生まれる可能性が考えられますので、カエルでの成功例はこれだったのかもしれないとも考えられました。複雑な生物になるほど幹細胞が少ないし、とにかく、哺乳類では、成体からのクローンづくりはむずかしかろうと考えられてきました。とくにマウスでの試みが失敗していたので、おそらくそれはできないと多くの研究者が考えていたのです。

クローン羊誕生

ところが、イギリスの発生生物学者のI・ウィルムットらが、羊で成体（妊娠中の六歳のメス羊）の体細胞（乳腺細胞）から取りだした核を未受精卵に入れるという方法でクローン羊を誕生させたのでみなが驚きました（図79）。彼らは、二七七回の核移植で二九個の正常な胚を得、これを代理母の子宮で育てたところ、そのうち一匹が生まれてきたのです。ドリーと名づけました（一九九七年）。これまで述べてきたような経緯の中でクローン羊が生まれたのですから、研究者の多くが驚き、関心をもったのは当然です。

けれども社会はちょっとキワモノ的扱いをしました。すぐにクローン人間づくりへと話をもっていったのには、正直に言ってまたかという気持ちがありました。こういうところに研究者とそうでない人の差が出て、その差をうまく埋められないところに悩みがあります。

ウィルムットは薬品の生産を目的としてこの技術開発に取り組んでいる研究所にいます。具体的には、ヒトの遺伝子（実例として血液凝固因子）を羊の受精卵の中に入れ、ヒトの遺伝子をもった羊（トランスジェニック羊）をつくり、そのミルクの中に血液凝固因子を出させようというね

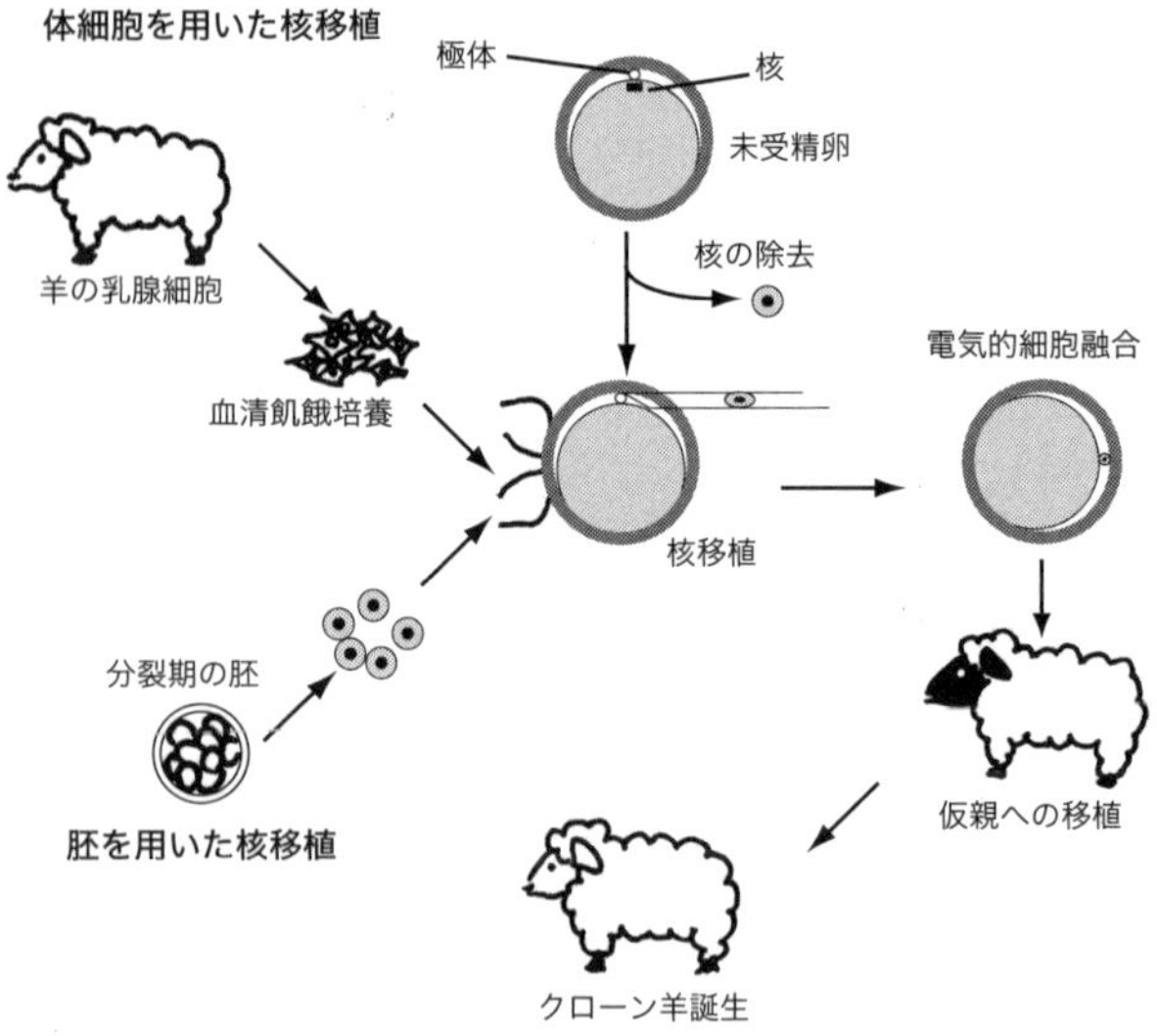

図 79　胚と体細胞を用いた核移植

らいで研究を進めていたのです。血友病の薬として必要なこの因子は、本来人間がつくるものですから、ヒトの遺伝子を用いてつくる以外方法がありません。現在は、ヒト遺伝子を組みこんだ大腸菌をタンクで培養し抽出するという方法をとっています。

しかし、この方法では、バクテリアでヒトの遺伝子をはたらかせるのがむずかしいこと、物質を取りだすのがたいへんなこと、バクテリアを培養するタンクの管理が必要なことなど問題がたくさんあります。羊のミルクでつくれるようになれば便利です。問題は、ヒトの遺伝子を取りこみ、それを的確にはたらかせる羊をつくるのがたいへんだというところです。そこで、一度そのような羊をつくった後は、それと同じ羊を何頭でも得られるようにしたい。ここからクローン羊の計画が始まったわけです。

つまりこれは、基礎研究、応用研究の両方から見て、ともに研究の王道を進んで生まれた画期的な成果なのです（実用はまだこれからですし、それをどのように使うかは――極端な場合、使わないという判断も含めて――今後決めることです）。

クローン羊の成功により、哺乳類の体細胞ゲノムは全能性をもっていたと考えるべきか、羊の乳腺細胞にも、かなりの割合で幹細胞があると考えるべきかはまだわかりませんが、多くの人は前者と考えています。

おもしろいことに羊で成功したら、それまでどうしてもクローンが生まれなかったマウスでも成功するようになり、日本ではウシで同じ技術によりクローンが生まれました（ともに一九九八年）。

ヒトクローンの議論

ところで、クローンという言葉は、一般にはこのように地道な研究の中にあるものとは受けとめられてはいません。まず思い浮かべられるのはクローン人間で、これを産みだすのは悪魔的な科学者のイメージです。事実、クローン羊誕生が報じられたときの反応の多くは、これを利用してどんな産業が産みだせるかという話ではなく、ましてや基礎研究の話などにはなりませんでした。ヒトクローンをどう考えるかという話に集中したのです。たとえば、当時のアメリカのクリントン大統領は、ドリー誕生のニュースを知るとすぐにクローン研究を一時停止し、国家生命倫理諮問委員会に検討を求めました。委員会は、倫理面からではなく安全性の面から現在の技術ではヒトクローンをつくるべきではないという報告を出し、五年後の再検討を要請しました。

この対応には、多くのことを考えさせられます。まず、クローン羊誕生が直接クローン人間に結びついたということです。これには、次の二つの背景があるように思います。クローンは、西遊記の孫悟空が自分の毛から小猿をたくさんつくりだす例など、古くから「そんなことができたらいいな」という気持ちで語られてきました。一方最近では同じフィクションでもヒットラーのクローンづくりのような恐ろしげな話がたびたび、話題となりました。

そして、一九七八年、科学ジャーナリストのD・ロービックが『人間のクローン』(邦題は『複製人間の誕生』)という本を実話として書いたのです。ある富豪が大金を出して自分の複製をつくるよう依頼するというこの話は、専門家による検討の結果、創作と判明しますが、この本がこの年に出版されたことには意味があります。イギリスで体外受精児が誕生した年なのです。ヒトの受精卵を体外でつくりだしたので、クローンも現実味を帯び、ロービックの本をあり得ないと言下に否定することはできなかったのです。

もう一つの背景は、すでに何度も触れてきたように、二〇世紀後半に遺伝子研究が急速に進展したためにすべてを遺伝子に帰する遺伝子決定論が広がったことです。DNA研究者は実態を知っていますので、決して遺伝子決定論はとりません。DNAが生物にとって非常に重要なはたらきをしていることは確かですが、そのすばらしさは、むしろ一つの遺伝子が一つの性質を決めてしまうというような単純なはたらき方をしてはいないところにあるのです。

ところがどういうわけか、動物行動学や進化論などDNAを直接扱わない学問の中で遺伝子決定論が強くなっており(それまであまりにも遺伝的側面を無視しすぎていたことの反動のようにも思えます）、それがＤＮＡ研究と妙に混じりあって社会に出ていきました。以来、浮気や幸福の遺伝子の話が登場し、日常会話では会社の遺伝子などというたとえもよく使われます。

それは、ＤＮＡ研究者にはできない使い方です。一卵性双生児の例でわかるように、同じゲノムをもつ個体であるクローンがまったく同じ性質を示すということはありませんので、体外受精と遺伝子決定論が結びついて現実味を帯びて語られるクローン人間像は、生物学から見るとバカバカしい話なのです。

生殖技術の一つ

私はヒトクローンの作成に意味を認めませんし、それを望みませんが、この技術が生物の基礎研究、家畜の応用技術としては重要なものであり、ヒトクローンをイメージして他の動物のクローンの研究や応用まで止めてしまうのは望ましくないと思っています。そういう視点から、ヒトクローンのことを考えてみます。

まず、羊で成功したら人間でも体細胞の核を用いたクローンができるのかということです。すでに述べたように、羊での成功後、次々とウシやマウスでクローンが誕生していますので、技術的にはヒトでも可能だろうと考えるのが妥当でしょう。

では、ヒトクローンをつくることを否定する根拠はどこにあるのでしょうか。アメリカの委員会の判断にあるように、安全性がまだ確保されていないという理由は、本質を考えるのを避けています。五年後にもう一度考えるという判断はそれを承知しているからでしょう。

それに対して、本質を考えて一つの答えを出したのがフランスの国家倫理諮問委員会です。「遺伝情報が同じなら個人として同じということにはならないが、それでも生まれてくる人間の遺伝的素質の不確定性は人間の一回性、唯一性を支える重要な要素である。これをあらかじめ確定したものとするクローン技術は、人間の基本を侵害する。また、無性生殖によるクローン人間の作成は家族の概念を混乱させる。生殖不能のカップルが子どもを得る手段としてこれを用いることも、生まれてくる者に対する倫理として許されない」という考え方です。明確ですが、ここでいう倫理には、キリスト教、とくにカソリックの考え方が反映しています。

実態は、欧米社会といえども、キリスト教の考え方だけで判断はできない状態で、たとえば家族の概念は変化しています。ヒトのクローンのような問題は、できることなら世界で共通の基準をつくることが望ましいので、異なる価値観をもつ人々の中で検討をしなければなりません。アメリカが倫理的な判断を先のばしにしたのは、生殖技術そのものについて、いやそれ以前に中絶の可否について長い間議論があり、それに対する答えが一つという状況になっていないからです。中絶に関して保守的な共和党、やや許容的な民主党という政治的立場との関連で、これが選挙結果を左右するほどです。またフェミニストの立場もあります。

つまりこの問題は、クローン人間が是か非かというだけの話ではなく、生殖技術、つまり受精卵を体外でつくりだすことを始めたところに戻る議論なのです。さらに、中絶や人工授精などや、今では子どもは授かるものでなくつくるものになっているという原点にまで戻って考えなければならない議論です。人工授精児、体外受精児はすでに誕生しているわけですし、受精卵が法律上の夫婦間の生殖細胞だけでなく、卵と精子のさまざまな組み合わせでつくられている状況で、クローンだけを否定するのはなかなかむずかしい実情があります。その悩みがアメリカの判断に現れています。

体外受精は、必要とする人がいる以上それに応えるのが専門家の役割だという考え方で進み、今では通常のこととなりました。こうなると、クローンも望む人があれば行なうという考え方があり得ることになります。つまり、子どもの誕生を、「授かる」という感覚から「つくる」という行為に移行させたときに、すでに私たちはある方向に向かって歩きだしたことになるわけです。つまり、ルビコン河はすでに渡ってしまっており、生殖技術を日常化している私たちの生き方の中でクローンを否定するフランスのような考え方を真剣に考えなければなりません。クローン人間は、生きものとしての人間を考える重要なテーマになってきます。すでにさまざまな宗教、フェミニズム、LGBTなど多様な立場からの意見が出されています。同性のカップルの結婚を法律的に認める方向が出されている今、男性同士の夫婦がどうしても血のつながった子どもがほしいという要望から、クローンを求めたとき、どう考えるか。

日本の場合、フランスのようなていねいな議論をしているわけではありませんが、とにかくヒトクローンは禁止ということになっており、今これを法律にする動きがあります。本来これは法律にはなじまず、ガイドラインという約束事をつくり、多様な立場からの議論をすることが大事だと思うのですが。*

ゲノム解析の成果の応用

次に、ヒトゲノム解析の成果と、このデータを用いた医療の問題を見ます。ゲノムの解析データから、病気に関係する遺伝子が見つかり、がん、アルツハイマー、高血圧などのいわゆる生活習慣病に関する遺伝子のはたらきを知ることにより、薬の使い方や治療法発見が期待されますし、新薬にもつながります。遺伝病についても遺伝子の同定、はたらきの解明も進んでいます。もっとも、複数の遺伝子が関わっていることが多く、特効薬が次々に出るのはむずかしいでしょうが。

また、現在進行中のプロジェクトは、個人による遺伝子の違いに注目し、個人の情報を知り、一人ひとりに合った医療をつくっていくことをねらっています。すべてをみな一律に扱うのではない医療は東洋医療が行なってきたことで、体質といわれてきたことの背景にある遺伝子を知ったうえでの個人対応が期待されます。

こうしてゲノムに関する情報をもとにした医療が個人を大切にする社会の中で進められることになればよいのですが、現状ではこれまで何度も指摘してきたような機械論で動いていることを忘れるわけにはいきません。また技術としても問題があります。その一つに遺伝病に関連して、受精卵で診断をして出産するかしないかを決める出生前診断があります。これは、厳しい考えを要求されます。まず出生の選別がありますから、通常の中絶よりさらに厳しい選択を両親に求めることになります。判断には健常とは何か、病気とは何か、さらには障害とは何かという問題が絡みます。

ここで、ゲノムには必ず変異が起きるということをはっきりさせておきます。この変異が個体をつくれないようなものでしたら、子どもは生まれることができません。受精卵のうちの五％ほどは生まれてこないとされています。二倍体のうちの一方がきちんとはたらいていたり、はたらきは悪いけれど全体としては大丈夫という場合に生まれてくるわけです。ですから、ヒトのゲノムには平均一〇個ほどのはたらきの悪い遺伝子が入っている状態が普通なのです。

この一〇個が、現在の社会生活ではそれほど困らない欠陥だったり、近視（どうも私はこれをもっているようで、小学校のときにもう近視、長女は気をつけたつもりなのに幼稚園で近視になりました）のように眼鏡やコンタクトレンズでまあまあ困らないというものだったりすれば幸いですが、ときに重い病気や障害につながることがあります。それに対しては治療や不便をなくす努力をしなければなりませんし、また実際の場ではどこまでを病気と考えるかというのはなかなかむずかしい問題でしょう。でも大事なのは、だれもがそういう欠陥をもっているという認識です。

また、前に述べたように、ヒトとして存在し得ないような欠陥をもった受精卵はヒトになれずに消えるわけで、生まれてきたということは、ヒトとしての存在を認められたのだという認識も重要です。それを基本にする社会では、遺伝子診断で欠陥を発見したら、すべて治療するという考えにはつながりません。生命誌は、生きものの本質についてのこのような認識をみながもつ社会にしたいという願いで進めている研究です。

ヒトゲノム解析が進むと差別を助長するという意見が聞かれますが、ここで述べたようにヒトは差異があってこその存在だということを示すのがゲノムなのだ、と認識していれば差別にはつながりません。ただ、差別のある社会でこのデータが悪用されると悲惨なことになるのは確かです。順序は逆で、ゲノムのもつ意味を理解し、まず差別意識を消し、そこで医療に入ることにしなければならないのに、今の社会はそうなっていないのがとても気になります。

人間についての知識が増え、技術の可能性が大きくなればそれだけ、人間とは何か、どのような生き方を選択するのかということを、深く考えなければならないのだとつくづく思います。生命誌研究はそれを考えるための素材を提供したいと願っています。

＊この法律は、本書執筆後の二〇〇〇年一二月に「ヒトに関するクローン技術等の規制に関する法律」として公布され、翌年六月に施行されました。これは「人クローン個体及び交雑個体の生成」を防止するもので、違反した場合は「一〇年以下の懲役」もしくは「一〇〇〇万円以下の罰金」を科せられます。

第2章　ホルモンから「生きもの」を見る

ホルモンを考える

前章では、ＤＮＡの操作（分子の操作だけでなく核移植も含めて）という人間の行為を通して、これからの技術や社会を考えました。もう一つ、人間が直接生きものを操作するのではなく、人工の世界が思いがけず私たちの行方に関わってきたという例をとりあげます。近年、内分泌攪乱物質（環境から体内に入りこんでホルモンの受容体にはたらき、さまざまな異常をひき起こす物質）が、難問をぶつけています。これは、生物研究と直接関わるものではなく、むしろ、工業がつくりだした物質の問題なのです。しかしそこで起きているのは、クローンと同じように生物研究者にとって生きものの本質を考えさせる現象ですし、人工の世界と生物の関係を見ることの大切さを示す問題を提起しています。

ここでも、問題の本質を知るには、まず、内分泌系や、ホルモンについて知る必要があります。クローンと違って、これらは日常で少しはなじみのある言葉でしょう。男性ホルモン、女性ホルモン、甲状腺ホルモン、ステロイドホルモンなど、こまかなはたらきはわからなくても、どこかで名前を聞き、体の調節に関わっていることは知られていると思います。

ホルモンの役割

私たちの体ではたらいている系には、循環器系、消化器系、免疫系、神経系、内分泌系があります。このうち、神経系と内分泌系は、多細胞生物の全体性を成り立たせる細胞間コミュニケーションに関わります（免疫系も細胞間コミュニケーションで成立しており、個体の維持に重要な役割を果たしていますが、外からの異物に対して免疫系特有の細胞が反応して抗体をつくるなど、特有の系をつくっていますので、通常の細胞間コミュニケーションとは独立させて考えることにしています。後

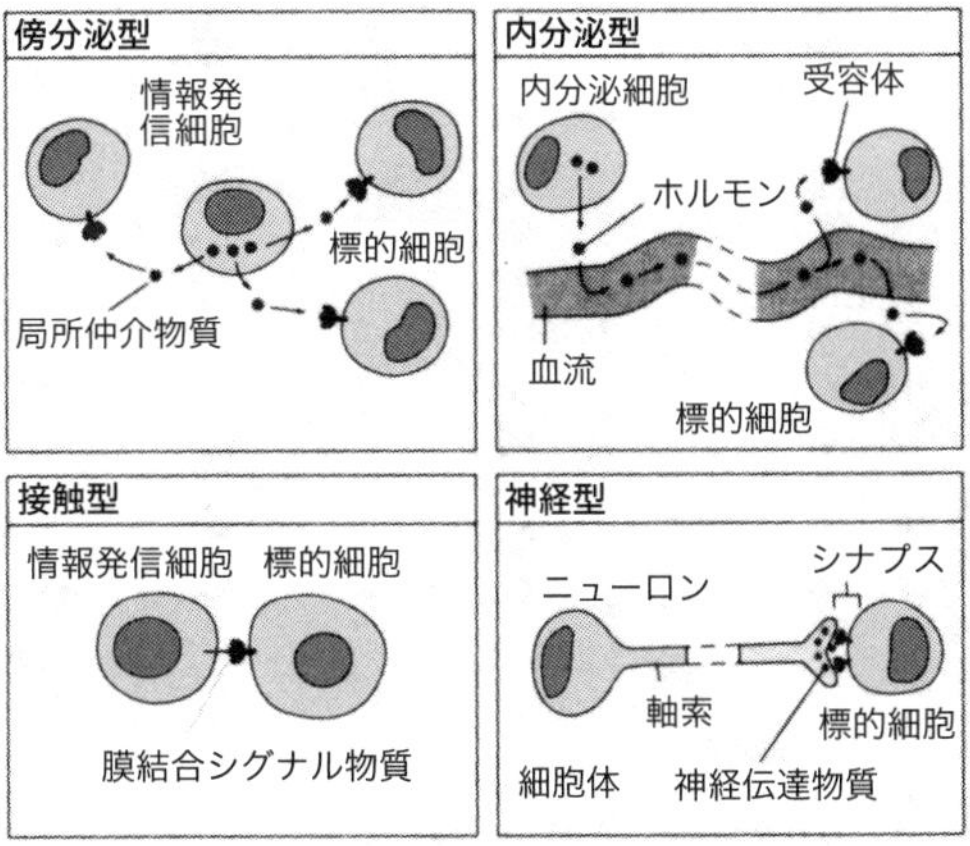

図80　化学シグナル伝達の種類
（B. アルバーツ他著、中村他訳『Essential 細胞生物学』南江堂）

で述べるように内分泌系とも関わってきますが）。

生体内でのコミュニケーションは、化学物質を用いていることはすでに指摘しました。これを化学シグナルとよび、三種類あります（図80）。

（1）体細胞のほとんどが一種から数種分泌する局所性化学仲介物質（接触型と傍分泌型がある）。名前のとおり、近くの細胞にすばやく結合し、結合しなかったものは壊されてしまいます。

（2）内分泌細胞が出すホルモン（内分泌型）。血流を通じて全身の標的細胞に行き渡ります。

（3）神経細胞が標的細胞との間につくったシナプスで分泌する神経伝達物質（神経型）。

つまり、全身に拡散し、各種細胞が適切にはたらいて体が一体となって活動するように調節するのがホルモンです。これは血流で薄められますので、とても低い濃度ではたらくのが特徴です(一〇万分の一%よりも低い濃度)。実はこの三種類の伝達に使われる分子には共通のものが多いのですが、シグナルが標的に達する速度と標的の選択のしかたが違います。

ホルモンと神経伝達物質とを比較しますと、ホルモンは血液の中を流れていきますから、自らが特定の細胞に向かうことはできません。受けとる側の細胞にある受容体が自分に合ったホルモンを引きつけるのです。ですから、外部から入ってきた物質が血液中を流れ、受容体に引きつけられ反応を起こしてしまうと混乱が起きます。

ホルモンは神経系の調節で分泌され、そのはたらきは二つに分けられます。第一は、体が適切にはたらくための恒常性の維持であり、第二は、発生の過程で必要な時期に短期間はたらいて体づくりを進めることです。後者でよく知られているのがオタマジャクシがカエルになるために不可欠な甲状腺ホルモンです。これがなければいつまでもオタマジャクシのままであり、たった一つの物質が大きな変化をもたらす鍵になっていることがよくわかる例です。ホルモンの大切さと、そこに異常が起きるとめんどうなことになりそうだということが、この身近な例でもわかります。

受容体に注目

ホルモンは体中を移動し、受容体があるとそれと反応して作用するので、受容体との組み合わせが重要です。一例として、染色体はXYのオス型であり、男性ホルモンは充分分泌されているのに、受容体がはたらかないために、メスになってしまう場合があります。一個の遺伝子の欠損で受容体が異常になるこの現象は人間にも見られ睾丸性雌性化症候群と名づけられています（図81）。

ところで、ホルモンと受容体は、原則として一対一の関係にあり、それだからこそ体が恒常性を保ち、秩序だったはたらきをするわけですが、女性ホルモン（エストロゲンと総称）の受容体は、少し構造の異なるものも受け入れてしまう性質があります。なぜ女性ホルモンはそうなっているのかという意味はよくわかりませんが、もしかしたら、女性ホルモンの作用は子孫づくりに不可欠なので、ホルモンの構造に少し異常があってもその機能が失われないようになっているのかもしれません。この性質を活用して、すでに一九三八年に合成エストロゲン（ジェチルスチルベストロール）がつくられ、エストロゲン分泌が不足している人の流産防止に大きな効

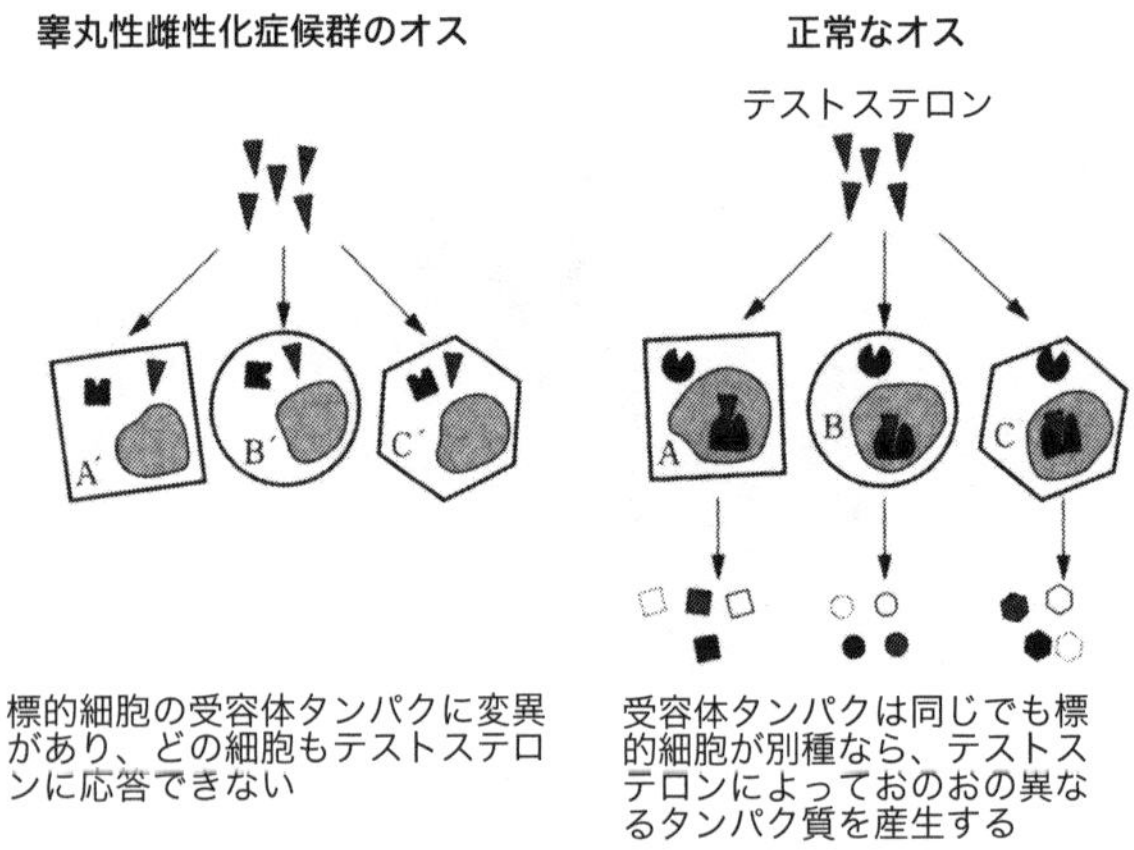
睾丸性雌性化症候群のオス
正常なオス
テストステロン
A´
B´
C´
A
B
C
標的細胞の受容体タンパクに変異があり、どの細胞もテストステロンに応答できない
受容体タンパクは同じでも標的細胞が別種なら、テストステロンによっておのおの異なるタンパク質を産生する

図81　睾丸性雌性化症候群
（B. アルバーツ他著、中村他訳『細胞の分子生物学』教育社）

果をあげ、夢の薬といわれました。

ところが、これを投与した母親から生まれた女の子には、子宮頸がんや、膣がんの危険性が高いこと、男女含めて内性器の異常が高率で発生することがわかり、この薬は使われなくなりました。発生の時期のホルモン作用の微妙さを示す例であり、体の一部の構造やはたらきがわかったからといって、局所的な有効性に惹かれて体内での物質の動きを人為的に変えると、結局、全体としてはマイナスになる場合が少なくないことを教えてくれる例です。

生きものには、ある種いい加減（少々構造が変わっていてもいいのですから）でありながら、いい気になってそれに便乗することは許さない厳しさがあるのだと実感します。内分泌攪乱の危険性が疑われる物質の多くが、女性ホルモン様のはたらきをするものであるのは、これまで述べたような事情からです。

一方、男性ホルモン（アンドロゲンと総称）の受容体に結合する物質は、今のところ二種類（農薬のビンクロゾリンとDDTの代謝産物）しか知られていません。こちらは結合はするけれど、体内へ入ってホルモンとしてはたらくことはありません。正規の男性ホルモンの結合を邪魔してうまくはたらけないようにしてオスになることを抑えてしまうわけです。つまり今のところ、内分泌攪乱物質の多くは、生物をメス化する方向にはたらくわけです。

主として内分泌攪乱物質の作用として、発生の異常とメス化が問題になっているのはこのような理由からなのです。

脳への影響

性ホルモン様物質による発生の異常とメス化は、脳にも現れます。というのも、性を決める要素は複数あるからです。第一は性染色体です。人間の場合、染色体は二三対（四六本）で、そのうちの二二対はまったく相同の染色体の組み合わせですが、性染色体だけは違います。女性の場合、ＸＸ染色体が二つＸＸですが、男性では一つがＹ染色体でＸＹとなります。体はまずメスとしてつくられ、Ｙ染色体上の遺伝子がオスに必要な物質をつくりオス化する。単純にいうとこのようになっています。ここで活躍するのが性ホルモンで、ＸＹの染色体をもっているのに表現型としてはメスになる場合があるという例をあげました。つまり第二の要素は内分泌系です。

さらにもう一つの大切な要素が脳です。男性と女性では（他の動物のオスとメスでも）、理性、感性ともに違いがあるのは日常なんとなく感じていることですが、近年、男女で脳に違いがあることがわかってきました。ラットの性中枢の一部（視束前野）を調べたところシナプス数に雌雄で違いがあり、しかもその違いはアンドロゲンのはたらきで決まってくることがわかったところから脳の性差研究がさかんになりました。カナリアは脳内にさえずり中枢があり、そこはオスのほうが大きい（さえずるのはもっぱらオスです）のですが、生まれてすぐのメスのひなにアンドロゲンを注射するとオス並みの大きさになります。

最近では、ＭＲＩ、ＣＴスキャンなどで外から脳のはたらきを測定できるようになりました（非浸襲性測定法）ので、人間の脳のはたらきの研究も進んでいます。ブローカ野という言語に関する部分のはたらきを見たところ、男性は左脳だけがはたらいたのに対し、女性の場合、左右の脳の活動が高まったという実験例は興味深いものです。左右脳を結ぶ神経繊維が通っている脳梁も女性のほうが太いというデータもあり、これが、男女のものの考え方の違いと関連しているかもしれません。これにはその後否定的な結果も出されるなどまだまだ即答できる状況ではありません。

男女の違いがいつどのようにして生まれるのか。人間の場合、男児では、妊娠初期から精巣からのアンドロゲンの分泌が始まり、ほぼ最後まで大量のアンドロゲンが分泌され続けることがわかっています。もちろん、女児にはこれはありません。他の動物での実験なども勘案すると、おそらくこのときに脳の性も決まるのではないかと考えられますが、今後の研究が必要です。染色体、性ホルモン、脳（これにも性ホルモンが関係）に続いて、最後の要素はもちろん誕生後の生活環境です。「女の子らしくしなさい」「男の子でしょう。しっかりしなさい」。親は、女の子らしさとは何か、男の子らしさとは何かがそれほどよくわからないまま、ついこの言葉を使います。これが、考え方や行動に大きく影響するに違いありません。

さてそうなると、次に気になるのは、内分泌撹乱物質の脳への影響ですが、残念ながらデータ不足です。ラットを胎仔のときから誕生直後までダイオキシンにさらしたところ、オスの子どもの血中のアンドロゲン濃度が低く、成熟後メスの行動をしたという報告はありますが、事例が不足しています。ただ、これまで見てきたことを総合すると、私たちの日常を便利にしてくれるということでありがたく使っているさまざまな化学物質をホルモンへの作用の有無で見ていく必要があることは確かです。それも単に内分泌系だけでなく、神経系、免疫系との関わりを見たり、体全体をつくる細胞一つひとつのはたらきと、それらのコミュニケーションを通して体全体を見るようにする必要がありそうです。

ホルモンとＤＮＡ

ホルモンが受容体に結合して引き起こすのは、やはりＤＮＡのはたらきの変化です。ホルモンが受容体と結合した後の反応は、大きく二つに分かれます。一つは、受容体が細胞膜にあり、これにホルモンが結合するとそこから内部の酵素活性を高める指令が出て、ドミノ式に情報が伝わり、最後にＤＮＡに伝わった情報に従ってタンパク質が合成されるというタイプです。多くの情報はこうして伝わります。さらに、もう一つ、受容体が細胞の内部（核や細胞質）にあり、ホルモンと受容体との複合体が直接ＤＮＡに結合して指令を出すという、女性ホルモン、男性ホルモンを含むステロイドホルモンの仲間に特有のタイプがあります。

ということは、内分泌攪乱物質もこれと同じはたらき方をしているのでしょう（図82）。ですから、このようなはたらきとの関係で内分泌攪乱物質への対処を考えていくことも必要です。内分泌攪乱物質の中には、発がん性など直接遺伝子に影響する性質をもつ物質もあります。また従来考えられてきた意味での有害物質と違って、分解性も比較的よいという物質もありますので、新しい視点からのチェックをしなければなりません。

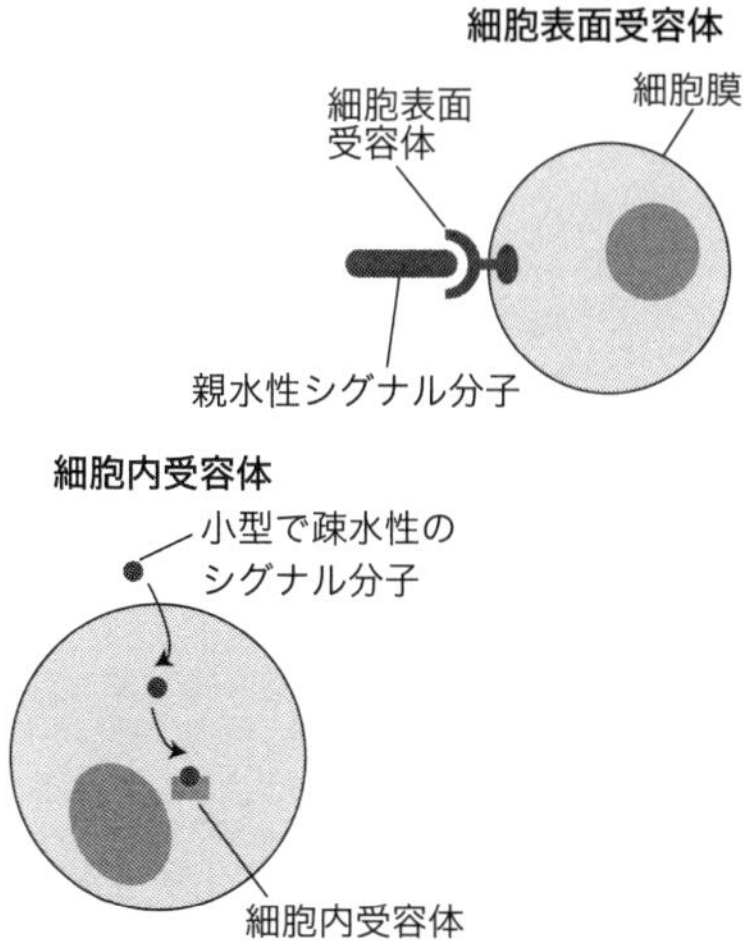

図82　受容体は細胞の表面にも細胞内にも
（B. アルバーツ他著、中村他訳『Essential細胞生物学』南江堂）

最後に、内分泌攪乱物質の影響が疑われたとされる現象をいくつかあげておきます。アメリカ、フロリダ州のアポプカ湖に近くの農薬工場からのDDTなどが流れこみ、それが抗アンドロゲン作用をもっているために、そこに棲むワニのオスの生殖器が正常の半分から四分の一の大きさになってしまったという例はご存知の方も多いでしょう。また、海産巻き貝のイボニシなどではメスに異変が見られています。フジツボ対策として船底に塗られた有機スズの影響でメスにペニスのような構造や輸精管ができたという報告です。

ヒトについても、この五〇年間に成人男性の精液一ミリリットル中の平均精子数が一億一三〇〇万から六六〇〇万へと半分近くに減ったという報告があります。しかも精液量も二五％減少というのですから、大きな変化です。この一方で変化はないという報告もあって、今のところ結論は出ていませんが、精子形成に性ホルモンが関わっていることは確かですので、マウスなどでの実験も含めて実情とそれへの対応を考える方向で研究が始まっています。この場合、影響の現れ方が種によって違うであろうことも配慮する必要があります。

生きものとしての人間の感覚を共有

性や生殖に影響するとなると、これは直接人類の未来に関わります。そこで、先進各国の政府や国際機関がこの問題をとりあげて検討していますが、まだ科学的証拠が弱く、わからないことが多いのが実情です。もちろん、だから騒ぐなというのではなく、これから研究を進めなければならないということです。むやみに騒ぐのは無意味ですが、生命誌の立場からは、個別のデータを超えたもっと大きな問題としてとらえたいと思います。

効率一辺倒で、大量生産を続けている限り、対応の方法はないと思うからです。人間も化学物質でできているのですから化学物質を敵にするという話ではありません。しかも、天然に存在する物質なら問題がないというものではありません。生物は限度を超えるのが嫌いなのです。分を知った活動をしない限りことは解決しないでしょう。それについては、まとめて最後に考えます。

私たちがこれからどこへ行くのかを考えるにあたって、クローンやゲノム解析、内分泌攪乱物質という、今話題のテーマを例としてとりあげました。これ以外にも生きものに関わる技術の問題はたくさんありますが、タイプの異なる二つで代表させました。この二つの中には考えるべき課題がたくさんあり、それを真剣に考えれば、方向が見えてくると思ったからです。

基本は、人間も生きものであり、私たちはどこへ行くのかというときの私たちは、人間だけでなく生きもの全体を含めたものだということです。したがって、話題性のある問題を指摘し、技術を批判し、倫理で判断するという方法ではなく、生きものにとってこの技術はどういう意味があるのかという基本をじっくり考えるところから始めたいのです。

医療や環境問題に携わっている方から見たら生ぬるく見えるかもしれません。でも、生きものとはどういうものか、生きものの一つとしての私はどういう存在かを見て、そこから新しい方法を考えるのが、結局一番よい方法だと私は思っています。もちろん、安全、倫理、法などの視点から否とすべきは否とする判断をしなければなりません。しかし、その前に、政治家も企業人も生活者もみなで生きものとしての人間の感覚を共有することが大事です。これが生物研究をしてきた私の願いです。そのような共有の場として始めたのが「生命誌研究館」なのです。

これからを考えるためには、これまでをじっくり見ることが必要です。そこで、研究館では、ゲノムに書かれた記録を読むという研究とその理解を深めるための表現法の研究という新しい試みをしています。そこには音楽も絵も文学も踊りも日常生活も取りこんでいます。

一例をあげると、今テーマにしているのは「生命樹」です。古来、さまざまな地域の人々が生きていることのもつ力、自分を包みこんでくれる大きな世界をイメージしたときに描いたのが「樹」だったというのは興味深いことです。古代インドの生命樹からDNAで描く分子系統樹まで、思いは同じだと思っています。こうして生命を、そして人間を素直に見ていくところから、明るい未来をつくりだしたいと願っています。

第3章　生命を基本とする社会

生命誌から見えてきた生きものの姿

生命誌という切り口で生きものを見ると、人間が長い時間をかけてできあがってきたヒトという生きものであり、地球上の全生物とつながっているということと同時に、多様な生きものの中でのヒトの特性が見えてきました。その特性を生かして文化を産み、文明を育ててきたのが人間なのですから、文化や文明の一部である科学や科学技術を否定するのは、生命誌の立場ではありません。しかし、現代科学技術は人間を生きものとして見たときに大事にしたい価値を生かしたものにはなっていないので、ここで、生命誌から見えてきた生きものの姿をまとめ、それを考慮した社会づくりを提案します。

共通するパターン

これまで見てきた生きものの姿に共通するパターンをまとめてみます（表5）。

①積みあげ（鋳掛け屋）方式　原始の海に存在した分子から原核細胞ができ、それの共生で真核細胞になり、それが集まって多細胞ができるというように、とにかく積みあげによって新しいものをつくってきました。古いものを捨ててはいません。実は、形を見るよりも、ゲノムを見たほうが積みあげがよく見えます。脊椎動物の起源を探るためにナメクジウオを調べているP・ホランドは、そこにはホメオボックス遺伝子クラスターは一個しかないことを見つけました。ショウジョウバエでも一個ですが、マウスやヒトでは四個あるので、脊椎動物誕生のとき、四倍に増え、新しい構造をつくれるようになったと考えられます。

このような重複はホメオボックスだけでなく、多くの遺伝子でも見られます。そこでホランドは、このときゲノム全体が二回重複して四倍になったのではないかという大胆な考え方を出しています。ヒトゲノムの解析が進めばこのあたりがはっきりするでしょう。生命の歴史の中にはかなり大がかりな変化をするときがあったようでそのダイナミズムが魅力です。別のいい方をするならこれは鋳掛け屋方式（ブリコラージュ）です。とくに真核細胞になってからは〝捨てる〟ということをほとんどしていません。

②内側と外側が関わっている　最初に外と内をつくったのは脂肪分子の並んだシャボン玉のような膜であり、これで細胞ができます。細胞が集まってシートをつくり、また内と外をつくりました。こうして、私という独立の存在でありながら、つねに外と関わりあっているのが生きものなのです。環境問題は生きもののこの性質ゆえに存在するので、外は内と同じくらい大事だという認識が必要です。ポイと捨てれば関係ないとはならないようにできているのです。

❶	積みあげ方式（鋳掛け屋方式）
❷	内側と外側
❸	自己創出（最初は自己組織化）
❹	複雑化・多様化
❺	偶然が新しいものを
❻	少数の主題で数々の変奏曲
❼	代謝
❽	循環
❾	最大より最適
❿	あり合わせ
⓫	協力的枠組みでの競争
⓬	ネットワーク

表5　生物の共通パターン

③情報によって組織化され、しかも、独自のものを産みだす（自己創出系）　細胞は構造の単位

であると同時に機能の単位でもあるので、部品でありながら自分で構造をつくっていきます。受精卵という一つの細胞から自らの力で自分をつくっていくみごとさ。その情報の基本はゲノムにあり、それはすべての個体それぞれに特有であることに注目すると、自己創出系という言葉が生物の本質を表現する最も重要な言葉に思えます。

④情報のかきまぜで複雑化、多様化が起きる　ゲノムのおもしろいところは、積みあげのところで述べたように重複させ、変化させ、さらには混ぜ合わせる（その中で重要な役割をするのが有性生殖）などして次々と新しいものをつくっていくことです。こうしてできあがったものは、もちろん環境の中でテストされますが、ヒトが対《つい》でもっている遺伝子の数から見て、受精でできる組み合わせは一〇の三〇〇〇乗あります。この値は宇宙に存在する原子の数、一〇の八〇乗個をはるかに上まわります。実現できるのはそのほんの一部です。

⑤偶然が新しい存在につながる　遺伝子の重複や移動、さらに増えたＤＮＡの複製のときに起きるミスコピーなどで情報が変化することなど、いずれも偶然に起きた変化がもとになって新しい能力が生じ、新しい個体が生まれます。

⑥少数の主題で数々の変奏曲を奏でる　積みあげ方式、情報のかきまぜなど、これまで述べてきた方式で多様化していますので、基本は意外と単純です。これは細胞の受容体のところで

も述べました。シートがもとになって形をつくっていくときも、輪、らせん、放射形などとパターンは決まっていますので、生物の形を見ると同じものがあちこちに見えておもしろいのです。

⑦**つねにつくられたり壊されたりしている（代謝）**　複雑に組織化され、つねに動いている生物というシステムが成り立つには、一つひとつが安定していては困ります。仕事を終えた分子は分解し、また必要なものを組みたてなおす。体の中の分子の七％はつねに代謝しているので、活発に動いているところは、二週間もすれば一〇〇％新しい分子に変わります。細胞も代謝します。肝臓、腸、皮膚の細胞は活発に変わるところ、神経などはあまり変わらないところです。

⑧**循環が好き**　体内をグルグルまわる血液がその象徴ですが、物質が一方向に動くのではなく必ず循環しネットワークをつくっています。生物全体で見れば生と死の循環もあります。情報も円を描いているので自分で調整し修正することになります。一直線に進むと歯止めがききにくい。現在の科学技術にはこの傾向があり、そこが生物と合わないところです。自然界では、資源と排泄物、生産と消費などが厳然と区別されることなく相互に交換されています。

⑨**最大より最適が合っている**　鉄やカルシウムが不可欠だからといって過剰になれば毒になり

ます。マンモスは大きくなりすぎたとはよく言われることです。現代社会は、富や力など大きければ大きいほどよいという価値観で競っていますが、バランスを保つことの大切さを生きものから学びたいものです。

⑩**あり合わせを活用**　周囲に順応し、周囲にあるものを活用していく生き方が随所に見られます。たとえば、さまざまな生きものの目の水晶体を調べると、その素材はさまざまです。とにかく結晶化して透明になるタンパク質であればなんでもよいというわけです。このような柔軟性があったからこそこれだけの能力を獲得し、続いてきたのでしょう（表6）。

⑪**協力的な枠組みの中で競争している**　生きものは生きることに懸命です。自分のためになることは積極的に取りいれていきます。しかし一方、生物界は、共生で象徴されるといってもよいことが、調べれば調べるほどわかってきました。個体のレベルだけではなく、細胞や分子のレベルでも共生が重要であることは、これまで見てきたとおりです。寄生者は宿主を殺してしまっては自滅になるわけですから。

⑫**生きものは相互に関係し依存しあっている**　ヒトももちろんこのネットワークの中に入っています。環境問題は理屈で考えるものではなく、一人ひとりがこの感覚をもつこと、私はこれを生きもの感覚とよんでいますが、その感覚による判断に基づいて行動できなければ相互

クリスタリン	分布	酵素
δ	鳥類、爬虫類	アルギニノコハク酸リアーゼ
ε	鳥類、ワニ	乳酸デヒドロゲナーゼB4
	カエル（Rana）	プロスタグランジンF合成酵素
ζ	ギニアピッグ、デグ	NADPHキノンオキシドレダクターゼ
	ラクダ、ラマ	
η	ハネジネズミ	アルデヒドデヒドロゲナーゼ
λ	ウサギ、ノウサギ	ヒドロキシアシルCoAデヒドロゲナーゼ
μ	カンガルー、クオール	オルニチンシクロデアミナーゼ
ρ	カエル（Rana）	NADPH依存レダクターゼ
τ	カメ	α-エノラーゼ

表6　目のレンズをつくるものは

レンズクリスタリンはあり合わせのものを利用。しかも種によって使う酵素が違う（宮田隆『DNAからみた生物の爆発的進化』岩波書店）

関係を壊すことになります。

以上のような生物の特徴を、もう少しまとめてみると、次の七つの面が見えてきます。

・多様だが共通、共通だが多様
・安定だが変化し、変化するが安定
・巧妙、精密だが遊びがある
・偶然が必然となり、必然の中に偶然がある
・合理的だがムダがある
・精巧なプランが積みあげ方式でつくられる
・正常と異常に明確な境はない

こうして並べてみると、お互いに矛盾することを抱えこんでいます。しかし、それだからこそダイナミズムが保たれていると言えます。矛盾に満ちたダイナミズムこそ生きもの

を生きものらしくしているのです。現代社会は、すべて合理的に進めようとした結果、かえってにっちもさっちもいかなくなっているので、生物から学ぶ社会づくりの基本はこのあたりにありそうです。

生命を基本にする知

矛盾に満ちたダイナミズム。これを楽しむことができる社会づくりをしたいというのが、生きものの歴史を追ってきた結果得た気持ちです。そこで、生命を基本に置く「知」のありようを考えていきます。ところで、生命を基本の知とするというとらえ方は、決して新しいものではありません。ヒトがこの世に登場したときは、周囲にいる先輩の生きものをよく知り、その仲間として懸命に生きていたに違いないのですから。そこを出発点として、知の歴史を簡単に追ってみます（表7）。

実はこの表は、生命誌という考え方を探し出したときの『自己創出する生命　普遍と個の物語』（哲学書房、一九九三年）という本に書いたものです。ここでは細かく説明する余裕がありませんので、関心をもたれたらそちらを見てくださるとありがたく思います。

基本理念		知の体系		自然との かかわり	技術の性格
生　命 （神話）		創世、全体、関係、多様、日常、物語（口伝）、五感（六感）	（エンド） endo	〔人・自然〕 アニミズム	狩猟、採集、 農業
理 性	ギリシャ イデア	自然哲学(統一)——モデル 全体 自然誌（多様性）		〔神・人・ 自然〕	
	中世 （スコラ・ キリスト教） 神	自然哲学（統一性）		〔神〕〔人〕 〔自然〕	
	近代 （科学） 啓蒙理性	普遍性、論理性、客観性	（エキソ） exo	〔人〕〔自然〕	機械（時計） 科学技術 自然からの 離別
生　命 （新しい神話）		普遍性——自己創出（自己組織化）——多様性 歴史、関係、日常、物語	（エンド） endo	〔自然・人・ 人口〕	自然と調和 する技術 ヴァーチャル・ リアリティ （コンピューター）

表7　知の歴史を自然・人・人工の関係に注目しながら追う

（『自己創出する生命』哲学書房。後にちくま学芸文庫）

最初は、生命を基本とする神話の時代です。人と自然とが一体化しており、人々は全体を感じ、関係を見ていたはずです。多様性が世界を織りあげ、情報は物語として伝えられていたでしょう。身体ですべてを感じ、ときには第六感も重要なはたらきをしたはずです。生活の基盤が狩猟・採集から農業へと移るにつれて、自然を管理する感覚が芽生えてきたとしても、やはり人間は大きな自然の一部として存在していたと思います。

その中から、現代の科学につながる動きとして登場するのがギリシャの学問でした。ここでは知を支えるものが「理性」になり、これが現在にまで続きます。ギリシャでは、プラトンとアリストテレスに象徴される、自然哲学と自然誌という形で、普遍性と多様性という自然理解の基本が整理されます。これが生命誌の出発点であることは最初に述べました。そこでは、自然界を秩序あるものとする存在として神が意識されますが、まだこの時点では人と自然との一体化の中に神も存在しています。神様も仲間です。

それが、中世になりキリスト教の世界になると、神、人、自然が独立してきます。神の創造物としての人と自然、そこでは人間は特別の存在として他の生物を支配する位置を与えられます。その中で、自然哲学、つまり自然界に法則性を見出し、それを統一的に理解するという知の形が強力に進み、自然の多様性そのものを楽しむ自然誌は脇役になっていきました。近代になって自然哲学の延長上に科学が登場し、現代はついに科学が神の代わりをするところまできているといってもいい過ぎではないでしょう。神は退き、人は自然を征服し利用する対象としてとらえ、そのための手段として科学技術を進めます。

科学技術は、人間を自然の脅威やめんどうから解放し、人間の生きもの離れ、自然離れを目的とするかのように人工物を産みだしてきました。今では、私たちの日常は人工物の中で営まれています。その快適さを楽しむ私たちですが、近年、環境破壊、つまり外の自然の破壊が大きな問題になってきただけでなく、人間の内なる自然も破壊されつつあると思わせる現象が目立ってきました。合理性だけを求めて進めてきた人工社会が、生命誌で追ってきた三八億年を越える生きもののつくる世界と合わないことがはっきりしてきたのです。

こうなったとき、生きものとしてのヒトにすばやい変化を求めても無理です。自然に合わせながら、ダイナミズムを楽しむ生き方をするには、人間のヒトという部分、つまり自然の一部である部分を認めることから出発しなければなりません。しかも、人工世界をつくることも人間らしい営みなのですから、自然・人・人工を一体化したものにしなければならないわけです。

これを結びつける基本は、ちょっと我田引水ですが生命でしょう。それは、神の支配のもとに人が自然を支配するのでもなく、理性を基本にした科学ですべてを解決しようとするのでもなく、もう一度、素直に生きるということです。私はこれを新しい神話の時代と位置づけています。私たちがまた自然の内部に入りこむのです。表(表7)の中ほどに「エンド」と「エキソ」と書きましたが、この意味は、物事を理解するときに私たち自身がその外にいるか中にいるかという意味です。科学は客観性を重視し人間は観察者として外へ出ましたが、実はこれでは自然をそのままとらえることはできません。また改めて内へ入りこむことが必要だと思います。

ただここではっきりしておかなければならないのは、新しい神話の時代は、決して過去に戻ることではなく、また、ギリシャ以来の知を否定することでもないということです。生命誌は、DNA研究を基本にしていますが、それを多様性につなげていき、そこで物語をつくっていこうとしているのであって、これまでの過程は新しい神話づくりへ向かうプロセスだったといってよいと思います。これまで蓄積した知は、すべて活用しますが、ここでもう一つ大事なのは日常性です。DNA研究も日常性との連続があってこそ、また各人のコスモロジーにつながってこそ意味があるわけです。

生命科学という分野にどうしてもあきたらず、私が生命誌を始めたのはまさに自然に入りこんで新しい物語をつくりたいと思ったからなのです。ゲノムプロジェクトでゲノムの解析が進みました。その中にある遺伝子たちがいつ、どこで、どのようにはたらくと生きものができあがり、一生を過ごしていくのかが少しずつわかり始めています。そこには「生きていること」を支えている構造が見えてくるに違いありません。多様な生物は「モノ」（物体）として存在していますが、それに共通な現象は「コト」です。「モノ」だけにこだわらず、「コト」として見ていき、それを支える構造を探していけば、全体としての生命のありようが見えてくるのではないかというのが、今、私が最も関心をもっていることです。

構造主義では「差異」をキーワードにするので、自己や個という言葉を否定することになりますが、主義でなく生きものそのもののもつ構造を見つめていくと、自己を創出するからこそ差異が生じることがわかります。普遍でありながら多様、多様でありながら普遍というあたりまえの見方が、結局一番本質を見せてくれるのだと思っています。ここから生命観をつくりあげる試みに、人文科学の知恵を注入していただきたいと思います。

生命を基本にする社会づくり――ライフステージ・コミュニティに向けて

生命誌研究の成果を、これまで述べてきたような生命観、世界観づくりに生かし、そのような考え方をもとにした社会づくりをしていこうというのが締めくくりになります。そこで、生

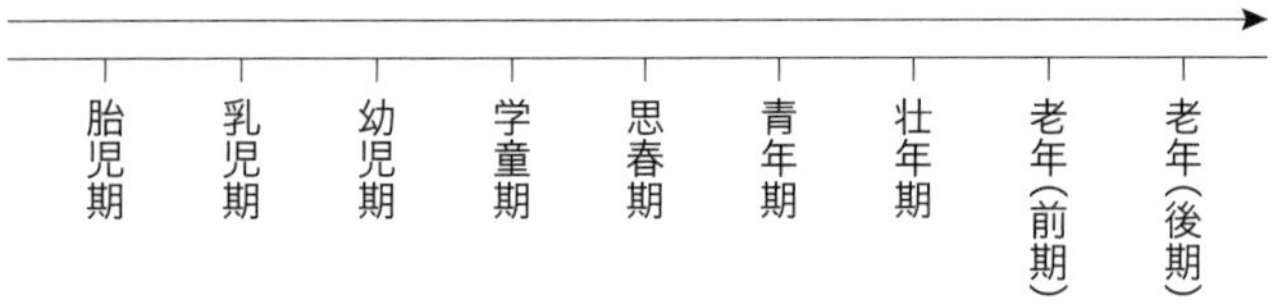

1　個人の要求に応える
2　一生を見通す
3　病人・障がい者・老人・子どもなどの
　いわゆる弱者をステージの一つと見る
4　プロセス重視(ステージ間の移行)
5　ステージ間の相互関係
6　地域を基盤にした生活

表8　ライフステージという視点の特徴

物に関する個別の知識の活用の前に、もう一度社会の基本を確認しなければなりません。遺伝子組換え技術もクローン技術も、現在のような進歩一辺倒の社会で使うと問題が起こることは前に述べました。まずどのような社会にするかを決めてから、技術の使い方を決めなければなりません。具体的には、進歩一辺倒の大量生産・大量消費型から循環型社会への転換が必要です。しかも、技術からの発想でなく、人間の側から考え、「一人ひとりの人間がその一生を思う存分生きられる社会」にしたい。しかし、一人ひとりの人間などと言ってしまったらどう対処してよいかわかりません。みな、それぞれ好みも違い、何を幸せと思うかも違うのですから。

　社会としては、だれもが求める基本を支えることに徹する以外ありません。そこで考えだしたのが「ライフステージ」という言葉です。これは、人間の一生を段階的に見ていく見方を表す言葉として私がつくりました。参考になるのは発達心理学です。胎児期、乳児期、幼児期、学童期、思春期、青年期、壮年期、老年期。もう少し別の区切り方もあるようですが、要は人間の一生を成長に伴ってある時期に分け、それぞれの時期にしなければならないことは何か、与えられなければならないことは何かを考え、それに見合う社会システムをつくっていくことです(表8)。こうすれば、一人ひとりのニーズに応える社会になるはずです。だれでも赤ちゃんとして生まれ、だんだんに年齢を重ねていくのですから。

一生をいきいきとすごす、ということを学習というテーマで考えてみます。現在、子どもの教育は、おとなになったときに安定した職業につけるよう、それに適した学校への入学を目標に行なわれています。そのために本来子どものときにやるべきことがおろそかにされるという問題が出ています。たとえば、就学前の子どもは人間との体験や自然との関わりを身につけることが大事であり、本人にとってもそれが楽しいはずであるのに、試験のための塾通いをしなければならないとすれば、それは望ましいことではありません。その後も、そのとき、そのときに最も必要なことを学び、一方、学齢を過ぎても学ぶ機会をさまざまな形でもつことができる社会が求められます。

医療についても同じことが言えます。医療の近代化は、人間を見るのではなく病気を見るようになったことから始まったと言われます。近代以前は、身分の高い人や裕福な人が診療の対象であり、貧しい人は見向きもされませんでした。やがて病気という点では同じなのに人で区別するのは医療の本質にもとるとなってきました。ホッとします。ところが、それが行き過ぎてあまりにも病気だけを見ることになってしまい、病気をもつ人は一人ひとり違うということが忘れられました。病気を血圧、血糖値などの数値でとらえ、その値を正常値にすることが医療になってしまったのです。ここでも人間を機械のように一律に見ています。生きものとして見る必要があります。

ある人がどのような遺伝的背景をもち、どんな家族の中でどんな生活習慣のもとに暮らしてきたか。それを知らずに病気の判断はできません。一生を見守ってくれる家庭医が必要です。もちろん移動の激しい現代ですから、実際に一人の家庭医というわけにはいかないでしょうが、記録が続いていくシステムでそれはカバーできます。そして、その人の日常を知っている医師がその人としての正常からのずれによって医療の必要性を判断し、専門医に送ればよいわけです。個人一人ひとりに対応できるシステムづくりです。

ライフステージという考え方の利点の一つは、健常者と弱者、正常と異常という区別がなくなることです。通常社会の中で弱者とされるのは、乳幼児、老人、病人、身障者などです。しかし、ライフステージとしては、いずれもステージの一つです。一人として、乳幼児、老人、病人にならない人はいない。身体障害もそうです。いつだれがどのような状態になるかわかりません。このようなステージは必ずあるものとして社会システムを組みたてるのが当然で、福祉社会と改めていうものではないわけです。

ライフステージ社会は、過程、多様性、質という生物の基本に目を向けることになりますので、生産システムも当然、生産から消費、廃棄までを含めた循環型になります。図83にこのような社会を示しました。実はこれは、一九七〇年代にライフサイエンス・環境科学などの重要性が浮きぼりになってきたときに、通産省の勉強会で議論をしてつくったものです。少しずつこの方向に動いている面もありますが、全体として生命の方向へという動きはまだです。

これを図示すると図84になります。第一象限は経済を追求する現代文明社会、現在はほとんどどこでことがらが進んでいます。主に都市です。それに対して地域性があり、自然が豊かで人情が厚い第三象限は、ときに憩う場です。こうして現代社会は、日常のほとんどを第一象限、それに少しのゆとりを与える場としての第三象限で成り立っています。しかし、地域性や自然を生かしながら、しかも経済性を成立させる産業はないのでしょうか。第二象限です。農林水

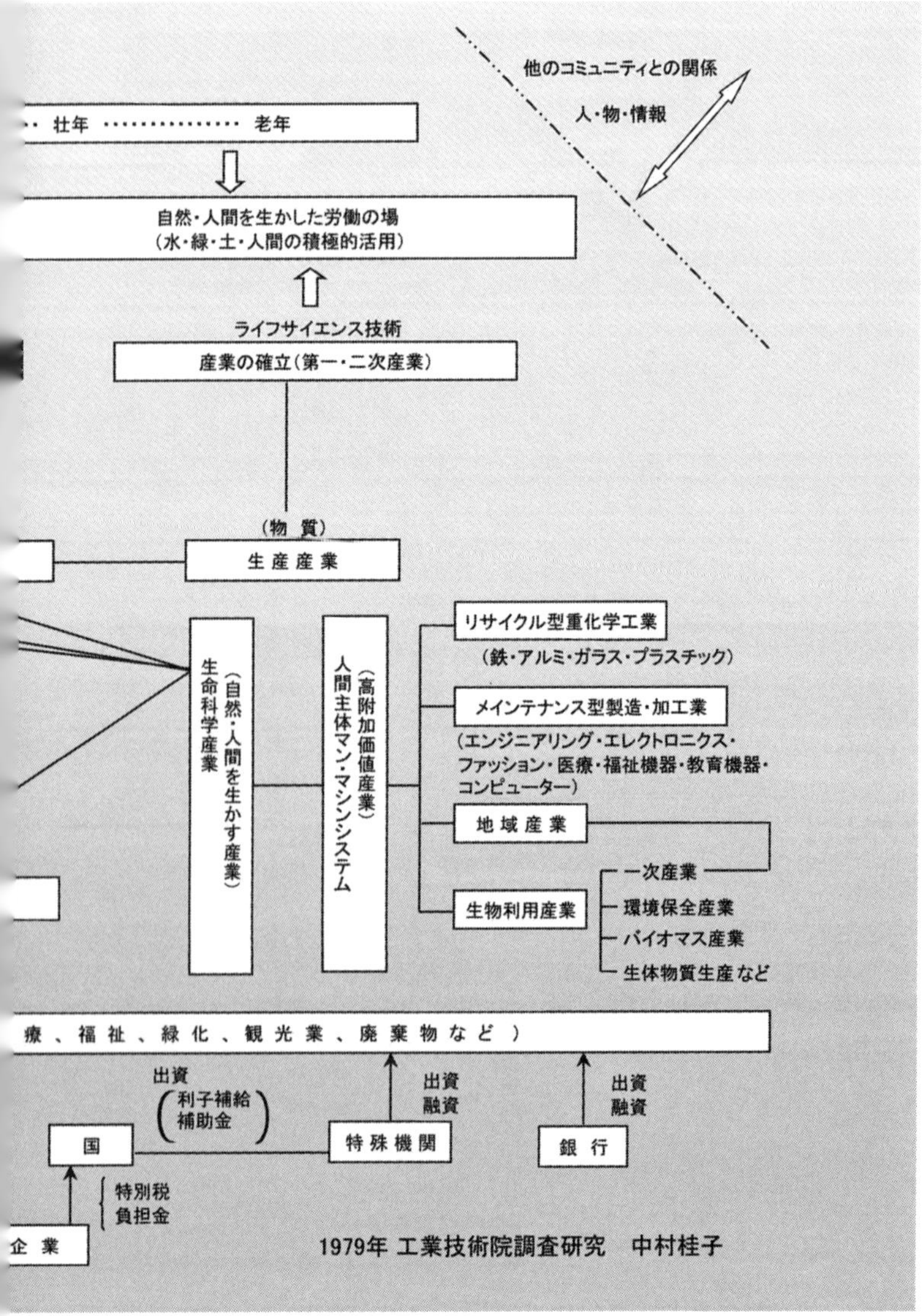
他のコミュニティとの関係
人・物・情報
‥ 壮年 ‥‥‥‥‥‥‥‥ 老年
自然・人間を生かした労働の場
（水・緑・土・人間の積極的活用）
ライフサイエンス技術
産業の確立（第一・二次産業）
（物 質）
生 産 産 業
生命科学産業
（自然・人間を生かす産業）
人間主体マン・マシンシステム
（高附加価値産業）
リサイクル型重化学工業
（鉄・アルミ・ガラス・プラスチック）
メインテナンス型製造・加工業
（エンジニアリング・エレクトロニクス・
ファッション・医療・福祉機器・教育機器・
コンピューター）
地 域 産 業
生物利用産業
一次産業
環境保全産業
バイオマス産業
生体物質生産など
療 、福 祉 、緑 化 、観 光 業 、廃 棄 物 な ど ）
出資
利子補給
補助金
出資
融資
出資
融資
国
特 殊 機 関
銀 行
特別税
負担金
企 業
1979年 工業技術院調査研究 中村桂子

コミュニティ

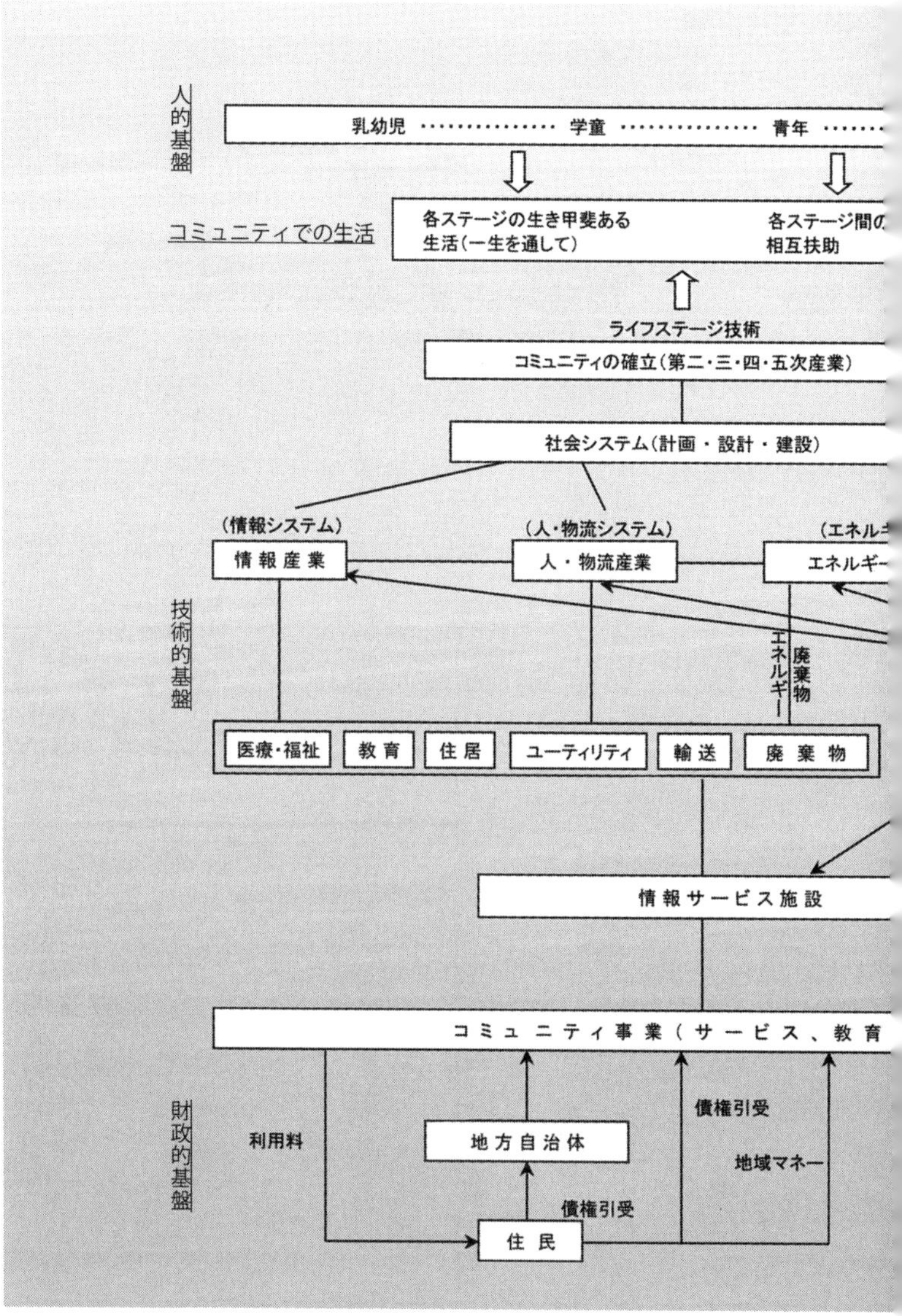
人的基盤
乳幼児
学童
青年
コミュニティでの生活
各ステージの生き甲斐ある
生活(一生を通して)
各ステージ間の
相互扶助
ライフステージ技術
コミュニティの確立(第二・三・四・五次産業)
社会システム(計画・設計・建設)
(情報システム)
情報産業
(人・物流システム)
人・物流産業
エネルギー
技術的基盤
エネルギー
廃棄物
医療・福祉
教育
住居
ユーティリティ
輸送
廃棄物
情報サービス施設
コミュニティ事業(サービス、教育
財政的基盤
利用料
地方自治体
債権引受
地域マネー
債権引受
住民

図83 ライフステージ

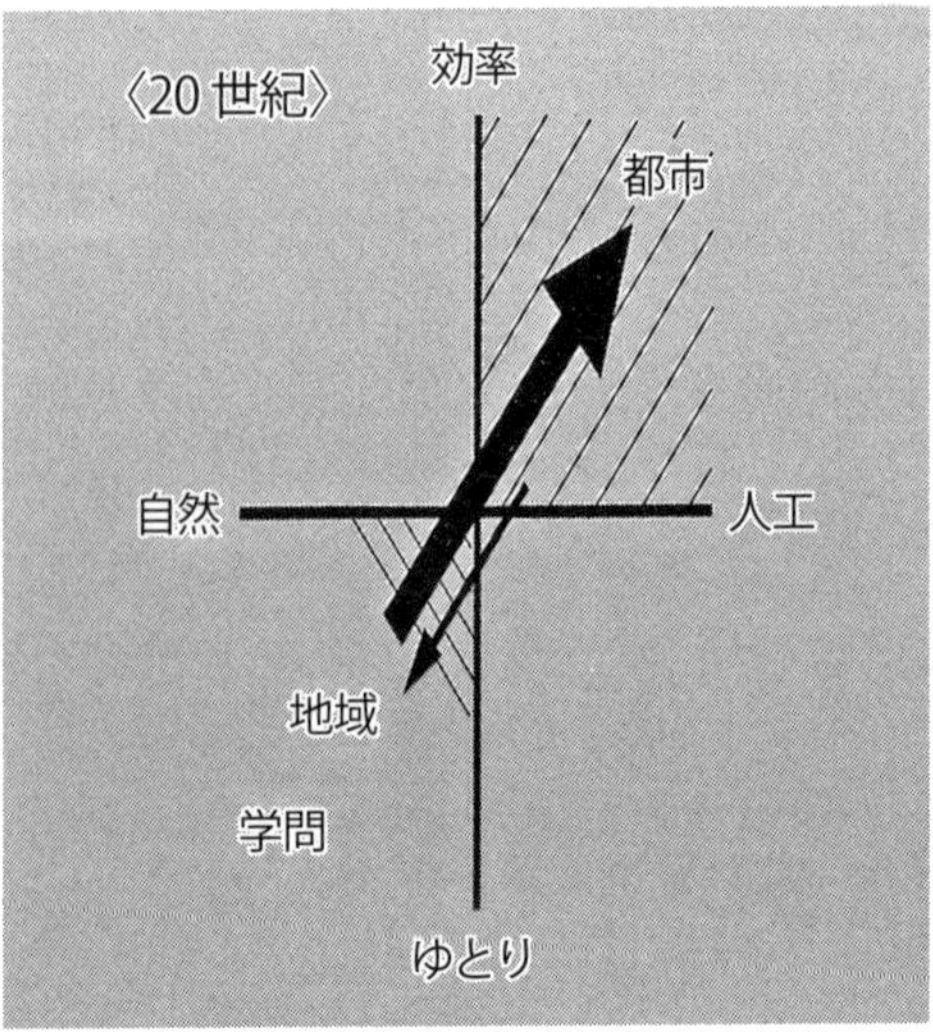

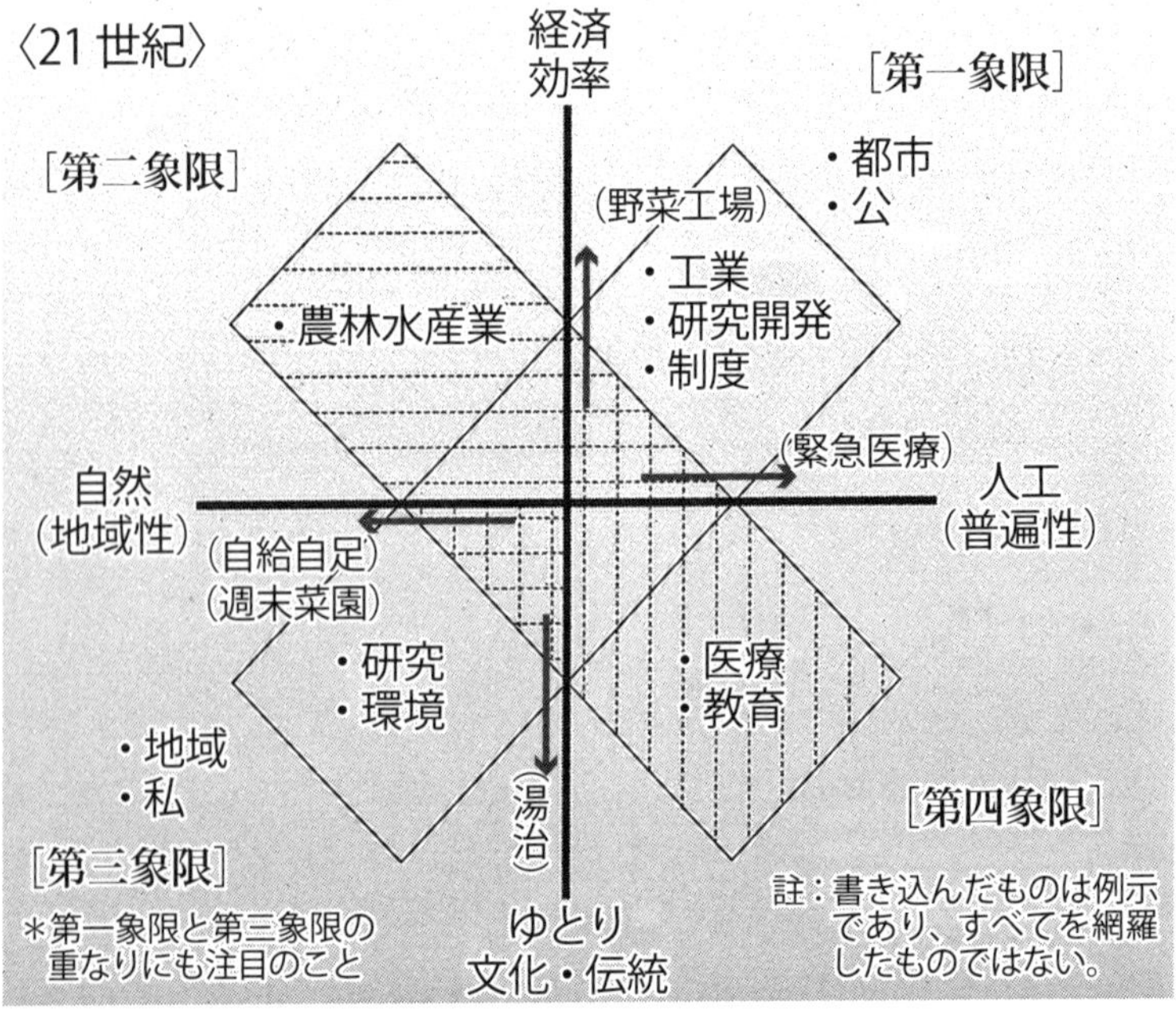

図 84　自然の活力と人間の力をすべて活用する社会

産業は明らかにここに入る産業です。

ところが現在の農業は第一象限で工業と張りあっていくことを求められています。そのために化学肥料や農薬の多用等で環境破壊がますます進んでしまう。そうではなく、第二象限での農業とし、そのためには遺伝子組換えも上手に使いこなす新しい技術への取り組みも必要です。もう一つの象限、第四象限は、文明を充分に使いこなしながら、人の心にも配慮するというところで、医療、教育はここに入ると思います。

少していねいに農業と医療を考えます。第二象限の農業は横に引いた点線で示してあります。その基本は地域性であり、それぞれの地域の特徴を生かし、できるだけ付加価値の高い経済性のある産物を生産します。ただ、青菜やサラダ用生野菜など、都会で野菜工場的な生産をする可能性もあるでしょう。第一象限にも小さく存在しています。もう一つは第三象限であり、週末菜園、シニアになってからの自給自足などの形はゆとりや心と結びつきます。一方医療（縦に引いた点線）は本来第四象限のものですが、緊急医療は第一象限です。一方、湯治などゆったりと時間をかけての心身の治癒は第三象限で行なわれます。医療と農業の第一・第三象限での活動は縦横の点線が重なった部分で表現されます。

こうしてあらゆる象限を生かす豊かな社会を考えます。このようにして全体に広がった社会をつくっていくには、自然・人間についての知識を充分に生かすこと、また生きものの本質から価値観を探ることが重要だと思います。

生命誌はバイオヒストリー。一三八億年前という宇宙誕生からの大きな時間の流れの中で生物全体を見てきました。ライフステージは、人間の一生という時間を見ていきます。人間は生きものの一つですからその一生は生命誌の中にスッポリ入っています。ここで第一章で述べた、複数の時間を意識すること、生きものの歴史を踏まえた価値観をしっかりもつこと、日常と学問をつなぐことという考え方を取り入れ、新しい社会づくりへの道を探りたいと思います。

生命誌研究への思い——あとがき

生命誌という分野を始めてから一〇年ほど月日が経ちました。当初は、ゲノムといっても専門外の方にはまったく通じないのはもちろん、専門家の中でも、DNAを遺伝子でなく、ゲノムとしてとらえるということの意味をわかってくれる人はほとんどいないという状態でした。それが最近では、毎日この言葉に接するようになったといっても過言ではありません。また、「二一世紀は生命科学の時代」という言葉も聞かれ、生命科学研究の予算も大きくなりました。

生きものの科学的な研究から日常の中で感じる問いの一つひとつが明らかになることはとても魅力的で、それを基本に生活を組みたてるのが一番だと思っている身としては、この状況をありがたく思わなければいけないのでしょうが、心の底にどこか違うという気持ちがあります。

突然ですが、先日、テレビで〝千年のくぎ〟というドキュメントを見ました。薬師寺の再建に必要なくぎ。千年も前につくられたくぎを見ると、今もしっかりと木と木をつなぎ、少しの狂いもありません。それと同じ、いやそれを超えたくぎをつくろう。宮大工から頼まれた鍛冶師が材料の検討から始めます。途中に微妙なふくらみがあって、周囲の木がその上下でくぎとピッタリつく、その形を一本一本ていねいに仕上げていきます。最後の最後、送り出す直前にもう一度箱を開いて、少しでも納得のいかないところのあるくぎはもう一度直す。いよいよ木に打ちこまれるところを眺め、一〇〇〇年先にこのくぎのすばらしさをわかってもらえるときのことを静かに思いながら浮かべる微かな笑みには参りました。ただ、そのくぎが、一本八〇〇円で買い取られるという現実には腹立たしさを越えて情けなくなりましたが。

生命誌の研究は、〝千年のくぎ〟への思いと重なるものです。流行とは程遠く、時間をかけるものです。このような思いを明確な思想や価値として提示し、社会をその方向へもっていきたいという願いを強く抱いています。この本は、ＮＨＫテレビの「人間講座」のテキストに少し手を入れたものです。講座ということで、日常科学とは無縁と思っていらっしゃる方にも関心をもっていただきたいと思い、基礎的な事実を取りいれることに努めたので、考え方のところまでもっていく余裕がありませんでした。でも、生きもののありようそのものから、いろいろ学びとるところはあると思っています。次の機会には、生命観、人間観のことをもっとていねいに書くつもりです（『絵巻とマンダラで解く生命誌』青土社、二〇一六年）。

ゲノム研究から病気の原因となる遺伝子が明らかになり、治療法が開発されたり新しい薬が生まれて産業が起こるのももちろん大事です。でも、技術や経済のために私たちは生きているのではないのだということは忘れないようにしなければなりません。人間の生き方、とくに生きものの一つとしてのヒトを踏まえた生き方が大事です。

「人間講座」のときにご一緒したNHK京都放送局の方たちと、このような問題をあれこれ話しあったのをなつかしく思い出しています。今回、この本の編集を担当してくださったNHK出版の出澤清明さんにもたいへんお世話になりました。

生きるということを考え、暮らしやすい社会をつくることは、どこかに専門家がいるというテーマではありません。生命誌という一つの切り口から、多くの方が考えを出してくださるとありがたく思います。

生命誌研究館のホームページ（URL:http://www.brh.co.jp/）にご意見をお寄せください。

熱帯のような暑さにちょっと異常を感じながら

二〇〇〇年八月

中村桂子

V

生命誌からはじまる思想

第1章　水の生命誌

生命誌を研究する者として「あなたにとって水とは何か」と問われれば、実に平凡で、けれどもきわめて基本的な答えを返さざるを得ません。それは、生きものがなぜ、どのようにして生まれたかということに関わっています。改めて言うまでもありませんが、生きものは水の中で生まれたのです。

水があってこその生きもの

地球上には数千万種類ともいわれるさまざまな生きものがいます。それぞれの生きものに必要なものは一様ではありません。酸素や栄養分はどの生物にも必要でしょうとおっしゃるかもしれませんが、酸素を嫌う生物もあれば、植物など自分で栄養分をつくりだす生物もいます。どの生きものにも必要不可欠のものといえば水です。

遠く離れたどこかの惑星はいざ知らず、少なくとも現在の太陽系の他の星には生きものはいないと言ってよさそうです。生きものはこの地球上にしか見あたらない。もちろんその理由は「水があったから」です。「生きものにとって水とは何か」という問いではなく、「水があってこその生きもの」という発想が生きものを考える出発点なのです。

私が提唱する生命誌は、「今、ここ」だけを考える学問ではありません。およそ三八億年前、生命の起源から現在に至るまで、生きものが続いてきた道筋をたどります。それは、さまざまに変化をしながらも絶えることなく続いてきた歴史です。生きものはその間、大部分を水の中で過ごしてきました。陸に上がってきたのはたかだか四〜五億年前のことで、しかもそれは水との訣別だったかというと決してそうではありません。たとえば小さな昆虫は体表をクチクラとよばれる層で被って、体内の水分が失われないようにする工夫をしています。もっとも、水の閉じこめ方は、完全遮断ではありません。皮膚から水は出ていくけれど、それをつねに補っているのです。

水の中は、生きものにとってとてもありがたい環境でした。温度の差はあまりなく、いつでも体をやさしく包んでくれます。また水中にはたくさんの養分が溶けています。もっとも海水はナトリウムが多すぎるのでそれが体内にたまらないような工夫が必要で、生物はナトリウムを体外にくみ出すポンプをもっています。陸上は、温度差が激しく、乾燥していて、きわめて苛酷な環境です。それなのになぜ進出したのだろうと問いたくもなります。まず浅瀬にいた藻が陸地に進出してコケが生まれるところから始まった生きものの上陸は、生命誌の中で重要なことがらの一つです。環境の厳しさゆえに、生きものはさまざまな生き方を工夫せざるを得ませんでした。そこで起きた多様化は、水から離れたからこそ生まれたことです。

ここで思い出すのは、三木成夫が『胎児の世界』に書いているエピソードです。

解剖学者の三木は、ニワトリの胚《はい》、すなわち胎児を研究していて、興味深い事実に気がつきます。胎児の心臓管に墨汁を注入し、血管系の網の目のでき方を調べていたのですが、二一日で孵化《ふか》する卵が、温めはじめてから四、五日目にかけて、目に見えて弱ってしまい、墨汁を入れると死んでしまうのです。四、五日目に弱るというのは養鶏業者や動物商にとっては常識だったのですが、当時三〇代の三木は知りませんでした。考えぬいた末に、胚の中で水から独立する作業が行なわれていると気づいた彼は、生きものが水中から陸上へ上がったときの苦しみを胎児が体験しているのだと理解します。四～五億年前に一億年ほどかけた上陸の労苦を、ニワトリの胚は一日に凝縮して味わっているというのです。三木は、われわれの中にある、水、とくに海へのなつかしさを「生命記憶」と表現しています。

地球を生きものに見立てると

NASAの宇宙計画に参加したJ・ラヴロックは、「ガイア・モデル」という概念を提案しました。簡単にいえば、地球の大気や気象などは生物体の共生によってできあがっている生態系がつくりだしたもので、地球は生態系がつくりあげた生きている星であるという考え方です。

彼が出したのはモデルであり、科学の世界では、このようなアナロジー（類推）を結論にすることは許されません。しかし、物事のわかりやすい説明や新しい発想を探るときにはアナロジーは大切なので、それをお断りしたうえで、地球を生きものに見立ててみます。すると、やはりそこでも水が大きな役割を果たしていることに気がつきます。DNAの二重らせん構造をJ・D・ワトソンとともに発見し、ノーベル賞を受賞したF・クリックも「必ずしもぴったりの比喩《ひゆ》ではないが生命系は材料と自由エネルギーが流れこみ、老廃物と熱が流出する川に似ている」と述べています。

昨年（一九九四年）も九州、四国、関西地方で水不足が起こり、それが解消するかしないかのうちに大水の被害が出ました。水の動きがスムースでないのが気になります。*生きものにとっての水のありようとして大切なことは、うまく回ることです。それがどうも具合が悪くなってきました。地球上の水の大部分（九七・五％）は海水であり、ほんの少しの淡水が上手に回ることで陸上の生物は生きているのです。地球全体を見れば、水はそれなりに循環していますが、それぞれの場に生きている生きものにとっては、自分の生きる場での水の回り方が適切でなければなりません。

＊スムースでない動きはその後も続き、豪雨による被害が各地で起きています。

国土の大部分が北緯三〇度から四五度の間に位置する日本は、とりわけ水の動きがうまくいっている場所でした。四季折々に、春雨や梅雨や台風や雪といった形をとって降り注いだ水は、豊かな森林に一時ためられ、やがて川を通じて海へ流れていきます。水とは「回るもの」とことさらに意識しなくても、自然に回っていたのです。それが近年うまくいかなくなっているのが気になります。地球全体の大きな変化もありますが、日本列島の人間活動による森林の破壊も原因の一つです。地球を生きものと見るなら、水の循環に目を向けなければ青息吐息になることを示しています。

水が溶かしているもの

人間の生活とのかかわりでは淡水の循環が重要と言いましたが、その際に忘れられがちなのが、水の中に何が入っているかという視点です。私たちの回りに一〇〇%の「純水」はほとんどありません。実験室にある水でさえ、ビーカーやフラスコに入れれば、すぐに微量のガラス成分を溶かしこんでしまいます。血液やリンパ液が酸素やホルモンなどさまざまなものを運んでいることからわかるように、多くの物質を溶かしこんでぐるぐる回ることができるというのが水というすぐれた媒体の特色なのです。

その観点からいえば、都市の近代化の象徴とされてきた大型下水道は、近代文明の間違いの大もとといえるかもしれません。異質なものが溶けている水を集めて遠くまで運び、すべてを除くために大量のエネルギーを使うのですから。水に溶けているさまざまなものの質に目を向け、それをどこに回していくべきかという発想に欠けています。

数十年前までは、お手洗いから出た有機物は直接畑へ、台所のゴミはブタの餌《えさ》に、という流れがありました。都市の人口が増え、下水道が整備されるに伴い、この流れはなくなってしまいました。今では、有機物を含んでいる家庭排水は、途中で処理するとはいえ、最終的には海まで流れていきます。かつては、さまざまな化学物質を含んだ工場排水を海に流すということさえあり、海水だけでなく生物の汚染が問題になりました。もちろん、今は処理されていますが、それを一歩進めて、中に含まれている物質の性質に着目し、それをもう一度活用するにはどうしたらよいかという考え方で水の処理を見直す必要があります。すべてをまとめて流す下水は、今や進んだ技術とは言えません。

細胞のレセプターに学ぶ

生きものの体は実にみごとに水を循環させています。体の中の水、すなわち血液やリンパ液は、そこに何かが溶けていることにこそ意味があることは、前にも述べましたが、溶けているそれぞれの物質を、必要としている場所に的確に配分することが重要です。そこで鍵となるのが受容体《レセプター》です。細胞の外側にあって、細胞が必要とするホルモンなどの物質をつかまえるアンテナです。

細胞はみな同じようでいて、それぞれがもっているレセプターが違います。体液の中にある物質から、各レセプターが必要な成分を感じとって受けとめるしくみになっています。脳であれ免疫系であれ、レセプターのメカニズムは基本的には同じです。システム（＝体内）を流れる多種多様な情報（＝物質）を、各細胞のアンテナ（＝レセプター）がキャッチして利用しているのです。

これと同様のシステムを、都市に住むわれわれが導入できないかと考えてみます。水は流れているわけですが、水の中に含まれている何をいつどこで使い、何をいつどこで捨てるか——それを上手にやりくりするのが、本当の意味で水を循環させるということでしょう。残念ながら現在の都市は、そのようなしくみにはなっていません。大きなエネルギーを無駄に使って、要《い》らなくなったものをそのまま流し捨てるというのが下水道の現状です。

最近では、行政の意識も変わってきています。それでも、大きな発想の転換はまだまだです。私が可能性があると思うのは、微生物による有機物処理を行なえる小型浄化槽です。個々人が責任をもち得るできるだけ近いところで、なるべく余計なエネルギーを使わずにうまく処理し、有効利用できるものは活用するしくみです。もちろん有害なものを取り除くのは大前提ですが、基本的にはこの方向に進むのがよいと考えています。「性能が信用できないし、値段が高い」という声もありますが、行政が予算を配分して開発を援助することはできるでしょう。この国の技術力をもってすればすぐれたものを作るのは容易でしょうし、量産ができれば価格は下がります。ある区域、ある集合住宅全体で有機物を処理するシステムです。

自然界ではもともと、土や水の中の微生物が有機物を処理しています。生きものの死骸《しがい》やゴミが分解されるだけでなく、土壌が豊かになり、地下水などの水もきれいになります。環境浄化には、積極的に生物、とくに微生物の力を利用していくのが得策だと思います。

神は細部に宿る

数年前、アフリカのナイジェリアにある「国際熱帯農業研究所」のお手伝いをしていました。その土地の農法と生活を改良する、生態系を壊さない、できるだけ高いレベルの技術を活用するという理念に共鳴して、年に二回訪れていました。当時そこでは森と農業とを共存させていく方法を探る「アグロフォレストリー」というプロジェクトが進められていました。ご承知のとおり、アフリカは水が稀少で貴重なところですから、水の循環についての土地土地の工夫に、思わずはっとさせられることがあります。

畑の土が大きな団子のように盛ってあるので、なんだろうと思って見たらオクラが植えてありました。尋ねると、なるべく水を逃がさないよう、表面積が最小である球形にしたとのことです。そういえば中学のときにそんなことを習ったなとなつかしくなりましたが、幾何学を習って考えだしたわけではなく、長い間の経験によって生まれた知恵に違いありません。アグロフォレストリーは、このような知恵と、現代科学を結びつけ、農業と森林育成をお互いに対立しあうものでなく、両者が助けあう形でのばしていこうという工夫です。具体的には畝を作り、一列置きにトウモロコシとアカシアを植えます。アカシアは、マメ科なので空中チッ素を固定し、トウモロコシの肥料を供給します。枝を支柱や燃料にするという利用もされます。科学もこのように生かされていくときにこそ、その真価を発揮するのだと思います。

この例に限らず、大きな自然を相手にするには、必ずしも力業《ちからわざ》を用いなくてもよく、小さな工夫での自然との知恵比べが大事なのではないでしょうか。神様は大きな存在でしょうが、「細部に宿りたまう」のだということを仕事のなかで強く感じています。

第2章　生成の中に生命の基本を探る

現在の関心事は、生命とは何かと問う知のありようである。そこでそのものずばり、「知のありようを問う特集」にエッセイを書かせていただくのはありがたい。もっとも、ネオ・サイバネティクスについてはまったく不案内なので、的をはずす危険性が大いにあるのだが、このような課題を考える方々に、分子生物学から生命誌へと分野を変えながら同じことを考えてきた(同じことを考えたいために分野を変えてきた)経緯を知っていただくことには意味があると思い、今、思うことを記すことにしたい。

分子生物学を支える制御の概念

N・ウィーナーが「サイバネティクス」なる学問を提唱したとき、機械と生命体をつなぐ新しい概念を提出していることはわかったが、それ以上の関心はもたなかった。ところが、そこで示された、機械（システム）を制御（フィードバック）という切り口で見るという視点が、あるとき突然自分の研究とつながったのである。

一九六一年（今思うと、ウィーナーの『サイバネティクス』第二版刊行の年である）、フランスのパスツール研究所のF・ジャコブ、J・モノーらが「タンパク質合成の遺伝的制御機構、オペロン説」を提唱した。彼らは、大腸菌に通常与える糖であるグルコースの代りにラクトースを与えて培養すると、それの分解酵素（β－ガラクトシダーゼ）が合成されるようになることを発見した。そこでは、この酵素の遺伝子の隣にオペレーターとよばれる調節遺伝子があり、通常はそこにリプレッサーが結合していて、酵素をつくらないようにしていること、ラクトースがリプレッサーに結合するとリプレッサーはオペレーターから離れ、その結果酵素遺伝子がはたらきだすことを解き明かしたのである。

なんとみごとな機構だろう。仲間と論文を読み、興奮して語りあったことを鮮明に記憶している。生きものがもっている、必要なときに必要なものをつくり、不要なときには抑えておくというフィードバックの実態が分子のはたらきとして具体的に見えてくることによって、分子機械としての生命体の姿が明確となり、生物研究がサイエンスとして一段階進んだという実感を抱いた。以来半世紀、調節（フィードバックとそれと同じくらいまたはそれ以上に重要なのがフィードフォワードの回路であるところに生命体の特徴がある）を重要なテーマとし、これを詳細に解くことで生命現象を理解しようとしてきたのが分子生物学の歴史と言ってもよい。

われわれが、自分自身をも含めて日常接する生きものに生きものらしさを感じるのは、それの環世界との関係のしかたであり、そこには環世界を認知し、それに対して自らを変化させる姿が見られる。そこにある分子機械としての生きものの動きを知ることこそ生命とは何かを知ることにつながると考えたのは当然である。

生きものは分子機械か

生きものは分子機械という考え方を支えたもう一つの柱が「設計図としてのＤＮＡ」という

考えであった。モノー、ジャコブらの研究と同じころ、F・クリックとS・ブレンナーを中心に遺伝子としてのDNAのはたらきが精力的に解かれ、「セントラル・ドグマ」(一九五六年、中心的教義の意)という考えが出された。情報はDNA→RNA→タンパク質と一方向に流れ、それに基づいて生命体がつくられ、はたらくというわけである。ここで「DNAは設計図である」というフレーズが生まれた。

そこで、DNAという設計図の下にはたらく分子機械の調節機能を解くことが生命体を理解することであるとされた。その典型例が、がん研究である。がんの予防や治療のために原因を探った研究が探しだしたのががん遺伝子であり、次々と発見される遺伝子はすべて細胞周期(細胞が適切なときに適切なだけ増殖することを支えるシステム)に関わる遺伝子が変異したものだった。がんは、生きるという現象そのものを見せる疾病だったのである。

そこで、がんを知るには生命の設計図の全貌を明らかにする必要があるという考え方が生まれ、ヒトゲノム解析が始まった。三〇億塩基から成るDNAの解析は提案当時非現実的と言われたが、考えぬいたうえでのプロジェクトは成功し、二〇〇三年(DNAの二重らせん構造発見後五〇年)に一応の解析が終わった。DNAの塩基配列というたった一種類のデータではあるが、すべてを知るということは、生物学者にとって初めての体験(科学としての初めてだろう)であり、新しい知のスタートとなった。

ゲノム解析を出発点として、生命体をどう解くか。日本では、RNAやタンパク質の全解析をめざし、機械の部品を並べることが解決だという方向の大型プロジェクトが目立つが、これは、生きものの本質を理解していない研究の進め方である。そこで、地道な研究の現状を見ると、まず、ゲノム解析のきっかけをつくったがん研究では、さまざまな表現型（生物体の示す形態的・生理的・行動的な性質）とその背後にある遺伝子のはたらきを徹底的に調べることで全体像に近づこうとしている。これは、従来の研究から連続した主流である。ところで、アメリカのがん研究のリーダーは、これで答えが出るのは一〇〇年後かもしれないと言っており、それが本音だと思うが、具体的生命現象の理解の積み重ねは必要であり、実用的意味も大きい。

もう一つは、これまで比較的単純な系で基礎的機構を解明してきたのに対し、システム生物学という、全体を知る方向への転換である。細胞分裂、シグナル伝達などこれまで具体的に解いてきた反応系をモデル化、理論化してシステムとしてとらえる試みが行なわれている。同じ方向を情報という切り口で見ているバイオインフォマティクス（生物情報科学。ゲノム解析で得られる生物学的情報を診断・治療・新薬開発などの分野に応用すること）は、ゲノム比較から進化の過程を追うなど具体的な作業と理論とから生命現象の特徴を知る努力をしている。これらは情報、システムという生物の理解にとって不可欠な概念を導入しているところが重要である。

これが現在の研究の流れだが、ここには問題点が少なくとも二つある。一つは、DNA（ゲノム）を設計図と見ていることである。研究が進むにつれて、DNAが生物という存在を決定しているという意味で用いられるこの言葉は正しくないことがわかってきた。たとえば、DNAがつくるタンパク質のはたらきがもつゆらぎが生命現象の本質であることは明らかである。そこで、料理のレシピや演劇の台本にたとえるのも一つの手だろう。素材や登場人物は決まっているが、それがいかにはたらくかはそのときの状況によって変わるからである。重要なのは過程であり、一つひとつの作品は異なるプロセスを経て個別性をもつものとしてできあがるからである。

これで決定論からは逃れ、生きものらしさにはやや近づいたが、DNAからの指示があると考える点では変わりがない。たとえはたとえに過ぎないことを承知で使うように気をつける必要がある。近年急速に進展した細胞の生物学によると、非平衡状態を維持し、ダイナミズムを示す生命体（細胞）には「生きる」ということを支える戦略があることが次々と明らかになってきている。DNA（ゲノム）は生きる戦略のために利用されるものであると考えたほうがよい。ゲノムは生命の歴史の「記録」でもある。この記録はおのずと生成したものであり、進化の結果として書きこまれたものである。

もう一つの問題点は複雑さであり、柔軟さである。調節というとらえ方で機械としての生命体を解明するという作業は、がん研究で見られるようにその複雑さの前でたじろいでいるところがある。ＤＮＡを設計図とする硬い機械として生命体を見ることを止め、その生成の過程を見て、複雑さにそのまま向きあい、そこにある特徴を探るという方向に転換しなければ、生命とは何かは見えてこない。

機械論から生命論へ

細胞内での制御の具体例を初めて出したＪ・モノーは、そのときすでに「生物はその構造も機能も機械とよく似ている。しかし、つくられ方は機械とは根本的に違っている」と述べ、その自発的、かつ自律的発生の重要性を指摘している。生まれ出るものとしての生命とは、日常的な見方だが、実はここに鍵がある。できあがった機械として部品を調べあげるのではなく生成する過程を追うということだ。

実は、生命体を分子機械として見てきたのは、科学が機械論的世界観をもっていたからである。科学史家伊東俊太郎は、これを「ガリレイ、ベーコン、ニュートン、デカルトが作りあげてきた神が創りだした機械として世界を見る見方であり、今やそれは変化している」と述べている。

相対性理論、量子論の時代に入ったとき、すでに神の眼は捨てられ、観測者が登場しており、そこでは観測者のとらえた世界が記述されている。一元的見方から多元的見方へ、外からの眼から内からの眼への移行である。これまでの半世紀、前述のサイバネティクスとともに、生命科学研究は調節系という視点で生命体を解いてきた。まずは単純な系を取り出し、次いで〝複雑な機械を複雑な調節系として解く〟という難問に向きあっているのだが、機械に引きずられてきたところを考え直し、生命体という特有な系のありようを見ていかなければならない。

生命誌という視点

生命を生まれ出るものとして見ることを求めたモノーは、また「生物圏には、予見できる類別された物体ないし現象はなく、ただある個別のできごと——それは第一原理とは両立しても、それから演繹されることはなく、したがって予見不能である——から成り立っている」とも言っている。これはもちろん、生物は物理・化学の原理で説明できないとか、それを超越するとか言っているのではない。「予見不能」というところが本質で、実はともに研究を進めたジャコブも生命体の大きな特徴として予測不能性をあげている。歴史としての時間への眼が求められているのであり、まさに、生命誌という視点が求められる。

改めてゲノムに注目すると、ここでのゲノムは指令塔ではなく、すべての生物が共通してもっている記録（アーカイブ）であり、生命体はそれを読み解きながら生きている。読み解かれるゲノムには大きな特徴がある。それは、それぞれに〝完全である〟ということである。たとえばヒトゲノムはヒトという存在をつくり、一生はたらかせ、それを終わらせるための基本的情報をすべてもっており、また、ヒトはそれ以外の情報を必要としない。これはヒトに限ったことではない。

大腸菌、酵母、ハエ、マウス、イネなど、すべての生きものがもつゲノムは〝生きる〟ということを支える意味で「完全」なのである。通常歴史の記録にこれで終りということはなく、開かれている。もし生きものに、よりよいものに進化するという目的があるとすれば、その途中はすべて不完全になる。しかし、ゲノムの場合、どの生きものでもそれがすべてであり完全なのである。それだけで動くシステム、つまり、閉じた系であり、この特徴をどう読み解くかが生命系を知ることになる。

ゲノムは、つねに活用されている。つまり、ヒト、マウス、ハエ、大腸菌などが生きることを支えているのである。「生き続けること」それが生命体の特徴である。この「生き続ける」は、当初一つの個体（細胞）が続くという方法で具現化されたが、現在は個体には死があり、生殖細胞を通じて続くという戦略をとっている。そこで、〝生きる〟という現象を知るには、アーカイブがいかにしてつくられたか、いかにして読まれているかという二つに眼を向けることになる。記録は進化（Evolution）の歴史を記しつづけてきたものであり、この記録を読み解く過程は一つひとつの生きものを生みだす発生（Development）である。進化は、個体を通して見られるものであるから、発生という時間の読み解きと進化とは独立したものでなく二つの時間を重ねあわせることが生命系の特徴を知ることにつながるのは間違いない。

内からの眼

生きものは機械ではなく〝生き続ける〟ということに意味をもつ存在であり、生き続けようとするものは生命体として完全なものであり、その記録は生きものそのものの中にあるという考え方に立つなら、観察は内からの眼にならざるを得ない。とくに、この世に初めて生まれた生命体の気持ちになって考えるのがよさそうだ。

ここで改めてウィーナーに戻ると、西垣通の『続 基礎情報学』には彼の考えが自律システム（一貫性、閉鎖性、固有行動、意味の創発）としてまとめられている。これこそ生命誌としてゲノムを読み解くときに見えてくるはずのものであり、ここにネオ・サイバネティクスとのつながりを感じる。

具体的な答えは模索中であるが、重要な鍵として、モノーやジャコブらが指摘していた予測不能性、これをより的確に表現する言葉として最近用いられるようになった「偶有性」とそれを支える「再帰性」に注目している。偶有性も再帰性も学問分野によってさまざまな使われ方をしているようだが、生きものについて考えるにあたっては基本的で日常的な意味で用いている。発生と進化はまさに偶有性の表現である。

個体の誕生を見れば、ヒトの卵からは必ずヒトが生まれるが、一卵性双生児であっても決して同じ個体ではない。ヒトという枠はあり、それは生命の歴史を踏まえたものであることは明確だが、どのような形で生まれるか、ましてやどのように育つかはわからない。まさに一貫性がありながら創発性のあるシステムなのである。そして、このようなシステムを支える特性は何かと問いながら進化と発生を調べていくときに見えてくる一つが再帰性なのである。ここではこの言葉を、同じ構造をくり返すという最も基本的な意味で用いている。

ダーウィンの主著『種の起源』にある唯一の図は、彼の進化の理解の表現だが、それは枝分かれのくり返しによって無限に新しい生きものを生みだす可能性を示している。進化によって生みだされるものは、当然歴史を踏まえているが、何が生まれるかは予測できない。そこで現存生物のゲノムを解析すると、それはすべて共通祖先（細胞）がもっていたであろうゲノムのくり返しによって生じてきた記録であることがわかる。ここで興味深いのは、ある形態や機能の出現よりはるか以前に、そこで用いられる遺伝子が生まれていることである。遺伝子そのものでなく、その用い方で新しい形やはたらきが生じるのである。

近年、発生によって生じる生きものの形を決めるLｰシステム、パターンを決めるチューリングパターンなどの基本ルールに長沼毅、近藤滋らが注目している。これもまさにくり返しであり、生物学としてはまだこれからだが、進化と発生の重ねあわせから、これらを解いていくことが、生命の理解につながるだろう。人間を考えるうえで最も関心を引く言語についても、アメリカの言語学者、N・チョムスキーの提唱した「生成文法」がまさに再帰性をもつ。最近、脳内に生成文法を処理する領域を見出した酒井邦嘉の研究は興味深い。

以前、「生命のストラテジー」という言葉を恐る恐る用いたが、セントラル・ドグマから完全脱却し（かなり勇気がいる）、内からの眼で生成のルールを探りなおすことでストラテジーを探るときにきている。それはネオ・サイバネティクスとどこかでつながるのではないか。間違っているかもしれないがそう考えている。

出典一覧

Ⅰ　生命誌の考え方〜Ⅳ　生命誌から未来を考える

『生命誌の世界』日本放送出版協会、二〇〇〇年

Ⅴ　生命誌からはじまる思想

「水の生命誌」『横浜市広報誌　季刊０４５』横浜市市民広報課　一九九五年一〇月

「生成の中に生命の基本を探る」『思想』岩波書店　二〇一〇年七月　「思想の言葉」

あとがき

この三〇年ほど、大げさに言うなら明けても暮れても生命誌という生活を送ってきましたので、私の中では生命誌はまったく日常の言葉になっています。

しかし、ちょっと冷静になってみると、いまだにそれほど多くの方には知られていないのだろうなと思うのです。そこで改めて「生命誌」っていったい何なの、何を考えているのという問いに答えなければいけないという思いを込めた巻です。

生命誌で大事にしているのは「観」です。平たく言えばものの見方です。一人の人間として毎日を生きる。だれもがやっていることですし、それは食べたり、寝たり、働いたり、遊んだりという日常生活のつながりです。「食べる」だったら、今日は肉じゃがにしようと決めて、家族の顔を思い浮かべながらじゃがいもの皮をむくところから始まり、皆でワイワイといただく。ときに皮むきがめんどうだなあと思う日がないでもない。何でもないこんな時間が過ぎるところに小さな幸せを見るということでしょうか。働くも遊ぶも同じです。

でも、その日の新聞に大きな水害の報道があると、気象が異常ではないかしら、その原因に私の生き方が関わっていないかしら、と少し考えこみます。そして私の場合、やはり人間は生きものだということに正面から向きあって考えなければいけないという気持ちがわいてきます。そこから毎日の食事が楽しくいただけるということを支えている自然や社会にも思いが広がります。

こうしてなんということのない日常生活と、その先にある自然や社会のありようとをともに考えることを世界観とよび、それをもっていなければ本当に生きることにはならない。これは哲学者大森荘蔵先生が教えてくださったことです。どう生きるかということでしょうか。

この巻のテーマである「つながる」は、生きものの最も基本的な性質です。親から子へつながる、一人の人間として一生つながる、外の世界とつながる……これらをていねいに考えることが生きるということだとも言えます。

そこで生命誌は、三八億年も続いてきた生きものの一つである人間としてどう生きるかを問い続けます。具体的には、現代文明を支えているすべてを機械としてとらえる機械論から抜けだして、生きているのだと実感しながら生きる生命論でいきましょうという提案をしています。

その具体的な形としてこの巻で提示したのが「ライフステージ」です。「バイオヒストリー」と「ライフステージ」。呼応しているのがわかっていただけるでしょうか。「三八億年という時間の中で生きるすべての生きもの」を対象にする前者に対して、後者は「一人ひとりが誕生から死までを充実して生きる人間」の生き方を考えます。ともに時間の流れを大切にしています。

実は「生命誌」よりも「ライフステージ」の方が先に生まれています。一九七〇年代、経済の高度成長、大量生産、大量消費が推進される中で、人間が社会を動かす歯車のようになり、働く中年男性中心で女性は一人前に見られず、子どもは働くおとなの予備軍、老人は厄介者とみなすような社会に異を唱えたものです。今もその流れが消えているとは言えませんので、改めてライフステージ社会を考えることは大事だと思っています。

このような思いを込めたこの巻に畏友村上陽一郎さんが解説を書いてくださったのは本当にうれしく、ありがたいことです（村上さんが書いてくださったように二人は戦友でもあります）。私は武力での戦いは嫌いですが、この巻に書いたことは一つの戦いかもしれないと思っています。本文よりも解説のほうに私が伝えたいことがきちんと書いてあるというのは何だか変ですが、一読しての正直な感想です。たとえば、自然・生命・人間を語るときにはいつも中にいようとしていること……一般的に学問は外からの眼であることが求められますので、これは通常のやり方ではないのですが、村上さんはそれをとりあげ、その意味をていねいに語ってくださっています。これだけよくわかってくれる友人をもてることの幸せを噛みしめています。

戦友と書いてくれたように、村上さんは科学や科学技術の人類にとっての意味を十分に認め、その歴史に眼を向けながら、科学技術文明のありようを深く考えている方です。それが私の生命誌での活動と重なります。ですから、そこから生まれた「批判」のすすめは本当に重要です。批判は否定ではありません。今の社会では否定ばかりが横行して質の高い批判がありません。この本がよい批判を生み、議論によってよりよい考え方が生まれてきたらすばらしい、解説を読みながらそう思いました。そのような形での生命誌の広がりを願っています。

二〇一九年十二月

考えることがまだまだたくさんあると思いながら

中村桂子

解説——読む人と書く人の対話

村上陽一郎

解説と言えば、本書のような幾つかの独立した論考が編集された書物では、一つひとつの文章に関して、読者の理解の助けになるようなコメントを連ねるのが、普通のことかもしれません。しかし、書物を解説から読むという、いささかへその曲がった方ならいざ知らず、本書の文章に少しでも直接接した方なら、何方《どなた》でもお判りのように、中村さんの文章は、真っ直ぐに読者の心に届くような、「やさしい」（この大和言葉に当てたい漢字は、少なくとも二つあって、そのためわざと平仮名にしてありますが、〈易〉と〈優〉とを同時に読んでください）ものです。特段の、事々しい解説はおよそ不用です。だからと言って、内容が高度でないことにはなりませんが。

中村さん、と私が「さん付け」で書くことが、読んでくださる方に、もし違和を感じさせるとしたら、ここでお詫びしておきます。中村さんとは中学生のとき同じ学校でご一緒でありました。彼女は早生まれ、私は遅生まれなので、学年は一年先輩に当たります。ところで私は生年を公表していますから、このように書くと、中村さんのお歳も必然的に明らかになってしまいます。女の方のお歳に関わるような発言は慎むのが常識ですが、中村さんは、いつもほがらかに、この点に拘《こだわ》らないでいてくださいます。進んだ高校は違いましたが、大学院のころから、お互いの専門の端の部分で、そう「端」ではあるのですが、かなり強く重なるところがあって、「戦友」という言葉が悪ければ、「同志」のような存在（少なくとも私にとって）になりました。そんなわけで、お互い「先生」付けは勘弁してもらうという暗黙の了解が成り立つようになっています。少し長い言い訳になりました。

さて話を戻すと、中村さんの持論の一つに、名詞で、よりは、動詞で語ろう、というのがあります。例えば彼女が意図して避ける名詞の一つが「啓蒙」なのですが、こうした名詞のなかに含まれるある種の権威性（ああ、これも名詞ですが）、「上からの」見方（一言拘れば、私は今時の流行言葉、〈目線〉という名詞を使いませんが、その表現に問題を感じられない読者は、そう読んでくださっても文句は言いません）を、できるだけ避けようとする主張が、その後ろにはあるのだと思います。いつも、読み手の地平に視点を据えて、一緒に話を交わそうという姿勢で、ことに臨む。それが、中村さんの文章の特徴の一つです。だから、私は先ほど、中村さんの文章は「やさしい」と書きましたが、「判り易い」とは書きませんでした。読者は素人《しろうと》なのだから、専門の難しいことを、判り易いように工夫して差し上げて、話す、書く。中村さんが最も嫌うのが、こうした態度であり、姿勢です。

本を読むということは、確かに自分の知らなかった知識を学ぶ機会です。この書物でも、生き物の世界について、私たちはとても多くのことを教えてもらいます。生き物の世界、と書きました。普通、それは人間を含みません。人間はその世界の外にいます。科学の特徴の一つは、世界を「外から」眺める立場に立つことです。通常それは「客観性」という言葉で表現されます。眺める存在は、眺められる「世界」の外にいるわけです。生物学でも、当然学問する視点は、対象とする世界の外に据えられています。学問するのは人間ですから、必然的に、人間は、眺められる世界の外にいることになります。勿論人間を対象にした科学もあります。(自然)人類学や、心理学の一部などがそれに当たります。こうした学問は、もっぱら人間だけを相手にします。自分は、語られる世界から一歩引いて外に出ることに変わりはありません。

この本は、私たちが、生き物の世界を成り立たせている様々なことについて知るべきこと、つまり生物学的な知識を広汎に伝えてくれます。しかし、類似の多くの書物と、中村さんの書物とが決定的、根本的に違うところがあります。そういう目でお読みになれば、だれでも気付かれるでしょうが、生き物の世界を相手にした科学、つまり通常言われる生物学の書物でありながら、観ている自分、観察し、考えている自分、つまり人間も、その世界の一員であることが、つねに根底に置かれたうえで、物事が語られている点です。

中村さんご自身は、それを「外から」と「中から」として区別されます。「エキソ」と「エンド」という片仮名語を使われるときもあります。ちょっとペダンティックになることをお許しいただくと、英語に〈exobiology〉という言葉があります。〈endobiotic〉という言葉もあります。前者は「地球の外の」生物を扱う学問の意味で使われます。後者は、寄生虫などが、宿主の組織や細胞の「中に」寄生する状態を指すようです。「エキソ」と「エンド」がどのような意味を運ぶのか、ということの一端を私たちに告げてくれる言葉遣いだと思います。

中村さんは、日本に生命科学という学問が根付く黎明期を担った学徒でした。その出発点を切り開かれた江上不二夫と渡辺格《いたる》という、お二人のかけがえのない大先達を師とされた、最初の学生たちのお一人だったのです。江上は「生命科学」という言葉と概念を日本に確立されました。余計なことを付け加えれば、『鉄腕アトム』に出てくるお茶の水博士は、江上がモデルの一人だった、という風評は今でも絶えません。渡辺先生（私たちは「格《かく》さん」と敬意をこめて呼んでいましたが）は、日本における分子生物学の父とも言える方でした。これも余計なことかもしれませんが、その「格さん」は「分子生物学は終わった」という警句を残されたことでも、私たちに大きな宿題をくださった方です。

このお二人に学問への途を拓かれた中村さんは、当然、他の仲間たちとラボラトリー・ワークにまい進する宿命を担ったはずです。例のワトソン＝クリックの「二重らせん」説が公表されたのが、一九五三年、私たちが大学に入ろうとする時期とほとんど重なっています。同じ年、好気的な代謝現象の基礎となるクエン酸回路（ＴＣＡ回路あるいはクレプス回路とも）の発見者クレプスがノーベル賞を受賞しています。私が大学へ入ったときの一般教養の生物学の先生は、ＴＣＡサイクルについては説明してくださいましたが、ＤＮＡも二重らせん構造も言及されなかったと記憶しています。

つまり、細胞内のミクロな物質現象が解き明かされつつある、まさにその時期に、その世界を専門として学問を始めた中村さんにとって、海外から高い対価を払って（一ドル三百六十円、丸善で洋書を注文すれば一ドル五百円換算で、初めて入手できる、だから、今から思えば怪《け》しからん話なのですが、大学の研究室には、海外の学術書を非合法にコピーしたいわゆる「海賊版」を販売する業者が定期的に出入りしていたような時代、計算機と言えば愛称「トラちゃん」なる機械的なタイガー計算機だけが頼りとなる時代、インターネットなど夢のまた夢の時代でした）届く最新の論文を読むことと、実験室での実験とに、徹夜が続く生活であったでしょう。

それが苦にならず、むしろ喜びであった日々でもあったと思います。そして、一九六四年には学位を得、取りあえずの就職先も決まって、一人前の研究者として羽ばたこうとしていたときに、中村さんは、恩師の江上から、霹靂《へきれき》に近い命を受けます。一九七一年江上が、三菱化成の企業研究所として「生命科学研究所」を創設するにあたって、その中の一部門である社会生命科学研究室のヘッドになれ、というのでした。

もし引き受けるとすれば、少なくとも二つの大問題がありました。一つは、実験を主体とする研究室とは縁が切れる、という点です。功成り名遂げた引退近い研究者ならばとにかく、若手研究者として、それは致命的なことです。もう一つは、「社会生命科学」とはそも如何なる研究分野なのか、見当もつかない話でした。中村さんは江上に尋ねたそうです。「一体何をやればよいのでしょうか」。答えは「それを考えるのがお前の仕事だ」だったといいます。

結局中村さんは恩師の命令を引き受けることになって、生命科学研究所（私たちは〈L研〉と呼んでいました）のユニークさを世界に示す働きの一翼を担うのですが、私は一度「ラボ・ワークから離れると決めて、後悔はなかったの」と訊いたことがあります。これは愚問だったようで、「新しいことを始める躊躇《ためら》いはあったけど、後悔は……」というご返事でした。確かに中村さんに「後悔」という言葉は似合わない。

生命科学という言葉（英語では〈life-science〉が相当するのでしょうが）も定着しかけたこの時代、「社会」との関連が問題になるとすれば、まずは生命倫理（〈bioethics〉に近い概念）であったと思います。七〇年代前半、国際的な生命科学の領域では、いわゆる「リコンビナントＤＮＡ」の技術（ＤＮＡの鎖を任意のところで切断したり、切り取った切片を別のＤＮＡのなかに嵌め込む、というような技術）の研究開発が最盛期を迎えていて、そもそも、神の与えた秩序に人間の手が介入するなど許されない、といった欧米型の原理論から、具体的な研究を進めるうえでの、職能倫理のような点まで、生命倫理は、ようやく社会の問題として、ある程度認知が進んでいるころでした。

国際的には、大変有名なアシロマ会議が開かれて、研究者が自前で研究にある程度の規制をかける、という出来事が起こったのが一九七五年のことでした。このころの中村さんの活動のなかには、こうした生命倫理の問題に関する言説も多く見られます。しかし、中村さんの関心は、もう少し別のところに向かっていたようです。

また、この研究室からは、中村さんの手引きで、科学と社会との関係をより広範な視点から論じる若手の俊英が何人も育っていきました。

中村さんは、結局この研究室を後進に譲って、彼女が密かに温めていた念願の実現に向かいます。それが、現在高槻にＪＴの支援の下で生まれた「生命誌研究館」でした。その理念、それが実現してきた数々の成果の一部が、本書に文章として記されていることになります。

先に、本を読むことは、様々な知識を学ぶことだと書きました。しかし、読書の本質は、そのことを忘れるわけではありませんが、もう少し別のところにあるように思えてなりません。読書とは、読む人と書く人との間に交わされる対話なのではないでしょうか。良い対話ができたとき、読む人は、書く人の言葉が、自分の頭と心の深みに届いて、自分の中に構築されてきた既存の枠組みが揺り動かされるような経験に誘われます。だからと言って、読む人は、安易に変わらなければならないわけではありません。そうした真摯な経験は、しっかりした「批判」を生み出すこともあります。「批判」という言葉は、日本語では「否定的な評」を多く意味しますし、それに相当する欧語〈critique〉にも、今では〈negative〉という表現で解説する辞書もありますが、本来の〈critique〉には、「否定的」なニュアンスは全くありませんでした。「判断」という意味が根っこにある言葉だったはずです。ここでは、そうした創造的、肯定的な「批判」とお考えくだされ ばうれしいです。

もちろん、この場合対話と言っても、基本は一方通行で、こうした読む人の経験は、書く人に直接は伝わりません。でも、時には書く人の端くれになる私自身の経験では、自分の書いたものに対して、読む人になることもありますし、そこでの対話を通じて、深い反省や、しっかりした「批判」がわいてくることもあります。そして、僭越な言い方になるかも知れませんが、読む人のなかには、そういう経験をしてくださっている方も、きっと何人かはおられるのだろうという思いをもつこともないわけではありません。いずれにせよ、書く人はつねに読む人との隠れた対話を期待して書くのだと思います。

解説と銘打ちながら、最初にお断りしたように、一つひとつの論稿について、コメントするということを一切しないうちに、紙数が終りかけています。何だか、本書を読まないでもこの文章は書けたのでは、という誹りを受けるかもしれないような内容になりました。でも、ここで、明確に記しておきますが、今回この文章を書くにあたって、戴いたゲラは、真面目にすべて読みました。そして、中村桂子さんとの隠れた対話が引きだした、私の素直な心の揺れが、この文章になった、ということだけは、読者の皆さんの前に申し上げておきたいと思います。そして、もう一つ、解説から先に目を通すようなへそ曲がりさんには、本書の本文に当たるときの喜びを奪わなかったでしょう、と少し胸を張って書くことができるようにも思うのです。

むらかみ・よういちろう　一九三六年生。科学史家、科学哲学者。上智大学、東京大学先端科学技術研究センター、国際基督教大学、東京理科大学大学院などを経て、東洋英和女学院大学学長。著書『科学者とは何か』『文明のなかの科学』『生と死への眼差し』『安全と安心の科学』『死の臨床学』ほか。

図表一覧

著者紹介

中村桂子（なかむら・けいこ）

1936年東京生まれ。JT生命誌研究館館長。理学博士。東京大学大学院生物化学科修了、江上不二夫（生化学）、渡辺格（分子生物学）らに学ぶ。国立予防衛生研究所をへて、1971年三菱化成生命科学研究所に入り（のち人間・自然研究部長）、日本における「生命科学」創出に関わる。しだいに、生物を分子の機械ととらえ、その構造と機能の解明に終始することになった生命科学に疑問をもち、ゲノムを基本に生きものの歴史と関係を読み解く新しい知「生命誌」を創出。その構想を1993年、JT生命誌研究館として実現、副館長に就任（～2002年3月）。早稲田大学人間科学部教授、大阪大学連携大学院教授などを歴任。著書に『生命誌の扉をひらく』（哲学書房）『「生きている」を考える』(NTT出版)『ゲノムが語る生命』(集英社)『「生きもの」感覚で生きる』『生命誌とは何か』（講談社）『生命科学者ノート』『科学技術時代の子どもたち』(岩波書店)『自己創出する生命』(哲学書房。後にちくま学芸文庫)『絵巻とマンダラで解く生命誌』『小さき生きものたちの国で』『生命の灯となる49冊の本』（青土社）『いのち愛づる生命誌』（藤原書店）他多数。

つながる　生命誌《せいめいし》の世界《せかい》

中村桂子《なかむらけいこ》コレクション　いのち愛《め》づる生命誌《せいめいし》 2（全８巻）〈第４回配本〉

2020年 2月10日　初版第1刷発行©

著　者　中村桂子

発行者　藤原良雄

発行所　株式会社　藤原書店

〒162-0041　東京都新宿区早稲田鶴巻町523

電　話　03（5272）0301

FAX　03（5272）0450

振　替　00160 - 4 - 17013

info@fujiwara-shoten.co.jp

印刷・製本　中央精版印刷

落丁本・乱丁本はお取替えいたします

定価はカバーに表示してあります

Printed in Japan

ISBN978-4-86578-255-4

〝生命知〟の探究者の全貌

いのち愛づる生命誌《バイオヒストリー》

(38億年から学ぶ新しい知の探究)

中村桂子

DNA研究が進展した七〇年代、人間を含む生命を総合的に問う「生命科学」出発に関わった中村桂子は、DNAの総体「ゲノム」から、歴史の中で生きものを捉える「生命誌」を創出。「科学」を美しく表現する思想を「生命誌研究館」として実現。

四六並製　三〇四頁　**カラー口絵八頁　二六〇〇円**
(二〇一七年九月刊)
◇978-4-86578-141-0

38億年の生命の歴史がミュージカルに

いのち愛《め》づる姫

(ものみな一つの細胞から)

中村桂子・山崎陽子作
堀文子画

全ての生き物をゲノムから読み解く「生命誌」を提唱した生物学者、中村桂子。ピアノ一台で夢の舞台を演出する〝朗読ミュージカル〟を創りあげた童話作家、山崎陽子。いのちの気配を写し続けてきた画家、堀文子。各分野で第一線の三人が描きだす、いのちのハーモニー。

B5変上製　八〇頁　**カラー六四頁　一八〇〇円**
(二〇〇七年四月刊)
◇978-4-89434-565-2

「生物物理」第一人者のエッセンス!

「生きものらしさ」をもとめて

大沢文夫

「段階はあっても、断絶はない」。単細胞生物ゾウリムシにも〝自発性〟はある。では〝心〟はどうか? ゾウリムシを観察すると、外からの刺激によらず方向転換したり、〝仲間〟が多いか少ないかで行動は変わる。機械とは違う、「生きている」という「状態」とは何か? 「生きものらしさ」の出発点〝自発性〟への問いから、「生きもの」の本質にやわらかく迫る。

四六変上製　一九二頁　**一八〇〇円**
(二〇一七年四月刊)
◇978-4-86578-117-5

少年少女への渾身のメッセージ!

人類最後の日

(生き延びるために、自然の再生を)

宮脇　昭

未来を生きる人へ——「死んだ材料を使った技術は、五年で古くなりますが、いのちは四十億年続いているのです。私たちが今、未来に残すことのできるものは、目先の、大切ないのちに対しては紙切れにすぎない、札束や株券だけではないはずです。」(本文より)

四六上製　二七二頁　**カラー口絵四頁　二二〇〇円**
(二〇一五年二月刊)
◇978-4-86578-007-9

出会いの奇跡がもたらす思想の“誕生”の現場へ

鶴見和子・対話まんだら

自らの存在の根源を見据えることから、社会を、人間を、知を、自然を生涯をかけて問い続けてきた鶴見和子が、自らの生の終着点を目前に、来るべき思想への渾身の一歩を踏み出すために本当に語るべきことを存分に語り合った、珠玉の対話集。

㊕言葉果つるところ　対談者・石牟礼道子

両者ともに近代化論に疑問を抱いてゆく過程から、アニミズム、魂、言葉と歌、そして「言葉なき世界」まで、対話は果てしなく拡がり、二人の小宇宙がからみあいながらとどまるところなく続く。

Ａ５変並製　320 頁　**2200 円**（2002 年 4 月刊）◇978-4-89434-276-7

㊕「われ」の発見　対談者・佐佐木幸綱

どうしたら日常のわれをのり超えて、自分の根っこの「われ」に迫れるか？　短歌定型に挑む歌人・佐佐木幸綱と、画一的な近代化論を否定し、地域固有の発展のあり方の追求という視点から内発的発展論を打ち出してきた鶴見和子が、作歌の現場で語り合う。　Ａ５変並製　224 頁　**2200 円**（2002 年 12 月刊）◇978-4-89434-316-0

㊕複数の東洋／複数の西洋〔世界の知を結ぶ〕　対談者・武者小路公秀

世界を舞台に知的対話を実践してきた国際政治学者と国際社会学者が、「東洋 vs 西洋」という単純な二元論に基づく暴力の蔓延を批判し、多様性を尊重する世界のあり方と日本の役割について徹底討論。

Ａ５変並製　224 頁　**2800 円**（2004 年 3 月刊）◇978-4-89434-381-8

生命から始まる新しい思想

新版 四十億年の私の「生命《いのち》」

〔生命誌と内発的発展論〕

鶴見和子＋中村桂子

地域に根ざした発展を提唱する鶴見「内発的発展論」、生物学の枠を超え生命の全体を捉える中村「生命誌」。従来の近代西欧知を批判し、独自の概念を作りだした二人の徹底討論。

四六上製　二四八頁　**二二〇〇円**

（二〇〇二年七月／二〇一三年三月刊）◇978-4-89434-895-0

患者が中心プレイヤー。医療者は支援者

新版 患者学のすすめ

〔〝人間らしく生きる権利〟を回復する新しいリハビリテーション〕

上田敏＋鶴見和子

リハビリテーションの原点は、「人間らしく生きる権利」の回復である。〝自己決定権〟を中心に据えた上田敏の「目標指向的リハビリテーション」と、鶴見の内発的発展論が火花を散らし、自らが自らを切り開く新しい思想を創出する！

Ａ５変並製　二四八頁　**二四〇〇円**

（二〇〇三年七月／二〇一六年一月刊）◇978-4-86578-058-1

ミシュレの歴史観の全貌

世界史入門

（ヴィーコから「アナール」へ）

J・ミシュレ
大野一道編訳

「異端」の思想家ヴィーコを発見し、初めて世に知らしめた、「アナール」の母J・ミシュレ。本書は初期の『世界史入門』から『フランス史』『一九世紀史』までの著作群より、ミシュレの歴史認識を伝える名作を本邦初訳で編集。**L・フェーヴル**のミシュレ論も初訳出、併録。

四六上製　二六四頁　**二七一八円**
（一九九三年五月刊）
在庫僅少◇978-4-938661-72-4

陸中心の歴史観を覆す

海

J・ミシュレ
加賀野井秀一訳

ブローデルをはじめアナール派やフーコー、バルトらに多大な影響を与えてきた大歴史家ミシュレが、万物の創造者たる海の視点から、海と生物（および人間）との関係を壮大なスケールで描く。陸中心史観を根底から覆す大博物誌、本邦初訳。

A５上製　三六〇頁　**四七〇〇円**
（一九九四年一一月刊）
◇978-4-89434-001-5

LA MER　Jules MICHELET

「自然の歴史」の集大成

山

J・ミシュレ
大野一道訳

高くそびえていたものを全て平らにし、平原が主人となった十九、二十世紀。この衰弱の二世紀を大歴史家が再生させる自然の歴史（ナチュラル・ヒストリー）。山を愛する全ての人のための「山岳文学」の古典的名著、ミシュレ博物誌シリーズの掉尾、本邦初訳。

A５上製　二七二頁　**三八〇〇円**
（一九九七年二月刊）
在庫僅少◇978-4-89434-060-2

LA MONTAGNE　Jules MICHELET

全人類の心性史の壮大な試み

人類の聖書

（多神教的世界観の探求）

J・ミシュレ
大野一道訳

大歴史家が呈示する、闘争的一神教をこえる視点。古代インドからペルシア、エジプト、ギリシア、ローマにおける民衆の心性・神話を壮大なスケールで総合。キリスト教の『聖書』を越えて「人類の聖書」へ。本邦初訳。

A５上製　四三二頁　**四八〇〇円**
（二〇〇一年一一月刊）
◇978-4-89434-260-6

LA BIBLE DE L'HUMANITÉ　Jules MICHELET